RECUEIL

D'OBSERVATIONS DE ZOOLOGIE

ET D'ANATOMIE COMPARÉE.

DE L'IMPRIMERIE DE J. SMITH.

RECUEIL

D'OBSERVATIONS DE ZOOLOGIE

ET D'ANATOMIE COMPARÉE,

FAITES

DANS L'OCÉAN ATLANTIQUE , DANS L'INTÉRIEUR DU NOUVEAU CONTINENT ET DANS LA MER
DU SUD PENDANT LES ANNÉES 1799, 1800, 1801, 1802 ET 1803;

PAR AL. DE HUMBOLDT ET A. BONPLAND.

DEUXIÈME VOLUME.

A PARIS,

Chez J. SMITH, IMPRIMEUR-LIBRAIRE, RUE MONTMORENCY, Nº 16;
Et chez GIDE, LIBRAIRE, RUE SAINT-MARC-FEYDEAU, Nº 20.

1833.

SUR DEUX NOUVELLES ESPÈCES
DE CROTALES,
Par A. DE HUMBOLDT.

Les naturalistes ont reconnu, depuis long-temps, que les animaux de la classe des reptiles abondent surtout dans les pays où, sous l'influence d'un climat chaud et humide, le sol est couvert d'une riche végétation. Sans rappeler ici cette innombrable quantité de Crocodiles [1] qui habitent les grandes rivières de l'Amérique méridionale, nous nous bornerons à examiner le seul ordre des Ophidiens, qui, sous le rapport de la distribution géographique des animaux, présente plusieurs particularités remarquables. Dans le nouveau continent, les serpens sont plus multipliés sous la zone tempérée boréale que sous la zone tempérée australe : ils le sont plus sous le même parallèle, dans la Louisiane, dans la Floride et aux États-Unis, qu'en Barbarie, en Espagne et dans la Grèce. Ces différences s'expliquent facilement lorsqu'on considère la nature du sol plus ou moins humide, l'épaisseur des forêts, l'étendue des savanes qui remplacent ces forêts, les variations de la température dans les mois d'été, et d'autres phénomènes météorologiques qui rendent les pays situés sous une même latitude plus ou moins favorables à la multiplication des Ophidiens. Plusieurs naturalistes, plus occupés des contrastes que des rapports qui existent entre les deux mondes, ont décrit l'Amérique entière comme un pays récemment sorti du sein de l'Océan, rempli de marécages, habité par des reptiles plus variés dans leur forme et plus nombreux que les reptiles de l'Afrique et des Grandes-Indes. Ces idées ont été accueillies pendant long-temps, parce qu'elles avoient été conçues par un homme de génie, et consignées dans des ouvrages dont plusieurs doivent

---

[1] M. Cuvier en a fait connoître quatre espèces très-distinctes; savoir : le *Crocodilus lucius* du Mississipi, le *C. sclerops* du Brésil, le *C. palpebrosus* de Cayenne et le *C. acutus* de Saint-Domingue. C'est ce dernier que nous avons décrit, M. Bonpland et moi, sur les rives de l'Orénoque et de la Madeleine. Nous donnerons dans la suite de cet ouvrage quelques notions sur deux autres espèces de Crocodiles inconnues en Europe, le *Bava* du lac de Tacarigua ou de Nueva Valencia dans la province de Caracas, et le *Cocodrilo* des plages du Batabano dans l'île de Cuba.

leur célébrité moins à l'exactitude des faits qu'au charme du style et à la grandeur des conceptions. A mesure qu'une saine critique a rappelé les naturalistes sur le chemin de l'observation, et qu'ils ont étudié les lois uniformes de la nature, et les modifications que subissent ces lois par l'influence des circonstances locales, les deux continens ont paru moins opposés sous le rapport des phénomènes physiques. On a trouvé, parmi les roches de l'un et de l'autre hémisphère, cette suite de formations qui attestent une succession des mêmes catastrophes sur la surface du globe, et l'on a reconnu que le tableau de l'Amérique ne peut être tracé d'après celui des terrains inondés qui sont compris entre l'Orénoque et la rivière des Amazones. Ce n'est point sur la multitude des reptiles que renferment le Delta de l'Égypte ou les basses régions de l'Ouangarah en Nigritie, que l'on jugeroit avec précision du nombre des espèces qui sont propres à l'Afrique entière.

Sur trois cent vingt serpens décrits dans les ouvrages d'histoire naturelle, il y en a cent quinze qui appartiennent exclusivement au nouveau continent. Ce nombre augmentera considérablement lorsque les colonies espagnoles et portugaises, après avoir obtenu leur indépendance et perfectionné la culture du pays, seront entrées en communication plus directe avec l'Europe; car, jusqu'à ce jour, nous connoissons à peine une douzaine d'Ophidiens du Pérou, du Mexique et du Brésil.

Pour se former une idée précise de la multiplicité des espèces qui vivent sous la zone torride, comparées à celles de la zone tempérée, il suffit de rappeler qu'au Bengale et sur les côtes de Coromandel, sur une étendue de 18000 lieues carrées, le docteur Russel a trouvé quarante-trois serpens; tandis que l'Europe entière, sur une surface trente-deux fois plus grande, ne nous en présente que quatorze. C'est ce développement plus varié et plus rapide de la vie organique dans les régions équinoxiales, qui donne à l'Amérique une certaine prépondérance sur l'Asie, dont aucune partie n'est traversée par l'équateur. Au sud-est de ce dernier continent, le Grand-Archipel de l'Inde présente les débris d'une terre déchirée par l'action du feu volcanique, ou submergée par les flots. Plusieurs productions sont exclusivement propres à cet archipel, mais une vaste mer couvre aujourd'hui des parages dont le climat correspond à celui d'une zone où, dans le nouveau monde, se trouvent le plus d'animaux de l'ordre des Ophidiens.

Si l'on a supposé jadis le nombre des espèces américaines beaucoup plus grand qu'il ne l'est effectivement, on n'a pas exagéré, ce me semble, le nombre

des individus que la nature produit de chacune de ces espèces. Les provinces
du Choco et de Barbacoas, les bords du lac de Maracaybo, qui ressemble
à un golfe de mer, les plaines de Nicaragua, l'isthme de Panama et la Guyane
espagnole, surtout le Bas-Orénoque, les rives du Caura et celles du Cassi-
quiaré, entre Mandavaca et Vasiva, sont des contrées dans lesquelles le sol, les
arbres et les eaux fourmillent de serpens. J'ai observé, il est vrai, que, sur une
étendue de plusieurs lieues carrées, on ne trouve que cinq ou six espèces
différentes; mais la multiplication de ces animaux, dont la plupart pondent
des œufs deux fois par an, est si énorme que, lorsque les indigènes mettent le feu
à des terrains couverts de broussailles, ils se voient assaillis par des bandes serrées
et composées de trente ou quarante individus. De toutes les parties du globe,
l'Afrique est peut-être la seule qui semble pouvoir rivaliser avec le nouveau continent, dans le nombre des Ophidiens. Si l'on exprime l'étendue des terres
comprises entre les tropiques [1] par le nombre 1000,

l'Afrique en comprend :

dans l'hémisphère boréal, 298 } 461 parties
dans l'hémisphère austral, 163 }

l'Amérique,

dans l'hémisphère boréal, 94 } 301
dans l'hémisphère austral, 207 }

l'Asie, dans l'hémisphère boréal........ 114

l'Archipel des Indes et la Nouvelle-Hollande,
 compris entièrement, à $\frac{1}{5}$ près, dans
 l'hémisphère austral............. 124

Le nombre et la variété des êtres organisés ne suivent pas exactement le rapport
des surfaces qu'ils habitent. Quoique l'on soit revenu, dans ces derniers temps, de

[1] Ces nombres se fondent sur des évaluations faites d'après la Mappemonde de M. de Fleurieu, qui
accompagne le Voyage de Marchand. D'après mon calcul, qui a été vérifié avec soin, l'étendue des
terres situées dans l'hémisphère boréal, est à celle des terres situées dans l'hémisphère austral $= 531 : 469$.
Les géographies les plus modernes admettent, j'ignore sur quel fondement, que la région équinoxiale
australe comprend 0,015 plus de terre que la zone torride boréale. La connoissance exacte de ces
rapports est d'un grand intérêt pour la géographie des plantes et des animaux; car nulle part sur le
globe, la nature n'a répandu avec plus de profusion les germes de la vie que depuis l'équateur
jusqu'au 25.° ou 28.° degré de latitude nord et sud. Je ferai observer à cette occasion qu'en
parcourant nos catalogues des productions animales et végétales, on remarqueroit une prépondérance
bien plus marquée de la zone torride sur les zones tempérées et glaciales, si les parties des continens
situées dans ces dernières n'offroient pas une surface trois fois plus grande.

l'erreur de regarder tout le pays qui s'étend en Afrique depuis Bornou et le Soudan jusqu'à la pente méridionale de l'Atlas, comme une mer de sables non interrompue, on ne sauroit douter que près d'un sixième de la région équinoxiale est occupé par des déserts. D'un autre côté, le plateau de l'Abyssinie, le Congo et les montagnes de la Lune, qui nous sont plus inconnues qu'aux anciens, offrent un climat analogue à celui de la zone tempérée. Si l'on fait abstraction des déserts et des régions montagneuses, l'Afrique équinoxiale se trouve restreinte dans des limites plus étroites que celles qui renferment, dans le nouveau continent, la région des Crocodiles, des Boas et des Amphisbènes.

A mesure qu'on s'élève sur le sommet des Cordillères de l'Amérique, on voit diminuer graduellement le nombre des serpens. Nous en avons encore trouvé en grande quantité près du couvent de Caripé, dans la Nouvelle-Andalousie, et sur les rives du Cauca, près de Carthago, à quatre et cinq cents toises de hauteur au-dessus du niveau de l'Océan, mais les animaux de l'ordre des Ophidiens deviennent déjà assez rares à 900 toises d'élévation, par exemple dans les environs de la ville de Popayan, quoique la température moyenne de l'air s'y élève encore à 20°,6 : ils disparoissent presque entièrement au-dessus de 1300 à 1400 toises, dans la région du Quinquina, du Brathys et du Barnadesia, dans les plateaux de Santa-Fe de Bogota et de Quito. Nous avons été d'autant plus surpris de ne pas rencontrer de serpens sur le dos des Andes, par exemple dans les plaines d'Antisana ou sur la pente orientale de Pichincha, qu'en Europe et en Sibérie, plusieurs espèces de vipères se trouvent cachées dans des touffes de plantes alpines, à des élévations très-considérables. Ce phénomène tient sans doute aux mêmes causes par lesquelles, dans la zone tempérée, les végétaux herbacés des plaines s'élèvent très-haut vers la cime des Alpes. Pendant les mois d'été, ces cimes jouissent d'une température assez élevée pour favoriser le développement des animaux et des plantes; pendant l'hiver, les végétaux, dépourvus de leurs feuilles, et les Ophidiens, plongés dans un état léthargique, sont ensevelis sous la neige, et résistent à l'extrême rigueur du climat. Il n'en est pas de même dans la région équatoriale où, près du sommet des Cordillères, à deux cents toises au-dessous des neiges perpétuelles, le thermomètre baisse constamment la nuit à — 4°, et ne se soutient de jour qu'entre 3° et 9° au-dessus du point de la congélation.

Quant au nombre des serpens munis de crochets venimeux, il est plus grand qu'on ne le suppose généralement. « Ne telis, dit Linné, horrentibus execrabili veneno nimium sævirent decimam quamque tantum speciem armavit

Imperans et versipelles eos voluit, ut dubii omnes metuerentur ab omnibus. » Le docteur Russel a cependant reconnu, dans les Grandes-Indes, parmi les quarante-trois serpens qu'il a observés, sept espèces venimeuses. En examinant l'Histoire des reptiles de M. Daudin qui a pu ajouter à ses propres recherches les résultats de celles qui avoient été faites par MM. de Lacépède et Latreille, j'ai trouvé que, parmi les Ophidiens décrits, les venimeux sont aux non-venimeux dans le rapport de 80 à 233. On pourroit croire que le nombre des serpens armés de crochets paroît plus considérable qu'il ne l'est effectivement, parce que ces derniers fixent plus l'attention des voyageurs que les animaux qui ne sont pas malfaisans; mais en considérant le rapport entre les couleuvres et les vipères, qui existe en Europe, c'est-à-dire dans une région dont les reptiles ont été étudiés avec soin, on peut admettre que le nombre total des serpens venimeux est le double plus grand que ne l'a jugé le célèbre auteur du *Systema Naturæ* [1].

[1] Je donnerai ici le tableau des Ophidiens munis de crochets venimeux :

DANS L'ANCIEN CONTINENT.		DANS LE NOUVEAU CONTINENT.	
Bongares	2 espèces	Bongares	0 espèces
Crotales	0	Crotales	7
Scytales	3	Scytales	2
Lachesis	0	Lachesis	2
Cenchris	0	Cenchris	1
Vipères	44	Vipères	10
Platures	2	Platures	0
Clothonie	1	Clotonie	0
Langaha	1	Langaha	0
Hydrophis	5	Hydrophys	0
	58		22

Comme, à l'époque de la publication de l'ouvrage de M. Daudin, parmi toutes les espèces décrites, il y en avoit 201 de l'ancien continent, et 112 du nouveau continent, il paroît que les serpens venimeux font, en Amérique, un cinquième, et dans l'ancien monde plus que le quart de la masse totale. Il faut distinguer cependant entre les espèces qui sont propres à une région et celles qui font partie des cabinets d'Europe; car il se pourroit que le nombre des Ophidiens malfaisans rapportés d'Amérique surpassât accidentellement le nombre de ceux qui ont été observés aux Grandes-Indes et sur les côtes d'Afrique. Quoique le venin des serpens qui infestent les pays situés entre les Tropiques et entre les 24 et 28 degrés de latitude soit plus actif que celui des serpens armés de crochets de la zone plus tempérée, la distribution des espèces venimeuses sur la surface du globe est cependant beaucoup moins inégale qu'on ne seroit tenté de l'admettre. L'Europe compte à peine 14 ou 16 Ophidiens indigènes, et sur ce petit nombre il y a 5 vipères, savoir : Vipera berus (la vipère commune); V. chersea (la vipère rouge); V. Redi (la vipère de l'Istrie); V. prester (la vipère noire); et V. ammodytes (la vipère de Moyse Charas). D'après M. Cuvier, le V. Redi et le V. prester sont des variétés du V. berus et du V. chersea.

Après avoir jeté un coup d'œil général sur la distribution géographique des Ophidiens dans les deux hémisphères, je vais donner dans ce mémoire la description de deux nouvelles espèces de Crotales propres à la Terre-Ferme.

I. *CROTALUS CUMANENSIS, scutis* 174, *scutellis* 32; *ex cinereo virescens, maculis dorsalibus rhombeis, concatenatis, linea alba cinctis, disco macularum cinereo, margine obscuriori.*

Ce serpent à sonnette, le *Cascabel de Cumana*, est plus mince et plus élancé que le Crotalus durissus de l'Amérique septentrionale. Les plus grands individus que j'ai pu me procurer avoient $1^m,35$ (4 pieds 2 pouces) de long, sur 28 millimètres (13 lignes) de diamètre. Le grelot, dont le bruit décèle la présence de l'animal, est composé, dans les serpens adultes, de 8 à 12 anneaux. Je n'en ai pas observé un plus grand nombre, et je doute que ces anneaux indiquent bien exactement l'âge de l'animal. Souvent le grelot est plus court dans des individus dont la taille n'excède pas dix décimètres (3 pieds). Le *Cascabel de Cumana* est très-commun dans les endroits les plus arides ; on le trouve surtout dans les touffes d'une espèce de Bromelia, voisine du Bromelia karatas, qui est appelée *Chihuchihue* par les Indiens Guayqueries, et qui, d'après l'habitude des plantes sociales, couvre des terrains d'une grande étendue. Ce serpent à sonnette, dont le venin est extrêmement actif, est moins fréquent aujourd'hui à Cumana qu'il ne l'a été jadis ; l'espèce diminue avec les progrès de la culture. On en tue cependant dans la ville même où il est attiré par les rats qu'il semble préférer à toute autre nourriture. Il entre quelquefois dans les maisons, mais heureusement il est moins méchant qu'on ne le croit communément, et il n'attaque l'homme que lorsqu'il est poursuivi. Il marche par couple : nous en avons souvent rencontré dans nos herborisations ; ils traversoient paisiblement le chemin à quelques pas devant nous et sans marquer le moindre désir de nous nuire.

II. *CROTALUS LŒFLINGII, scutis* 183, *scutellis* 20, *virescens, maculis rhombeis, concatenatis, albo-marginatis, parte postrema corporis ex atro viridi, haud maculata.*

Maculæ concatenatæ, rhombeæ, disco viridi, margine nigrescenti, zona demum alba cinctæ. Squamæ carinatæ et duplo majores squamis Crotali cumanensis. Maculæ anum versus evanescentes, vertex capitis et pars corporis postrema atro-viridia. Abdomen et guttur alba. Caput depressum, latissimum, dentibus crassiusculis recurvatis, subexsertis. Oculi atri minuti. Cauda corpore tertia parte angustior.

Longueur, $1^m,72$ (5 pieds 4 pouces), dont la queue seule a $0^m,13$ (5 pouces). Diamètre du corps, 8 centimètres ou 3 pouces. J'ai donné à cette nouvelle espèce de serpent à sonnette le nom de Crotalus Löflingii, en honneur du célèbre botaniste suédois, élève de Linné, que la cour d'Espagne avoit destiné pour une expédition à l'Orénoque, et qui a séjourné long-temps à Cumana. Le C. Löfllingii est beaucoup plus rare que le C. cumanensis. Les deux espèces paroissent se fuir mutuellement; la dernière se distingue de la première, 1.º par les écailles du dos qui sont le double plus larges; 2.º par le manque de taches sur la partie postérieure du corps; 3.º par des crochets venimeux beaucoup plus longs et plus recourbés; 4.º par un rétrécissement remarquable du corps vers la queue. J'ai vu, dans les grands individus, des grelots cornés et sonores de 11 anneaux; de vieux Indiens Chaymas m'ont assuré en avoir trouvé de 20 à 25. Lorsque la terre est humectée, ce serpent, comme la plupart des Ophidiens de l'Amérique méridionale, répand une odeur approchant de celle du musc, et qui est également propre au Jaguar et aux Caïmans. Je ne suis pas de l'avis de M. Daudin (*Rept.*, T. V, p. 304), qui pense que les contrées tempérées de l'Amérique septentrionale sont habitées par un plus grand nombre de serpens à sonnette que l'Amérique méridionale. Nous en avons trouvé à l'Orénoque, à la rivière des Amazones, dans le royaume de la Nouvelle-Grenade, et au Pérou, dans toutes les régions équinoxiales, dont la hauteur, au-dessus du niveau de la mer, n'excède pas trois à quatre cents toises, et où la température moyenne de l'air s'élève de 20 à 25 degrés centésimaux.

Les deux Crotales de Cumana ne diffèrent pas moins entre eux que du Crotalus durissus des États-Unis, dont les taches sont disposées par bandes et constamment plus irrégulières. Ce dernier, que M. Palisot de Beauvois [1], dans un mémoire sur les serpens de l'Amérique septentrionale, indique sous le nom Boiquira, n'existe pas dans l'Amérique méridionale. La seule espèce de Crotale que les naturalistes connoissent jusqu'ici dans cette partie du nouveau continent, est le *Boicininga* des Indiens du Brésil, le véritable Boiquira de Marcgrave ou Crotalus horridus des auteurs; mais on est moins exposé de confondre les serpens à sonnette de Cumana avec ce dernier qu'avec le C. rhombifer ou *Crotale*

---

[1] *Latreille, Rept.*, T. III, p. 66 et 88. L'espèce que (Vol. I, p. 299 et 301) j'ai nommée C. durissus est le C. cumanensis que je viens de décrire.

à losanges, découvert par M. de Beauvois. Le Boiquira, qui est si commun à Surinam et à Cayenne, a constamment quatre raies noires qui se prolongent sur les côtés du col, et qui manquent au C. cumanensis et au C. Löflingii. Ses taches sont distantes, tandis qu'elles sont contiguës dans le C. rhombifer et dans les deux espèces de Cumana. J'ai vérifié ces caractères, conjointement avec M. Cuvier, sur les exemplaires du Boiquira conservés au Muséum d'Histoire naturelle à Paris. M. Daudin les a bien indiqués par la phrase : *maculis distinctis, collo longitudinaliter quadrilineato.* Le C. durissus et le C. horridus sont en outre plus épais et plus vigoureux que les espèces que je viens de faire connoître.

Il ne reste donc à distinguer ces dernières que du *Crotale à losanges*, dont les taches sont formées par le croisement de deux raies jaunâtres, et qui a 142 plaques abdominales. Le C. rhombifer recherche les lieux voisins des eaux, comme l'indique son nom vulgaire, *Water-Rattle-Snake*, tandis que les serpens à sonnette de Cumana se trouvent dans des endroits très-arides. Il paroît en outre peu probable que le nombre des plaques abdominales puisse varier de 142 à 174 et 183, et que les mêmes espèces de Crotale habitent à la fois la Terre-Ferme et les États-Unis de l'Amérique septentrionale. Pour mettre les naturalistes en état de juger par eux-mêmes des caractères distinctifs des serpens à sonnette des États-unis et de la Guyane, je vais ajouter les descriptions des espèces qui sont voisines des *Cascabels de Cumana*. D'après le grand nombre d'individus que j'ai pu examiner sur les lieux, il m'a paru que le nombre des plaques abdominales des Ophidiens, s'il est moins constant que ne le pensoit Linné, ne varie cependant pas autant que quelques auteurs l'ont prétendu de nos jours.

Crotalus durissus, ex cinereo flavescens, fasciis dorsalibus irregulariter transversis, scutis 172, scutellis 21. (Variat scut. 163-174, scutellis 18-30).

Crotalus horridus, cinereus, collo longitudinaliter quadrilineato, rhombis dorsalibus distinctis, nigris, margine flavescentibus, scutis 171, scutellis 22. (Variat scut. 167-170. scutellis 20-30).

Crotalus rhombifer, cinerascens, rhombis dorsalibus contiguis, margine flavescenti, scutis 142, scutellis 22.

Crotalus cumanensis, ex cinereo virescens, rhombis dorsalibus concatenatis, linea alba cinctis, scutis 174, scutellis 32.

Crotalus Löflingii, virescens, rhombis concatenatis, parte postrema corporis haud maculata, scutis 180, scutellis 20.

INSECTES

DE L'AMÉRIQUE EQUINOXIALE,

RECUEILLIS PENDANT LE VOYAGE

DE MM. DE HUMBOLDT ET BONPLAND,

ET DÉCRITS

Par M. LATREILLE.

SECONDE PARTIE.

LXIX. EROTYLE RUBANÉ.

EROTYLUS TÆNIATUS, pl. I, fig. 1 ; de grandeur naturelle.

Ovale, noir; élytres ayant six bandes transverses, ondées : la dernière rouge, et les autres jaunes.

Ovalis, niger; elytris fasciis sex transversis, flexuosis : ultima rubra, aliis flavis.

Longueur du corps.

$0^m.019.$

Par la forme générale et la convexité du corps, cette espèce se rapproche beaucoup de celles que Fabricius nomme *giganteus, histrio* et *gemmatus.* A l'exception des élytres, elle est entièrement d'un noir luisant. Les quatre derniers articles des antennes forment une massue oblongue, étroite et comprimée. La tête est finement et vaguement pointillée, avec deux impressions dans l'entre-deux des antennes. Le corcelet est presque plan, parsemé de très-petits points enfoncés, légèrement rebordé sur les côtés, lobé ou plus avancé au milieu du bord postérieur; le milieu de son disque est un peu inégal à raison des enfoncemens qu'on y remarque; près de l'avancement du bord postérieur est, de chaque côté, un groupe de petits points. L'écusson est petit, noir, uni, en demi-cercle, et arrondi postérieurement. Les élytres sont très-convexes, chargées d'un grand nombre de gros points enfoncés, placés confusément, et traversées, à commencer un peu au delà de la base, par six bandes très-flexueuses, dont les cinq premières d'un jaune pâle, et dont la dernière, ou celle qui est près du bout postérieur, plus petite, d'un rouge de sang assez vif; les quatrième et cinquième bandes sont plus rapprochées et se touchent, à peu de distance de la suture; le bord inférieur des élytres est entrecoupé de quatre taches jaunes.

LXX. SCARABÉE FOSSOYEUR.

SCARABÆUS fossor, pl. I, fig. 2; de grandeur naturelle.

Chaperon tronqué et presque échancré en devant, avec une ligne élevée et transverse à son extrémité postérieure; mandibules dentées extérieurement; corcelet mutique, fortement ponctué; élytres ayant des points disposés en lignes longitudinales; corps brun : dessus de la tête et du corcelet presque noirâtres.

Clypeo antice truncato, subemarginato, postice transversim carinato; mandibulis exterius dentatis; thorace mutico, valde impressè punctato; elytris longitrorsum striato-punctatis; corpore brunneo : capite thoraceque supra fucescentibus.

Longueur du corps.

0^m.016.

DANS le système de Fabricius, cet insecte seroit un géotrupe. Il a beaucoup d'affinité avec ceux qu'il désigne sous les noms de *laborator* et de *juvencus*. Le corps, les antennes et les pates sont d'un brun marron foncé, avec le dessus de la tête et du corcelet plus obscur ou d'un brun noirâtre; toutes ces parties sont luisantes. Le menton, le dessous du corps, son extrémité postérieure et les pates sont garnis de poils roussâtres. Le côté extérieur des mandibules offre deux échancrures et trois dents obtuses. Le chaperon a la forme d'un petit triangle tronqué, et un peu concave en devant ou à sa pointe; il est rebordé, très-ponctué, et comme distingué du restant de la tête par une ligne élevée et transverse, un peu plus basse dans son milieu. Le chaperon du géotrupe jouvenceau (*juvencus*) de Fabricius a deux dents relevées à son bord antérieur. La face supérieure de la tête, à l'exception du vertex, tout le dessus du corcelet, sont chargés de gros points enfoncés et nombreux; le corcelet n'a point l'enfoncement, ni la petite éminence, en forme de corne ou tubercule, qu'on observe dans l'espèce précédente. L'écusson est petit. Les élytres ont des points enfoncés disposés en lignes longitudinales, ou formant des stries; ces points sont plus petits et disposés vaguement près du bord extérieur et à l'extrémité postérieure. L'anus est tout à découvert et très-ponctué. Les pates sont semblables à celles des congénères. Les segmens abdominaux ont chacun une rangée transverse de points enfoncés qui donnent naissance à des poils.

LXXI. HANNETON TANNÉ.

MELOLONTHA PULLA, pl. I, fig. 3; de grandeur naturelle.

Corps châtain, luisant, avec la tête plus foncée, surtout en devant, et l'abdomen
noirâtre ; tête et corcelet très-ponctués ; chaperon presque en carré transversal, avec
le bord antérieur droit, entier et relevé ; élytres ayant par intervalles de petits
points enfoncés, nombreux et formant des lignes longitudinales peu régulières ; des
poils bruns sur le dessous du corps et sur les pates.

*Badia nitida, capite, anticè imprimis, obscuriore abdomineque nigricante ; capite
thoraceque maximè impresso-punctatis ; clypeo transverse subquadrato : illius margine
antico recto, integro, reflexo ; elytris per spatia numerosa impresso-punctatis : punctis
in lineas longitudinales vix ordinatas digestis ; corpore infra pedibusque villosis :
pilis fusco-rufis.*

Longueur du corps.

0ᵐ. 016.

L'ÉTUDE de ce genre présente beaucoup de difficultés, soit parce qu'il est
très-nombreux en espèces, soit parce que plusieurs d'entre elles se ressemblent
sous plusieurs rapports, et que les naturalistes ont omis, dans leurs descriptions,
des caractères qui pourroient dissiper les doutes. C'est parmi les espèces litigieuses
que celle-ci doit être rangée ; n'en ayant qu'un individu imparfait, je ne
saurois même la signaler rigoureusement. Elle est voisine du hanneton rustique
de M. Olivier, et de quelques autres espèces de l'Amérique, publiées par
M. Knoch. Les yeux sont noirs. Le corcelet est fort court, proportionnellement
aux élytres, un peu dilaté vers le milieu des côtés, et légèrement rebordé.
L'écusson est petit, triangulaire, un peu plus long que large, avec les côtés un peu
ponctués et le reste de sa surface très-lisse. Le dessous du corps et l'extrémité
postérieure de l'abdomen sont très-pointillés. Voilà les seuls traits distinctifs que
je puis ajouter à ceux qu'exprime la phrase spécifique.

LXXII. LAMPYRE SCINTILLANT.

LAMPYRIS SCINTILLANS, pl. I, fig. 4; un peu grossie.

Antennes simples; corps ovale, une fois plus long que large; tête très-retirée; corcelet clypéiforme, demi-circulaire, d'un jaunâtre pâle, avec une tache presque carrée, noirâtre et marquée de deux petits traits d'un roussâtre pâle, près du milieu de son bord postérieur; élytres d'un gris-jaunâtre pâle, avec les côtés plus clairs; dessous du corps d'un livide obscur, avec les trois derniers anneaux de l'abdomen jaunâtres.

Antennis simplicibus; corpore ovali, duplo longiore quam latiore; capite valde intruso; thorace clypeiformi, semi-circulari, pallide flavescenti, macula subquadrata, fusca, lineolisque duabus pallido-rufescentibus intersecta, marginis medium versus, notato; elytris pallide griseo-testaceis, ad latera dilutioribus; corpore infra obscure livido; abdominis segmentis tribus ultimis flavidis.

Longueur du corps.

0^m. 014.

I_L faut placer cette espèce de Lampyre dans le voisinage de celles que Fabricius appelle *hectica, pensylvanica.* Son corps est déprimé et forme un ovale, une fois environ plus long que large. Les antennes sont simples, filiformes, comprimées, noirâtres, avec le premier article fort long, d'un roussâtre pâle; la base du suivant paroit être aussi de cette couleur. La tête est très-enfoncée dans la cavité du corcelet. Les yeux sont très-gros, noirs, fort rapprochés, et l'intervalle qui les sépare est d'un roussâtre pâle. Le dernier article des palpes maxillaires est fort gros et noirâtre. Le corcelet forme une sorte de bouclier demi-circulaire; il est d'un jaunâtre pâle, et marqué, tout près du milieu de son bord postérieur, d'une tache presque carrée, un peu plus large en arrière, noirâtre, et sur laquelle on remarque

deux petits traits longitudinaux, d'un roussâtre pâle. L'écusson est triangulaire
et noirâtre. Les élytres sont d'un gris jaunâtre pâle, avec le bord extérieur
un peu plus clair ou plus jaunâtre, et les épaules plus obscures; chaque élytre
offre trois lignes élevées, n'allant pas jusqu'au bord postérieur, et dont les
deux intérieures plus aiguës : celle qui est la plus voisine de la suture est la
plus courte. Le dessous du corps est d'un roussâtre obscur, avec les côtés de
la poitrine noirâtres, et les trois derniers anneaux de l'abdomen d'un jaunâtre
pâle. Les pates sont noirâtres, avec les cuisses roussâtres.

LXXIII. TAUPIN MI-BORDÉ.

ELATER semi-marginatus, pl. I, fig. 5; grossi.

Antennes légèrement en scie; corps elliptique, trois fois plus long que large, noirâtre, pubescent; élytres une demi-fois plus longues que la tête et le corcelet pris ensemble; antennes, bords latéraux du corcelet, et partie extérieure et apicale des élytres, roussâtres; pates d'un fauve pâle.

Antennis subserratis; corpore elliptico, triplo longiore quam latiore, fusco, pubescente; elytris capite thoraceque conjunctis e dimidio longioribus; antennis, thoracis margine laterali elytrorumque parte postica et externa, rufescentibus; pedibus diluto-fulvis.

Longueur du corps.

0^m. 013.

Il a, quant à la forme du corps, de l'analogie avec les taupins, *tesselatus, œruginosus,* de Fabricius; il paroît seulement un peu plus étroit. Le corps est noirâtre ou d'un brun très-foncé, luisant, très-pointillé et couvert d'un petit duvet soyeux et grisâtre. Les antennes sont peu en scie et entièrement roussâtres. Le corcelet forme un carré long, un peu plus large postérieurement; son disque est élevé, mais moins que dans plusieurs autres espèces du même genre; les bords latéraux et les angles postérieurs, qui sont fortement prolongés, ont une couleur roussâtre. Les élytres ont chacune neuf stries ponctuées. Sur le côté extérieur, et vers l'extrémité postérieure, est une tache roussâtre, allongée, inégale, plus étroite et échancrée à sa partie antérieure. Les pates sont d'un fauve clair.

LXXX. TÉNÉBRION? A DEUX FOSSETTES.

TENEBRIO? BIIMPRESSUS, pl. I, fig. 6; grossi.

Oblong, très-noir et fort luisant; corcelet rebordé, très-concave en devant, parsemé de quelques points enfoncés, et ayant de chaque côté une impression; élytres à stries crénelées; antennes et pates brunes.

Oblongus, aterrimus, nitidissimus; thorace marginato, antice profunde emarginato, paulum sparsim punctulato, ex utroque latere impresso; elytris crenato-striatis; antennis pedibusque fusco-badiis.

Longueur du corps.

0^m. 009.

~~~~~~~~~~

FABRICIUS, s'en rapportant à quelques convenances générales de formes, a réuni avec les trogosites plusieurs coléoptères qui leur sont étrangers. C'est à ces trogosites qu'il eût probablement associé l'insecte dont il est ici question. Il semble même être très-voisin de la femelle de son *trogosita vacca* et des ténébrions : *ovatus orizæ*, figurés par Herbst, pl. CXVIII. Peut-être doit-il entrer dans notre genre phalérie. N'ayant qu'un individu défectueux, je ne puis décider positivement quelle est la place de ce coléoptère, et je le mets provisoirement avec les ténébrions.

Son corps est oblong, déprimé, très-noir, fort luisant et glâbre. Les antennes sont d'un brun marron foncé, et terminées par quelques articles un peu plus gros, plus ronds et comprimés; ceux qui les précèdent se rapprochent davantage de la forme obconique; les deux premiers sont fort longs, et le troisième est un peu plus long que les suivans. La tête est petite, très-finement pointillée, avec le milieu de sa partie antérieure plus convexe, et deux petites éminences sur le vertex. Le corcelet est grand, presque carré, plus large que long, rebordé
~~~~~~~~~~

et très-échancré en devant; sa surface supérieure a quelques petits points enfoncés, et une petite fossette, près du milieu de chaque bord latéral. Les élytres ont des stries nombreuses et crénelées. Les pates sont d'un brun marron foncé, avec les jambes et les tarses grêles, sans dentelures ni épines au côté postérieur; les deux jambes antérieures sont un peu plus larges, et terminées, ainsi que les intermédiaires, mais plus sensiblement, par deux petits crochets.

LXXV. TROGOSITE [1] BORDÉE.

TROGOSITA MARGINATA, pl. I, fig. 7; grossi.

Antennes beaucoup plus courtes que le corcelet, terminées brusquement en une massue de trois articles; corcelet presque carré et presque aussi long que large; dessus du corps noirâtre : son dessous, bords extérieurs du corcelet et des élytres, antennes et pates, bruns; stries dorsales des elytres profondes.

Antennis thorace multo brevioribus, in clavam triarticulatam abrupte desinentibus; thorace subquadrato, diametris subæqualibus; corpore supra nigricante : illius facie infera, thoracis elytrorumque marginibus externis, antennis pedibusque, brunneis; elytrorum striis dorsalibus profunde exaratis.

Longueur du corps.

0^m. 005.

Cᴇᴛᴛᴇ espèce a de l'affinité avec le T. Caraboïde de Fabricius; mais, outre qu'elle est beaucoup plus petite, elle s'en éloigne en plusieurs points essentiels. Les antennes sont beaucoup plus courtes, ne dépassent que de peu les angles antérieurs du corcelet; leur huitième article est bien plus petit que le suivant, tandis que, dans le T. Caraboïde, ce huitième article est seulement un peu moins gros, et semble faire partie de la massue terminale. Le corcelet est presque carré et presque aussi long que large; il se rétrécit un peu et insensiblement vers son extrémité postérieure, et ses bords latéraux sont presque droits. Les stries dorsales et ponctuées des élytres sont bien plus profondes que dans le T. Caraboïde, et paroissent plus rapprochées; les intervalles qui les séparent sont très-foiblement pointillés, et les petits points n'y forment au plus qu'une seule ligne; les stries extérieures sont peu marquées, et le corcelet est très-ponctué, comme dans le T. Caraboïde. Le dessus du corps est noirâtre ou d'un brun presque noir; les antennes, les palpes, les bords extérieurs du corcelet, des élytres, le dessous du corps et les pates, sont d'un brun marron.

[1] Je suis l'orthographe de Fabricius et de M. Illiger. M. Olivier écrit *Trogossite.*

LXXVI. ALTISE a cinq bandes.

ALTICA quinque-fasciata, pl. I, fig. 8; grossie.

Ovoïde; un petit sillon transversal et oblique de chaque côté du corcelet; corps vaguement pointillé et luisant; tête, dessus du corcelet, et ventre, roussâtres; élytres d'un blanc jaunâtre, avec une tache humérale et deux bandes transverses, noires; yeux et poitrine noirs; pates d'un jaunâtre pâle.

Ovata; thorace utrinque sulculo transverso et obliquo notato; corpore vage punctulato, nitido; capite, thorace supra ventreque rufescentibus; elytris flavido-albidis, macula humerali fasciisque duabus transversis, nigris; oculis pectoreque nigris; pedibus pallido-flavidis.

Longueur du corps.

o^m.oo5.

Elle paroît appartenir à la quatrième famille des Altises de M. Illiger. Le corps est ovoïde, luisant, et confusément pointillé. Les antennes manquent dans notre individu. La tête est d'un fauve foncé, avec les yeux noirs et le labre pâle; on remarque, au-dessous des antennes, une petite carène. Le corcelet est petit, presque carré, rebordé, de la couleur de la tête, et a, de chaque côté, près du milieu, un petit sillon transversal et oblique; les deux forment ainsi un angle très-ouvert. L'écusson est triangulaire et roussâtre. Les élytres sont d'un blanc jaunâtre pâle, coupé alternativement par deux bandes noires, transversales, grandes et droites, placées, l'une à peu de distance de la base, et l'autre un peu au delà du milieu; ces élytres ont ainsi cinq bandes transverses; sur la première, et près des épaules, est une tache noire. Le dessous du corcelet et la poitrine sont noirs; l'abdomen est roussâtre. Les pates sont entièrement d'un jaunâtre pâle; les postérieures sont grandes, sans avoir les cuisses très-renflées.

LXXVII. ALTISE a dix-points.

ALTICA decem-punctata, pl. I, fig. 9; grossie.

Ovoïde, vaguement pointillée, noire; corcelet, élytres et grande partie du ventre d'un jaunâtre pâle; corcelet uni, cinq points noirs sur chaque élytre : 1, 2 et 2.

Ovata, inordinate punctulata, nigra; thorace, elytris ventrisque maxima parte pallido-lutescentibus; thorace lævigato; elytris singulis punctis quinque nigris : 1, 2, 2.

Longueur du corps.

0^m. 006.

Je rapporterai cette espèce à la cinquième famille des Altises de M. Illiger, ou celle des sauteuses. Son corps est ovoïde, pointillé sans ordre, noir et luisant. Les antennes sont longues et de cette couleur. Le corcelet est petit, proportionnellement à l'abdomen, presque carré, rebordé, uni, incliné sur les côtés, et d'un jaunâtre pâle, tirant un peu sur le roussâtre, dans une variété. L'écusson est triangulaire et noirâtre. Les élytres sont d'un jaunâtre pâle, et ont chacune cinq petites taches noires, en forme de points inégaux, dont un isolé, plus grand, ovale, placé à l'épaule, et les quatre autres disposés transversalement par paires, deux près du milieu, et les deux derniers un peu plus bas; les extérieurs sont un peu plus petits, et disparoissent quelquefois; le bord de la suture, près de l'écusson, est noir dans l'individu où les quatre derniers points sont bien distincts, ou celui que j'ai représenté; les épaules sont très-proéminentes. Le ventre est jaunâtre, avec l'anus noir; cette couleur s'étend, dans une variété, jusque sur le milieu du ventre. Les pates sont entièrement noires et foiblement pubescentes.

LXXVIII. ALTISE A DEUX CEINTURES.

ALTICA BICINCTA, pl. I, fig. 10 ; grossie.

Ovoïde, lisse, d'un fauve pâle et luisant; corcelet transversal, avec de larges rebords; cuisses postérieures très-grandes; deux bandes noires et transverses sur les élytres.

Ovata, lœvigata, pallido-rufa, nitida; thorace transverso, late marginato; femoribus posticis maximis; elytris fasciis duabus transversis, nigris.

Longueur du corps.

0^m. 007.

LES Altises ne différant essentiellement des Galéruques que par la grandeur de leurs cuisses postérieures, et ce caractère étant plus ou moins modifié, suivant les espèces, parce que tout se nuance dans la nature, on est souvent embarrassé au sujet des limites des deux genres; telle espèce pourra être placée dans l'un ou dans l'autre; mais il ne peut y avoir d'équivoque relativement à celle-ci. Elle est du nombre de celles qui ont éminemment la faculté de sauter. Leurs pates postérieures ont des cuisses très-grandes et marquées d'un enfoncement le long de leur face supérieure, ou celle qui s'applique contre le ventre; des jambes longues, paroissant avoir un sillon à leur extrémité, sur le côté extérieur, et munies d'une dentelure près du même bout; des tarses fort courts, et dont le dernier article est très-renflé à son extrémité. Ces espèces composent la famille des Altises *physapodes* de M. Illiger.

L'Altise à deux ceintures est ovoïde, lisse, d'un fauve pâle et luisant, plus foncé et tirant sur le marron, en dessous. Les antennes sont également d'un fauve pâle, avec l'extrémité du premier article et le second plus obscurs. Derrière l'insertion de ces antennes est une petite élévation, formant une partie du support de leur base, et l'on voit, immédiatement après, en se rapprochant du ventre, un petit enfoncement. Les yeux sont noirs. Le corcelet est un carré transversal, uni, avec les rebords latéraux grands et élevés. L'écusson est triangulaire, petit, et de la couleur du corps. Les élytres ont deux bandes ou deux grandes taches noires, transverses, n'atteignant pas tout-à-fait les deux bords, et dont l'une occupe la base de ces élytres et l'autre le milieu. Les pates sont entièrement de la couleur du corps.

LXXIX. ALTISE A ÉTUIS VIOLETS.

ALTICA ɪᴀɴᴛʜɪɴɪᴘᴇɴɴɪꜱ, pl. I, fig. 11; grossie.

Ovoïde; corcelet transversal, avec une ligne imprimée, transverse, près du bord postérieur; corps, base des antennes et les quatre cuisses antérieures fauves; élytres violettes, confusément pointillées.

Ovata; thorace transverso, linea impressa, transversa, margini postico proxima; corpore, antennarum basi femoribusque anticis quatuor rufis; elytris violaceis, vage punctulatis.

Longueur du corps.

0ᵐ. 004.

~~~~~~~~~~~~~~~~~~

Eʟʟᴇ se rapproche beaucoup des Altises bicolor et aulique de M. Olivier. Son corps est ovoïde, très-luisant et fauve. Les antennes sont noires, avec les trois premiers articles fauves. Les yeux sont noirs. Le corcelet est beaucoup plus large que long, un peu rétréci vers les angles postérieurs, finement rebordé, sans points apparens, et a, tout près du bord postérieur, une ligne imprimée, transverse, et dont les extrémités, à quelque distance des côtés, se courbent inférieurement, pour s'appuyer sur ce bord. L'écusson est fauve. Les élytres sont d'un bleu violet, très-brillant, et vaguement pointillées. Les pates sont noires, avec les quatre cuisses antérieures, les genoux exceptés, et l'origine des cuisses postérieures, fauves.
~~~~~~~~~~~~~~~~~~

LXXX. GALÉRUQUE A QUATRE RAIES.

GALERUCA quadrivittata, pl. I, fig. 12; grossie.

Oblongue, noire; corcelet d'un roussâtre pâle, avec deux impressions; élytres fortement
ponctuées, avec le bord extérieur et une raie longitudinale, n'atteignant pas le
bout, blanchâtres; quelques lignes élevées entre cette raie et le bord extérieur;
antennes et pates longues.

*Oblonga, nigra; thorace pallido-rufescenti, bifoveato; elytris maxime impresso-
punctatis, margine externo vittaque longitudinali, suturam prope, albicantibus:
spatio interjecto lineis aliquot elevatis exarato; antennis pedibusque longis.*

Longueur du corps.

0^m. 004.

C ETTE Galéruque doit être placée auprès de celle que M. Olivier a décrite
sous le nom de Pallipède, et dans le voisinage encore du *Crioceris innuba*
de Fabricius; par sa forme étroite et oblongue, par la longueur de ses
antennes et de ses pates, elle tient beaucoup des *Lupéres.* Le corps est noir. Les
antennes sont au moins de sa longueur, grêles, noirâtres, avec le premier
et les deux derniers articles plus clairs, ou d'un brun pâle. La tête est toute
noire, le corcelet est presque carré, d'un roussâtre pâle, sans ponctuation
distincte, et marqué, près du milieu du dos, de deux enfoncemens obliques.
L'écusson est noir et très-petit. Les élytres sont étroites, longues, noires et
chargées de points très-nombreux, et dont plusieurs paroissent confluens; le
bord extérieur est d'un blanchâtre pâle, tirant un peu sur le jaunâtre; dans
la proximité de la suture est une raie parallèle au bord extérieur, de sa
couleur, linéaire, et se terminant avant l'extrémité postérieure de l'élytre;
l'intervalle, compris entre cette raie et le même bord, offre trois à quatre petites
lignes élevées. Les pates sont pâles ou blanchâtres, avec le dessus des cuisses,
l'extrémité postérieure des jambes et les tarses en entier, noirâtres.

Zoologie, Tom. II. 4

LXXXI. COCCINELLE seize-pustules.

COCCINELLA 16-pustulata, pl. I, fig. 13; grossie.

Oblongue, très-noire, avec seize points blancs : deux sur le corcelet et sept sur chaque
élytre.

Oblonga, atra, punctis sexdecim albis; duobus thoraci, septem cuique elytro, impositis.

Longueur du corps.

0ᵐ. 005.

M. ILLIGER a réuni, dans sa seconde famille des Coccinelles, les espèces
qui ont une forme oblongue et peu bombée, dont le corcelet est peu échancré
en devant et plus étroit à sa base que les élytres. C'est à cette division qu'appartient le Coccinelle seize-pustules. Son corps est glâbre, d'un noir luisant,
avec seize points blancs, dont deux sur le milieu du corcelet, et cinq sur
chaque élytre : ceux du corcelet sont placés, l'un sur l'autre, dans le milieu
de la longueur : celui-ci au bord antérieur, et celui-là au bord postérieur; les
bords latéraux du corcelet et ceux de la partie antérieure de la tête sont
également blancs. Les points des élytres forment, sur chacune d'elles, deux
séries longitudinales : les deux points discoïdaux et internes sont isolés; celui de
la base, ou le premier de la série intérieure, et les autres qui sont généralement moins arrondis, se lient ensemble au bord extérieur. Les antennes,
les pates et tout le dessous du corps sont entièrement noirs.

LXXXII. BOUSIER A LUNETTE. FEMELLE.

COPRIS CONSPICILLATUS. Femina, pl. II, fig. 1 ; de grandeur naturelle.

Je représente ici la femelle du Bousier à lunette, dont le mâle a été décrit et figuré dans cet ouvrage. Cet individu femelle est un peu plus petit que celui de l'autre sexe. La corne de la tête est remplacée par une carène transverse, un peu arquée en devant, et dont chaque extrémité se réunit avec une autre carène ou ligne élevée qui descend obliquement, au bord du chaperon, en avant des yeux. Le corcelet est également mutique; son disque est plus convexe et moins inégal que dans le mâle; le milieu de sa partie antérieure a deux enfoncemens et un petit sillon dans l'entre-deux; on voit sur cette partie quatre taches noires, dont deux au milieu, imitant deux petites bandes longitudinales, parallèles, très-rapprochées, et deux latérales, arquées, et réunies par leur bout intérieur aux précédentes; les côtés du corcelet sont conformés et colorés de même que dans le mâle.

LXXXIII. LIPARE HISPIDE.

LIPARUS HISPIDUS, pl. II, fig. 2; grossi.

Brévirostre; pates simples; corps cendré-noirâtre; élytres ayant des rangées de tubercules hispides, brusquement rétrécies à leur extrémité postérieure.

Brevirostris; pedibus simplicibus; corpore fusco-cinereo; elytris ordinatim hispido-tuberculatis, postice abrupte angustatis.

Longueur du corps.

0ᵐ. 006.

Les charansons *germain, colon, variolé*, de Fabricius, ont paru à M. Olivier devoir former un nouveau genre, et c'est à cette coupe que je crois pouvoir rapporter le charansonite que je vais décrire. Il se rapproche, pour la forme, du Lipare *caréné* de ce célèbre naturaliste. Son corps est d'un cendré très-obscur ou noirâtre et parsemé entièrement de petits poils courts, roides, spinuliformes et noirâtres. Les antennes sont brunes avec la massue obscure; les trois premiers articles sont les plus longs, et leur grandeur diminue graduellement. La trompe est grosse, courte, sans sillon apparent; on remarque, au-dessus de son origine ou près du front, une fossette. Les yeux sont étroits, noirs, et embrassent le contour de la tête. Le corcelet paroît être chagriné ou couvert de petits grains; il est dilaté et arrondi vers le milieu des côtés, rétréci et moins convexe à sa partie antérieure. Les élytres ont des tubercules hispides, formant, du moins vers la suture, des rangées longitudinales; elles se resserrent brusquement vers leur extrémité, et l'on remarque un tubercule plus gros, au point où commence le rétrécissement. Les tarses sont bruns.

LXXXIV. CRYPTORHYNQUE LEUCOCOME.

CRYPTORHYNCHUS LEUCOCOMA, pl. II, fig. 3; grossi.

Longirostre; cuisses dentées; corps ovoïde, brun, parsemé de petites écailles blanchâtres; corcelet plus étroit que l'abdomen, très-ponctué; élytres ayant des stries
ponctuées.

*Longirostris; femoribus dentatis; corpore ovato, brunneo, squamulis albidis sparso;
thorace abdomine angustiore; elytris punctato-striatis.*

Longueur du corps.

0ᵐ. 003.

QUOIQUE les limites du genre Cryptorhynque établi par un des premiers
entomologistes de l'Europe, le célèbre Illiger, ne soient pas bien rigoureusement déterminées, j'ai déjà néanmoins adopté cette coupe, vu qu'elle contribue
à simplifier la famille très-difficile des Charansonites.

Le corps de notre Cryptorhynque présente un ovoïde court; il est entièrement d'un brun châtain, luisant, et tout parsemé de petites écailles blanchâtres,
mais sans former de dessin régulier. La trompe est longue, assez grosse, et
m'a paru unie. Les yeux sont noirs. Le corcelet, dans sa plus grande largeur,
est notablement plus étroit que l'abdomen, très-pointillé, et se rétrécit peu
à peu de sa base à la pointe, ce qui lui donne la figure d'un cône fortement
tronqué. Les élytres ont des stries régulières et ponctuées. Les pates sont de
la couleur du corps, avec les cuisses fortes et unidentées en dessous.

LXXXV. SAPERDE A DEUX POINTES.

SAPERDA bicuspidata, pl. II, fig. 4; de grandeur naturelle.

Noire; tête et corcelet rayés de jaunâtre; élytres tombant brusquement sur les côtés, tachetées de jaunâtre, tronquées et unidentées extérieurement à leur extrémité.

Nigra; capite thoraceque flavido - lineatis; elytris ad latera abrupte declivis, flavido-maculatis : apice truncato et externe unidentato.

Longueur du corps.

0ᵐ. 022.

Cᴇᴛᴛᴇ jolie Saperde a une grande conformité avec l'espèce que M. Olivier nomme *élégante;* mais elle en est distinguée par le fond de sa couleur et le nombre des taches des élytres. Son corps est alongé, cylindracé, un peu plus étroit en devant, comprimé longitudinalement de chaque côté, et d'un noir qui paroît sombre en plusieurs points, et notamment sur une grande partie de sa surface supérieure. Les antennes sont longues, avec des anneaux grisâtres, couleur formée par un duvet, ainsi que les raies et les taches des autres parties du corps. Les mandibules sont fortes et avancées. Le lâbre est velu, avec les côtés d'un gris jaunâtre. Le milieu de la face antérieure de la tête est divisé longitudinalement par un sillon qui s'étend jusque sur le vertex, et présentant, à partir du front, une raie jaunâtre. Les côtés de la tête et le corcelet ont des lignes de la même couleur; savoir : deux au-dessous des antennes, deux très-courtes derrière chaque œil, et huit le long du corcelet, dont quatre dorsales et les quatre autres latérales. L'écusson est noir et presque en cœur. Les élytres tombent perpendiculairement sur les côtés; au commencement de leur chute ou de leur marge extérieure, on remarque dans toute leur longueur, ou depuis la pointe humérale et saillante jusqu'au bout, un sillon placé entre deux petites arêtes ; le fond de ces élytres a quelques gros points enfoncés, disposés vaguement, et un très-grand nombre de petites taches et de points jaunâtres et inégaux ; l'extrémité postérieure est de la même couleur, tronquée, et son angle extérieur se prolonge en une dent ou pointe très-forte et aiguë. Le dessous du corps est recouvert d'un petit duvet soyeux et grisâtre ; les côtés de la poitrine et du ventre ont des taches qui forment quatre lignes sur cette dernière partie du corps, deux de chaque côté ; les postérieures de celles-ci sont grisâtres, et les autres jaunâtres ; le dernier segment abdominal est alongé, resserré, tronqué et garni de poils noirs au bout, avec une petite raie grise de chaque côté. Les pates sont également entrecoupées de taches grises ou jaunâtres ; leurs cuisses forment une massue rétrécie en pédicule vers son origine.

LXXXVI LYCUS TERMINÉ.

LYCUS TERMINATUS, pl. II, fig. 5; un peu grossi.

Élytres s'élargissant insensiblement et arrondies à leur extrémité, ayant chacune deux
lignes élevées, avec les intervalles en treillis; antennes très-comprimées, presque
simples; corps briqueté, pâle, avec les antennes et le bout des élytres noirs.

*Elytris sensim dilatatis et ad apicem rotundatis; singulis elevato-bilineatis : intervallis
reticulatis; antennis valde compressis, subsimplicibus; corpore pallide testaceo,
antennis elytrorumque apice nigris.*

Longueur du corps.

0ᵐ. 014.

Les caractères que Fabricius applique au *Lycus præustus* conviennent à notre
espèce; mais, comme ces insectes habitent des pays très-différens, je ne puis
croire qu'il y ait identité.

Notre Lycus a le corps oblong, d'un roussâtre clair et tirant sur le jaunâtre,
ou couleur de brique pâle. Les antennes sont longues, comprimées, légèrement
en scie, noires, avec une partie des premiers articles roussâtre. Le corcelet
est plan, presque demi-circulaire, rebordé, avec une ligne élevée et longitudinale dans son milieu. Les élytres sont plus longues que le corps, s'élargissent
peu à peu et s'arrondissent à l'extrémité postérieure qui est noire; elles sont
rebordées, et ont chacune deux arêtes longitudinales; les deux espaces compris
entre l'arête extérieure et la suture sont chacun coupés dans le même sens
par une arête plus petite et peu distincte; tous ces espaces sont divisés transversalement par de petites nervures, en forme de treillis; l'intervalle, renfermé
entre le bord extérieur et la première arête, n'a qu'une rangée de mailles; mais
les deux autres en ont deux chacun. Les pates sont comprimées et de la couleur
du corps.

~~~~~~

LXXXVII. LYCUS SUTURAL.

LYCUS SUTURALIS, pl. II, fig. 6; grossi.

Élytres médiocrement et insensiblement dilatées à leur extrémité, réticulées et ayant chacune six lignes élevées; antennes comprimées, presque simples; corps noir; contour extérieur du corcelet et élytres d'un rougeâtre pâle; extrémité postérieure des élytres, le haut de leur suture, noirs; tache suturale dilatée transversalement, à son extrémité, en forme de bande.

Elytris modice gradatimque ad apicem dilatatis, reticulatis : singulis elevato-sexlineatis; antennis compressis, subsimplicibus; corpore nigro; thoracis ambitu externo elytrisque pallide rubescentibus; horum apice suturaque, originem versus, nigris : macula suturali ad apicem in fasciam transversam dilatata.

Longueur du corps.

0^m.007.

~~~~~~~~~~~~~~~

CETTE espèce a une grande affinité avec le *Lycus reticulatus* de Fabricius et de M. Olivier. Son corps est long, étroit et noir. Les antennes sont comprimées, légèrement en scie et longues. Les palpes sont roussâtres. Le corcelet est presque demi-circulaire, rebordé, assez prolongé aux angles postérieurs, d'un rougeâtre pâle, avec le milieu noir, jusque près du bord antérieur; ce milieu est plus élevé, et a une ligne enfoncée. L'écusson est noir. Les élytres sont longues, étroites, médiocrement et insensiblement plus larges à leur extrémité, d'un rougeâtre pâle, avec le haut de la suture et le bout postérieur noirs; la tache suturale se dilate, à son extrémité, en forme de bande transverse; chaque élytre a cinq arêtes longitudinales, dont l'extérieure plus forte; les intervalles sont croisés par de petites nervures transverses, qui forment un réseau. Les pates sont d'un fauve pâle à leur naissance, et noires au delà.

Zoologie, Tom. II. 5

LXXXVIII. CASSIDE A RAIES JAUNES.

CASSIDA flavo-lineata, pl. II, fig. 7; grossie.

Presque hémisphérique, avec le dos arrondi; limbe extérieur du corcelet et des élytres
d'un jaune pâle, presque diaphane, réticulé; disque dorsal noirâtre, avec quatre
raies longitudinales et quelques petites taches d'un jaune pâle.

*Subhemisphærica, dorso rotundato; thoracis elytrorumque limbo externo pallide flavo,
pellucido, reticulato; disco dorsali nigricante, vittis quatuor longitudinalibus maculisque parvis pallido-flavis.*

Longueur du corps.

o . oo5.

Elle a de l'affinité avec la Casside *tristriée*. Son corps est presque hémisphérique, luisant, avec le dos arrondi. Les antennes sont d'un jaune très-pâle,
avec l'extrémité noirâtre. Les yeux sont noirs. La tête, le sternum antérieur
et les pates sont d'un roussâtre livide. Le corcelet est plus large que long,
arrondi en devant et sur les côtés, lobé ou prolongé brusquement au-dessus
de l'écusson, d'un jaune pâle, presque transparent et réticulé au bord extérieur,
d'un brun noirâtre, et marqué de deux taches jaunâtres à son extrémité postérieure et discoïdale; cette partie a quelques points enfoncés. L'écusson est
d'un brun noirâtre et ponctué. Les élytres sont de la même couleur, avec le
limbe extérieur ou la portion débordante d'un jaune pâle, presque diaphane
et réticulé; le disque a des stries formées par des points enfoncés et alignés,
quatre raies longitudinales, deux par chaque élytre, et quelques petites taches,
d'un jaune pâle; la raie extérieure est interrompue; la couleur du limbe empiète
sur les bords du disque; les angles extérieurs de la base des élytres sont
avancés. Les parties inférieures du corps, autres que celles qui ont été mentionnées ci-dessus, sont noires; la poitrine a quelques taches d'un roussâtre
livide : c'est aussi la couleur des bords du ventre.

LXXXIX. CASSIDE JAUNATRE.

CASSIDA FLAVESCENS, pl. II, fig. 8; agrossie.

Presque hémisphérique, avec le dos arrondi, d'un jaune pâle ; limbe extérieur du corcelet
et des élytres plus clair, presque transparent, réticulé ; disque des élytres parsemé
de points ; dessous du corps noir, avec la plus grande partie des antennes, la tête,
le sternum antérieur, des taches pectorales, les bords du ventre et les pates, jaunâtres.

*Subhemisphærica, dorso rotundato, pallide flavo : thoracis elytrorumque limbo externo
dilutiore, subdiaphano, reticulato; horum disco vage impresso-punctato; corpore
infra nigro, antennarum maxima parte, capite, sterno antico, maculis pectoralibus,
ventris marginibus pedibusqae flavidis.*

Longueur du corps.

0ᵐ. oo5.

Cᴇᴛᴛᴇ espèce est très-voisine de la C. *immaculée* de M. Olivier. Elle ressemble,
quant à la forme du corps, à celle que j'ai décrite précédemment ; mais,
outre la différence des couleurs, le milieu de son bord postérieur est moins
et insensiblement dilaté ; l'écusson est lisse ; les points enfoncés des élytres
sont moins nombreux et placés sans ordre, excepté vers la suture, où ils
paroissent être un peu alignés. Les yeux sont noirs, et la massue des antennes
est noirâtre. Consultez, pour les autres caractères, la diagnose spécifique.

CX. CHRYSOMÈLE A QUATRE RAIES.

CHRYSOMELA QUADRIVITTATA, pl. II, fig. 9; grossie.

Brièvement ovoïde, très-convexe, d'un brun foncé; élytres ayant le bord extérieur et
une raie longitudinale jaunâtres : ces lignes réunies à leurs extrémités, et dont
l'extérieure unirameuse intérieurement.

*Breviter ovata, valde convexa, intensive brunnea; elytris margine externo vittaque
longitudinali flavescentibus : his vittis ad apices coalitis, externa intus uniramosa.*

Longueur du corps.

o^m. oo5.

Elle n'est peut-être qu'une variété de la Chrysomèle que Fabricius nomme
Pulchra. Son corps forme un ovoïde court et très-convexe; il est très-pointillé,
d'un brun marron foncé, luisant, qui paroît bronzé sur le milieu de la tête
et du corcelet, et un peu cuivreux aux élytres. Les antennes sont brunes
inférieurement, et noirâtres au delà. Le corcelet est beaucoup plus large que
long, presque lunulé, foiblement rebordé, et plus fortement ponctué, près
des bords latéraux. L'écusson est petit, triangulaire, comme rebordé, brun
et lisse. Les élytres ont des points enfoncés très-nombreux, et qui forment
quelques stries vers sa suture; le bord extérieur est jaunâtre, et cette bordure
va se réunir, à chaque bout, avec une raie de la même couleur, longitudinale,
droite, et placée à peu de distance de la suture. Tout le dessous du corps
est d'un brun foncé. Les pelottes des tarses sont d'un brun plus clair ou
presque fauves.

XCI. COCCINELLE DEUX-FOIS SIX POINTS.

COCCINELLA BIS-SEX PUNCTATA, pl. II, fig. 10; grossie.

Ovoïde, noire en dessous, rouge en dessus; deux taches sur le corcelet, et douze points sur les élytres, noirs.

Ovata, subtus nigra, super rubra; thorace maculis duabus, coleoptris punctis duodecim, nigris.

Longueur du corps.

0^m. 007.

CETTE espèce, à raison de sa forme ovoïde, doit être rangée avec celles dont M. Illiger (faune de Prusse) compose sa seconde famille. Le dessous de son corps et les pates sont noirs; le dessus et les antennes, à l'exception de leur extrémité qui est noirâtre, sont d'un rouge sanguin. Le front et le milieu du corcelet ont deux taches noires; celles du front sont petites et contiguës aux yeux; celles du corcelet s'étendent parallèlement depuis le bord postérieur jusque près de l'antérieur. L'écusson est petit et rouge. Les élytres ont chacune six taches noires, et arrondies en forme de points, 2, 1, 2, et 1; l'intérieure de la première paire ou de celle qui est la plus près de la base touche à la suture; la tache isolée, qui vient immédiatement au-dessous, est la plus grande, et forme une espèce de bande transverse; la dernière enfin se trouve près de l'angle apical.

XCII. ALTISE A ÉLYTRES BRONZÉES.

ALTICA ÆNEIPENNIS, pl. II, fig. 11; grossie.

Ovoïde; corcelet convexe, pointillé; cuisses postérieures notablement renflées; antennes, tête, corcelet et pates fauves; élytres bronzées, avec des points disposés en lignes; poitrine et ventre noirs.

Ovata; thorace convexo, punctato; femoribus posticis notabiliter incrassatis; antennis, capite, thorace pedibusque rufis; elytris æneis, striato-punctatis; pectore ventreque nigris.

Longueur du corps.

0^m. 002.

J E rapporte cette espèce à la sixième famille des Altises du professeur Illiger, ou à celles qu'il désigne sous la dénomination de *striées*. Son corps est ovoïde, assez épais, et luisant. Les antennes sont fauves, avec l'extrémité obscure. La tête, le corcelet, tant en dessus qu'en dessous, les côtés de la poitrine et les pates sont fauves. Le corcelet est notablement plus étroit que l'abdomen, assez convexe, un peu plus large que long, finement rebordé, et très-pointillé. Le fond des élytres est brun, avec un éclat métallique, tirant sur le bronze. Elles ont un grand nombre de petits points enfoncés, disposés en séries longitudinales. Les cuisses postérieures sont grandes. La poitrine et le ventre sont noirs.

XCIII. ALTISE ALTERNÉE.

ALTICA ALTERNATA, pl. II, fig. 12 ; grossie.

Ovale, déprimée, lisse; corcelet transversal; base des antennes, tête, dessous du corps et pates, à l'exception de leur extrémité, roussâtres; corcelet d'un blanc jaunâtre; élytres noires, avec deux raies d'un blanc jaunâtre et réunies postérieurement, sur chaque.

Ovalis, depressa, lœvis; thorace transverso; antennarum basi, capite, corpore infra pedibusque, illorum apice excepto, rufescentibus; thorace flavicanti-albo; elytris nigris : singulis vittis duabus posticeque connexis flavido-albis.

Haltica alternata. Illig. *magaz. für insekt.*, 1807, pag. 144.
Altica glabrata. Oliv. *Coleopt.*, Tom. V, pag. 685, pl. 2, fig. 28.

Longueur du corps.

0^m. 006.

M. Olivier a confondu ou réuni cette espèce avec la Galéruque polie, *glabrata*, de Fabricius; mais celle-ci a la tête noire, avec le front blanc, et une grande partie du ventre et des pates noire. Ses élytres, d'après l'autorité de M. Illiger, sont ponctuées, autre caractère qui différencie essentiellement cette dernière.

L'Altise alternée est rangée, par cet auteur, avec les espèces de sa cinquième famille : les sauteuses, *saltatrices*. Son corps est ovale, ou plutôt ovoïde-alongé, déprimé, lisse et luisant. Les antennes sont noires, avec les trois premiers articles roussâtres. La tête est de cette dernière couleur, avec les yeux et le vertex noirs; près du bord interne de chaque œil est un petit enfoncement orbiculaire. Le corcelet est transversal, d'un blanc jaunâtre, avec une petite tache noire, quelquefois oblitérée, sur le milieu du disque; on distingue, près du milieu du bord postérieur, un enfoncement léger et transversal. L'écusson est petit et noir. Les élytres sont noires, très-lisses, avec deux raies longitudinales, d'un blanc jaunâtre, sur chaque; l'une près du bord extérieur, et l'autre à peu de distance de la suture, droite, et se réunissant avec la précédente au bout de l'élytre. Le dessous du corps est roussâtre, avec le milieu de la poitrine noir. Les pates sont roussâtres, avec l'extrémité postérieure des jambes et les tarses, noirâtres; les deux dernières pates ont les cuisses fortes, et un peu creusées en gouttière, au côté interne; l'extrémité des jambes des mêmes pates a aussi une rainure sur le côté postérieur.

XCIV. HANNETON RUFIPÈDE.

MELOLONTHA rufipes, pl. III, fig. 1 ; de grandeur naturelle.

Antennes de neuf articles, dont les trois derniers formant la massue; corps oblong, convexe, noir, avec les antennes, le duvet du dessus de la tête, et les pates, fauves; chaperon court, arrondi et échancré antérieurement; trois taches sur le corcelet formées de petites écailles très-noires; des sillons garnis d'écailles semblables sur les élytres; des bandes grises et transverses sur le ventre.

Antennis articulis novem : tribus ultimis capitulum efficientibus; corpore oblongo, convexo, nigro, antennis, capitis tomento supero pedibusque rufis; clypeo brevi, antice rotundato, emarginato; thorace maculis tribus, atris, squameis; elytrorum sulcis pariter vestitis; ventre fasciis transversis, griseis.

Longueur du corps.

0ᵐ. 028.

I̶L a la forme de notre hanneton commun. Son corps est noir, luisant, un peu moins foncé et tournant vers le brun sur les élytres. Son dessus, à l'exception de la tête, est presque glâbre; mais la bouche, le dessous du corcelet, la poitrine et les pates, à leur naissance, sont garnis de poils nombreux et d'un gris plus ou moins roussâtre; les segmens du ventre sont recouverts d'un duvet grisâtre, qui y forme des bandes transverses, interrompues en quelques points. Les antennes, les palpes, l'extrémité supérieure de la bouche, le duvet cotonneux qui revêt le dessus de la tête et les pates, sont d'un fauve marron clair. Les antennes sont composées de neuf articles, dont les trois derniers composent la massue. Le chaperon est court, rebordé, arrondi en devant, et échancré au milieu. Le corcelet est convexe, assez uni, avec trois taches longitudinales formées de petites écailles très-noires; deux de ces taches sont latérales, et la troisième occupe le milieu; celle-ci est plus longue. L'écusson est presque en cœur, très-arrondi au bout, et a, dans son milieu, une petite tache très-noire, formée pareillement de petites écailles. Chaque élytre a trois sillons, larges et longitudinaux, dont le fond est garni de même; le sillon le plus intérieur, ou celui qui est près de la suture, atteint seul l'extrémité de l'élytre. L'anus est découvert, épais, obtus, et bordé, à son extrémité, d'une ligne roussâtre, formée de poils de cette couleur. Les pates ont des poils semblables, mais plus courts; les jambes antérieures sont tridentées; les tarses intermédiaires sont terminés par deux crochets alongés, égaux et bidentés au bout; les tarses des autres pates sont mutilés.

XCV. CÉTOINE ÉTOILÉE.

CETONIA stellata, pl. III, fig. 2; de grandeur naturelle.

Chaperon entier; corcelet lobé postérieurement; dessus du corps d'un noir opaque,
avec des lignes rayonnées, jaunâtres; le dessous cuivreux, brillant; pointe du sternum
intermédiaire forte et inclinée.

*Clypeo integro; thorace postice lobato; corpore supra nigro, opaco, lineis flavidis
radiato, infra cupreo, nitido; sterni intermedii cornu antico valido, inflexo.*

Longueur du corps.

0ᵐ. 021.

Herbst et M. Olivier ont représenté, l'un sous les noms d'*histrio ruber*,
l'autre sous la désignation de *strigosa*, une Cétoine, qui est très-voisine
de la nôtre. Celle-ci est néanmoins distincte de la précédente, en ce que les
lignes dorsales sont continues, partent d'un centre commun, en ce que le
dessous du corps est tacheté, et que la pointe du sternum fait une saillie
remarquable.

La Cétoine étoilée est en dessus d'un noir opaque; les antennes, le
chaperon, toutes les parties inférieures, ainsi que les pates, sont d'un rouge
cuivreux, foncé et brillant. Le chaperon est très-ponctué, avec le rebord
antérieur élevé, presque droit, légèrement unisinué au milieu; le reste de
la tête est noir, un peu pointillé, avec deux lignes jaunâtres, qui sont un
prolongement de celles du milieu du corcelet. Le milieu du bord postérieur
de cette dernière partie est dilaté en angle, pour remplacer l'écusson; cet
angle est d'un jaunâtre-roussâtre; de là partent sept lignes de la même couleur,
qui se rendent, en divergeant, aux bords latéraux et antérieurs : trois de chaque
côté, et une au milieu; celle-ci se divise en deux; le contour extérieur du

corcelet est aussi bordé de jaunâtre. Le milieu du dos, ou l'espace sutural, s'étendant depuis le corcelet jusque près du bout des élytres, offre une grande tache, presque carrée, d'un jaunâtre ferrugineux et ponctué irrégulièrement de noir, près de la suture; elle jette, de tous les points de sa circonférence, des lignes inégales, colorées de la même manière, et qui, pour la plupart, gagnent le bord extérieur des élytres : ce bord est encore jaunâtre. L'anus est très-ponctué ou finement rugueux, et a deux taches transverses et de la couleur des précédentes. La poitrine, les cuisses et les jambes sont fortement ponctuées. La bouche, le sternum antérieur et l'origine des deux premières pates sont garnis de poils d'un gris jaunâtre; les autres parties inférieures du corps en ont aussi, mais ils y sont plus courts et clair-semés. Une grande partie des côtés de la poitrine, le milieu des bords antérieurs des anneaux du ventre sont jaunâtres, et cette couleur forme ici des bandes transverses; les côtés du ventre ont des taches analogues, et qui sont comme une suite des mêmes bandes. La pointe du sternum intermédiaire est forte, très-grosse, conique, et a une direction presque perpendiculaire. Sur le dessous de chaque cuisse est une tache jaunâtre et ponctuée. Les deux jambes de devant ont trois dents aiguës au côté extérieur.

XCVI. CÉTOINE LITURÉE.

CETONIA LITURATA, pl. III, fig. 3; de grandeur naturelle.

Chaperon entier; corcelet lobé postérieurement; corps très-ponctué, d'un noir luisant en dessous, d'un cendré fuligineux en dessus, un peu plus clair sur les côtés du corcelet et à l'extrémité postérieure des élytres; surface des élytres inégale, avec quelques taches noires, et des lignes peu régulières de points; extrémité postérieure et suturale relevée et mucronée.

Clypeo integro; thorace postice lobato; corpore punctatissimo, infra nigro, lucido, supra fuligineo-cinereo, thoracis lateribus elytrorumque apice postico dilutioribus; elytris supra inæqualibus, sparsim et vix ordinatim striato-punctatis, ad apicem posticum et suturalem elevato-mucronatis.

Cetonia liturata. OLIV. *Coleop.*, Tom. I, G. n.º 6, pag. 86. Spec. 3, pl. XII, fig. 121.

Cetonia liturata. FAB. *System. eleuth.*, Tom. II, pag. 142.

Longueur du corps.

0^m.015.

<hr>

La figure de la Cétoine *liturée,* donnée par M. Olivier, convient tellement à notre espèce, que, nonobstant quelques différences descriptives, je suis convaincu de l'identité spécifique de ces insectes.

Le corps de la Cétoine liturée est tout parsemé, à l'exception du milieu du ventre, de points enfoncés et ombiliqués à leur centre. La surface supérieure est d'un cendré fuligineux ou d'un jaunâtre brun et obscur; les bords latéraux du corcelet et l'extrémité postérieure des élytres sont un peu moins foncés. Les antennes sont d'un brun noirâtre. Le chaperon a le bord antérieur relevé, droit et entier. Le corcelet est prolongé angulairement au milieu du bord postérieur, de sorte que l'écusson manque. Les élytres sont un peu resserrées extérieurement, au delà de leur base; leur surface offre quelques lignes peu régulières de points enfoncés, et, près du milieu, trois petites éminences noires, en forme de taches, et dont une postérieure plus alongée; le bord interne s'élève, du milieu à l'extrémité, et se termine en pointe. Le dessous du corps est d'un noir luisant, avec de petites taches d'un jaunâtre obscur, dout deux sur la poitrine, et quelques autres sur le ventre; celles-ci forment quatre lignes, deux de chaque côté. La bouche et le sternum antérieur sont garnis de poils d'un gris noirâtre.

XCVII. HANNETON MÉLANGÉ.

MELOLONTHA VARIEGATA, pl. III, fig. 4; un peu grossi.

Brièvement ovoïde, convexe; crochets des quatre tarses antérieurs inégaux, et dont un bifide; antennes de neuf articles, dont les trois derniers forment la massue; chaperon court, avec le bord antérieur arrondi, relevé et entier; tête et corcelet verts, pointillés; côtés du corcelet, milieu de son bord postérieur, jaunâtres; élytres de cette couleur, avec des points enfoncés formant des stries, des taches et une bande transverse noires; poitrine, anus et pates, les tarses exceptés, jaunâtres.

Breviter ovata, convexa; tarsorum anticorum quatuor unguibus inœqualibus : uno bifido; antennis articulis novem : tribus ultimis in capitulum dispositis; clypeo brevi, antice rotundato, reflexo, integro; capite thoraceque viridibus, punctulatis : hujus lateribus, marginis postici medio, flavicantibus; elytris pariter coloratis, striato-punctatis, maculis fasciaque transversa nigris; pectore, ano pedibusque, tarsis exceptis, flavicantibus.

Longueur du corps.

0^m.011.

C ETTE espèce vient naturellement se ranger près du Hanneton de *Frisch*, et paroît avoir de l'analogie avec le H. *picipéde* de M. Olivier. Elle est ovoïde, courte, épaisse, très-pointillée, luisante, et très-peu velue. Les antennes sont roussâtres, de neuf articles, dont les trois derniers forment une massue grande et oblongue. La bouche est de la même couleur. Le chaperon est court, et arrondi, rebordé, entier, roussâtre, à sa partie antérieure. Le dessus de la tête est vert; les yeux sont noirs. Le corcelet est court, très-finement et vaguement pointillé, vert, avec le milieu du bord postérieur et les côtés jaunâtres; les côtés ont aussi un reflet cuivreux. L'écusson est triangulaire, aussi long que large, pointillé, jaunâtre, avec les bords latéraux d'un verdâtre foncé. Les élytres sont d'un jaunâtre pâle; elles ont des stries nombreuses, formées par des points enfoncés, et des taches noires, dont les principales disposées ainsi : une aux épaules, prolongée en forme de ligne jusque près du milieu de l'élytre; une arrondie, appuyée sur le milieu de la suture; trois autres réunies, et composant une petite bande transverse, près de l'extrémité postérieure, contiguë par un bout à la suture, et n'atteignant pas le bord extérieur; une dernière, en forme de point, au bout de l'élytre. Les côtés de la poitrine sont jaunâtres, avec un mélange de noir verdâtre; le sternum intermédiaire est d'un verdâtre foncé, peu ponctué, et marqué d'un profond sillon dans son milieu. Le ventre est d'un noir verdâtre, mêlé de cuivreux, avec l'anus jaunâtre, et remarquable par quatre impressions, deux de chaque côté. Les pates sont jaunâtres, avec les tarses d'un vert foncé; les deux jambes antérieures sont bidentées extérieurement; les crochets des quatre premiers tarses sont très-inégaux; l'antérieur est bifide, et l'autre simple; ceux des tarses postérieurs sont entiers, et diffèrent peu l'un de l'autre. Ces tarses, en un mot, sont semblables à ceux du hanneton de M. Frisch. (*Voyez* le second volume de mon *Genera Crust. et Insect.*, pag. 111.)

XCVIII. BUPRESTE BRONZÉ-CUIVREUX.

BUPRESTIS CUPRO-ÆNEA, pl. III, fig. 5; de grandeur naturelle.

Triangulaire, alongé, déprimé, très-ponctué, pourvu d'un écusson ; les élytres bidentées
à leur extrémité, striées, avec quelques lignes élevées; corps d'un bronzé-cuivreux,
foncé en dessus, cuivreux et plus brillant en dessous; une ligne imprimée près
des bords du sternum antérieur; un sillon au milieu du premier segment ventral.

*Elongato-trigona, depressa, punctatissima, scutellata; elytris ad apicem bidentatis,
striatis, lineis perpaucis elevatis; corpore supra obscure cupreo-æneo, infra cupreo,
nitidiore; sterno antico linea impressa marginali; ventris segmenti primi medio
unisulcato.*

Buprestis obscura? HERBST. *Çoleopt.*, Tab. 143, fig. 5.

Longueur du corps.

0^m. 021.

Il a une grande conformité avec le B. *striata* de Fabricius, et surtout avec
le B. *obscura* d'Herbst. Son corps est en triangle alongé, et un peu plus
étroit vers la tête. Il est déprimé, très-fortement ponctué sur toute sa surface,
d'un bronzé cuivreux et foncé en dessus, cuivreux et plus brillant en dessous.
Les antennes sont terminées en scie. Les mandibules sont noires; les palpes
offrent un mélange de vert et de cuivreux. Le labre est de cette dernière
couleur. La tête a un enfoncement transversal et garni d'un duvet jaunâtre,
entre les yeux, qui sont cendrés. Le corcelet est transversal, un peu plus
étroit en devant, enfoncé près du milieu du bord postérieur, qui est légèrement dilaté en cette partie. L'écusson est très-petit. Les élytres sont alongées,
brusquement rétrécies vers leur extrémité postérieure, terminées en une pointe
tronquée et bidentée, couvertes de stries nombreuses, formées de points

rapprochés et disposés en séries longitudinales; chaque élytre a, au delà
du milieu, trois lignes élevées, mais qui tranchent peu. Le dessous du
corps est cuivreux, brillant. Le sternum antérieur a tout autour, près de
ses bords, une ligne imprimée. Le premier segment du ventre a, dans son
milieu, ou près de l'origine des deux dernières pates, un sillon assez large
et longitudinal. L'anus est entier. Les pates sont d'un vert bronzé, un peu
velues, avec les tarses d'un vert bleuâtre et luisant.

XCIX. ALTISE CRÉTACÉE.

ALTISA CRETACEA, pl. III, fig. 6; de grandeur naturelle.

Ovale; corcelet court, transversal, fortement échancré en devant, uni; antennes, tête,
écusson, dessous du corps et pates noirs; corcelet blanchâtre; élytres jaunâtres,
bordées extérieurement de blanc, finement et vaguement pointillées.

*Ovalis; thorace brevi, transverso, antice profunde emarginato, lævigato; antennis,
capite, scutello, corpore infra pedibusque nigris; thorace albicante; elytris flavescentibus, extus albo marginatis, subtiliter vageque punctulatis.*

Longueur du corps.

0^m. o13.

On prendroit cet insecte, au premier coup d'œil, pour une galéruque; mais
la grandeur des cuisses des pates postérieures, leur sillon inférieur, celui que l'on
remarque sur les jambes des mêmes pates, dénotent évidemment une Altise,
qui me semble appartenir à la famille des sauteuses de M. Illiger. Son corps
est ovale, ou plutôt ovoïde-alongé, bombé, luisant et presque glabre. Les
antennes, la tête, l'écusson, le dessous du corps et les pates sont noirs. Les
antennes sont longues. Le vertex de la tête est marqué d'un enfoncement.
Le corcelet est beaucoup plus large que long, plus étroit que les élytres,
fortement échancré en devant, uni, plan au milieu, un peu relevé sur les
côtés, légèrement rebordé, d'un blanc jaunâtre, avec le milieu du bord
antérieur noirâtre; les angles antérieurs se prolongent en une petite pointe.
L'écusson est très-petit, triangulaire et lisse. Les élytres sont grandes, bombées,
très-finement et confusément pointillées, presque unies, jaunâtres, avec le
limbe extérieur blanc. Le sternum intermédiaire est spacieux, convexe et un
peu avancé en pointe en devant.

C. ALTISE ÉCUSSONNÉE.

ALTICA scutata, pl. III, fig. 7; grossie.

Ovale; corcelet transversal, très-échancré en devant, uni, vert, avec une bande noire;
transverse, au milieu; élytres vaguement pointillées, d'un briqueté pâle sur le dos,
avec une bande d'un noir bleuâtre autour, et le bord extérieur vert; les autres
parties du corps noires.

Ovalis, thorace transverso, antice profunde emarginato, lævigato, viridi illius medio:
fascia nigra, transversa; elytris vage punctulatis, disco late pallide testaceo, fascia
cæruleo-nigra circumcincto : margine externo viridi; corporis partibus aliis nigris.

Longueur du corps.

0^m. 010.

SON port est presque le même que celui de la précédente; le corcelet est un
peu plus long et plus convexe; les élytres sont proportionnellement moins
grandes et moins bombées. Les antennes, la tête, le dessous du corps et les
pates sont d'un noir luisant. Le corcelet est d'un vert foncé, luisant, lisse, avec
une bande noire, transverse, et se terminant près des bords latéraux, dans
son milieu. L'écusson est petit, triangulaire et d'un noir bleuâtre. Les élytres sont
toutes couvertes de petits points enfoncés, et plus ou moins confluens; leur
dos est occupé par une grande tache commune, d'un roussâtre très-pâle,
formant une espèce d'écusson, tronquée en devant; l'espace qui l'environne,
y compris même la base de l'élytre, est d'un noir bleuâtre; le bord extérieur
est d'un vert foncé. L'anus est d'un brun obscur. Le sternum intermédiaire
est semblable à celui de l'espèce précédente.

CI. ALTISE BORDURE-BLANCHE.

ALTISE ALBO-MARGINATA, pl. III, fig. 8; presque de grandeur naturelle.

Ovale; corcelet transversal, très-échancré en devant, uni, blanc, avec les côtés noirs; élytres variolées, vertes ou noires, bordées extérieurement de blanc; dessous du corps noir, avec les côtés du ventre blanchâtres.

Ovalis; thorace transverso, antice valde emarginato, lœvi, lateribus nigris; elytris variolosis, viridibus nigrisve, extus albo marginatis; corpore infra nigro, ventris lateribus albidis.

Longueur du corps.

0ᵐ.010.

Sᴀ forme et sa taille sont exactement les mêmes que dans l'espèce que je viens de décrire. Le corps est noir et luisant. Le corcelet est blanc, avec les côtés noirs; cette dernière couleur s'étend un peu plus en devant qu'au bord postérieur; le blanc semble former une grande tache, bien détachée sur les bords. Les élytres sont variolées ou couvertes d'un grand nombre de fossettes irrégulières et confluentes, jusque près du bord extérieur, d'un noir ou d'un vert bleuâtre, avec le limbe extérieur blanc. Le dessous du corps est noir, avec les côtés du ventre blanchâtres.

CII. ALTISE ÉTUIS-DORÉS.

ALTICA CHRYSOPTERA, pl. III, fig. 9; grossie.

Ovoïde, finement et vaguement pointillée; corcelet presque carré, avec un sillon postérieur, transversal et sinué; corps vert, mêlé de bleu; élytres d'un vert doré, soyeuses.

Ovata, subtiliter et inordinate punctulata; thorace subquadrato, sulco postico, transverso, sinuato; corpore cæruleo-viridi; elytris aurato-viridibus, sericeis.

Longueur du corps.

0^m. 008.

CETTE espèce doit entrer dans la famille des Altises Sulcicolles, *Sulcicolles*, de M. Illiger. Elle est ovoïde, très-bombée en dessus, toute finement et confusément pointillée, d'un vert brillant mêlé de bleu ou de violet, et un peu pubescente. Les antennes sont de la couleur du corps. Les yeux sont noirs. Le corcelet est un peu plus large que long, presque carré, plus étroit que les élytres, assez convexe, rebordé latéralement, et traversé postérieurement par une ligne imprimée, sinuée, ou comme formée de deux arcs réunis, et appuyée, aux deux bouts, sur le bord postérieur. Les élytres sont d'un vert doré et brillant, et couvertes d'un duvet soyeux, très-court et grisâtre. Les pates sont entièrement vertes.

CIII. COLASPE HUMÉRALE.

COLASPIS HUMERALIS, pl. III, fig. 10; grossie.

Brièvement ovoïde, d'un bronzé foncé et luisant, pointillée; antennes, palpes et la
  majeure portion des pates d'un brun fauve; élytres ayant des stries ponctuées, plus
  distinctes sur le côté extérieur et à l'extrémité postérieure : épaules élevées, alongées
  et lisses; quelques petites lignes élevées et très-courtes sur le disque.

Breviter ovata, intensive œnea, nitida, punctulata; antennis, palpis, pedibus fere
  totis, rufo - brunneis; elytris extus et ad apicem posticum distinctius punctato-
  striatis : humeris elongato-prominutis, lævibus : disco lineolis perpaucis elevatis,
  brevissimis.

Longueur du corps.

o^m. oo3.

Lᴇs Colaspes sont généralement des insectes très-petits, et dont les descriptions n'étant pas assez détaillées deviennent souvent insuffisantes pour la
détermination des espèces. Celle-ci est brièvement ovoïde, ou presque globuleuse,
d'un bronzé foncé et luisant, pointillée et glabre. Les antennes sont un peu
plus longues que le corcelet, d'un brun fauve, un peu obscur à leur extrémité.
Les palpes sont de la même couleur. Les yeux sont noirs. Le corcelet est
large, arrondi et dilaté sur les côtés, finement et vaguement pointillé, uni,
rebordé latéralement et au bord postérieur, au milieu duquel il s'avance un
peu en arrière. L'écusson est petit, presque en cœur, un peu plus large que
long. Les élytres ont, à chaque épaule, une éminence alongée et lisse; au-
dessous et à l'extrémité postérieure sont des lignes enfoncées et ponctuées, ou
des stries distinctes; mais vers le haut de la suture, la surface de l'élytre est
plus unie; les points, quoique alignés, n'y sont point placés dans de petits
sillons; on remarque près du milieu du disque quelques petites élévations, en
forme de lignes très-courtes et inégales. Les pates sont d'un brun fauve, avec
les cuisses noirâtres, au delà de leur base.

CIV. SAPERDE ÉTUIS-DENTÉS.

SAPERDA DENTIPENNIS, pl. III, fig. 11; grossie.

Corcelet biépineux; antennes courtes, noires; corps d'un gris jaunâtre, avec deux lignes noires et très-rapprochées sur le milieu du corcelet et le long de la suture; élytres ayant près de leur extrémité postérieure une bande noire, transverse : cette extrémité tronquée, échancrée, et unidentée extérieurement.

Thorace bispinoso; antennis brevibus, nigris; corpore flavescente-griseo, vittis duabus nigris, parum dissitis, thoracis medium suturamque percurrentibus; elytris, apicem posticum proxime, fascia nigra, transversa, notatis : hoc apice truncato, emarginato, exterius unidentato.

Longueur du corps.

0^m. 012.

Son corps est cylindrique, tout couvert d'un duvet épais, d'un gris jaunâtre et obscur, parsemé çà et là de quelques petits points noirs qui donnent naissance à des poils de cette couleur. Les antennes sont un peu plus courtes que le corps, noires, avec le premier article jaunâtre. Les yeux sont noirs. Le corcelet est un peu plus étroit que l'abdomen, cylindrique, et muni de chaque côté, un peu au delà du milieu, d'un petit tubercule pointu, en forme d'épine; il a dans son milieu deux lignes noires, très-rapprochées, droites, parallèles, qui le parcourent dans toute sa longueur, gagnent ensuite la suture, et s'y terminent un peu au-dessous de son milieu. Les élytres sont traversées, près de leur extrémité postérieure, par une bande noire, transverse, anguleuse, et qui se prolonge en dehors jusqu'au bout de l'élytre; ce bout est tronqué, un peu échancré, et avancé en forme de dent à l'angle extérieur. Le ventre est tronqué au bout, et les deux derniers segmens ont de chaque côté une tache noire.

CV. TETTIGONE MACROPTÈRE.

TETTIGONIA MACROPTERA, pl. III, fig. 12 ; grossie.

Très-alongée ; tête courte et arrondie ; corps d'un jaune roussâtre, clair ; milieu du
dessus de la tête, base de l'écusson, une ligne suivant les bords des extrémités
postérieures des élytres, blancs.

*Valde elongata; capite brevi, rotundato; corpore dilute rufescenti-luteo; verticis capitis
medio, scutelli basi, lineaque elytrorum apices posticos circumdante, albis.*

Longueur du corps.

0^m. 015.

La largeur de cette Tettigone n'égalant guère que le cinquième de sa longueur,
dans l'état de repos, son corps paroît fort étroit et très-alongé. Il est presque
entièrement d'un jaune roussâtre clair, ou souci pâle et sans éclat. La tête
est large, courte, arrondie en devant, un peu striée sur les côtés, avec les
yeux cendrés, et trois taches blanches, farineuses, disposées transversalement
sur autant d'impressions, au milieu du vertex ; les deux petits yeux lisses sont
écartés et placés sur les deux taches latérales. Le corcelet est bordé en devant
de jaune pâle. La moitié antérieure de l'écusson est blanche. Les élytres sont
très-longues, en toit, bordées extérieurement de blanc près de leur extrémité ;
cette bordure se détache pour former une ligne qui suit le contour du bout
de l'élytre, et remonte au bord interne, où elle finit. Les ailes sont blanches ;
la poitrine et une partie des pates paroissent avoir été saupoudrées d'une
matière blanche et farineuse ; les jambes postérieures ont des épines nombreuses
et disposées sur deux rangs longitudinaux, au côté postérieur, comme dans
les espèces du même genre.

CVI. HANNETON RAYÉ DE JAUNE.

MELOLONTHA FLAVO-STRIATA, pl. IV, fig. 1; un peu moindre que de grandeur
naturelle.

Presque ovoïde; antennes de dix articles, dont les trois derniers formant la massue;
corcelet transversal; sternum intermédiaire cornu; abdomen presque carré, un peu
plus large et très-obtus postérieurement, embrassé par les élytres; corps d'un vert
pâle, lisse, avec les bords du corcelet, des élytres et des raies dorsales, jaunes;
élytres très-convexes.

*Sub-ovata; antennis articulis decem : tribus ultimis in capitulum digestis; thorace
transverso; sterno intermedio cornuto; abdomine subquadrato, postice paulo latiore,
obtusissimo, elytris obvoluto; corpore pallido-viridi, lævi, thoracis elytrorumque
marginibus, lineis dorsalibus, flavis; elytris valde convexis.*

Longueur du corps.

0^m.027.

LE genre des Hannetons offre peu d'espèces aussi remarquables que celle-ci.
Son corps est presque ovoïde, très-bombé au milieu du dos, d'un vert pâle
et tendre, lisse, à l'exception du sternum antérieur, et presque entièrement
glabre. Les antennes sont d'un roux pâle, presque blond, de dix articles,
dont les trois derniers forment une massue alongée. Les palpes sont de la
même couleur. La lèvre est presque carrée, d'un vert pâle inférieurement,
puis roussâtre, enfin noirâtre au bord supérieur; les angles latéraux de ce
bord sont dilatés et pointus; son milieu a aussi un prolongement échancré,
et sur le bout duquel repose l'extrémité inférieure du labre. La face antérieure
de ce labre présente un triangle large, renversé, dont les deux côtés opposés
sont concaves ou échancrés afin de recevoir et recouvrir le sommet des
mandibules. Elle est d'un roux pâle et jaunâtre, avec les côtés inférieurs

noirâtres. Les portions extérieures des mandibules et des mâchoires sont d'un vert pâle. Le chaperon est court, large, entier, arrondi et rebordé en devant. Ce bord antérieur, le tour des yeux, et l'extrémité postérieure de la tête sont jaunes. Les yeux sont gros, cendrés, très-tachetés ou ponctués de noirâtre, et coupés en devant par un prolongement des bords latéraux du chaperon. La tête et le corcelet paroissent très-unis et fort lisses à la vue simple. Le corcelet est transversal, une demi-fois au moins plus large que long, un peu plus étroit en devant, entièrement et finement bordé de jaune, et un peu dilaté ou avancé postérieurement près de l'écusson. L'écusson est petit, en triangle équilatéral, lisse, jaune, avec les bords verdâtres. Les élytres sont très-lisses, fort convexes, forment une voûte à l'abdomen, et ont chacune, sur la partie la plus élevée, cinq raies, jaunes, longitudinales, atteignant presque la base et le bout de l'élytre; les lignes intérieures sont moins apparentes, parce que le fond y reçoit une teinte jaunâtre; l'extrémité postérieure de ces élytres est très-obtuse, comme tronquée, et semble être tant soit peu plus large que la base. L'anus est en grande partie jaunâtre. Le dessous du corps est plan ou horizontal, d'un vert pâle ou blanchâtre. Le sternum intermédiaire se prolonge en avant et horizontalement en une pointe conique et déprimée. Le sternum antérieur est d'un roux jaunâtre, et a des poils tirant sur cette couleur. Les pates sont peu alongées, d'un vert pâle, avec les tarses d'un roux jaunâtre; les cuisses sont comprimées; les jambes de devant ont deux dents au côté extérieur; les quatre tarses postérieurs sont terminés par deux crochets inégaux, dont l'un simple et l'autre unidenté près de sa pointe; ceux des tarses antérieurs sont mutilés.

CVII. BUPRESTE BIRAYÉ.

BUPRESTIS BILINEATA, pl. IV, fig. 2; de grandeur naturelle.

Triangulaire, alongé, déprimé, pourvu d'un écusson; corcelet presque carré; extrémité postérieure des élytres tronquée, un peu échancrée; corps noir, très-ponctué;
élytres ayant des lignes élevées, et un sillon longitudinal garni d'un duvet cendré,
formant une bande, près du bord extérieur.

*Elongato-trigona, depressa, scutellata; thorace subquadrato; elytrorum apice postico
truncato, subemarginato; corpore nigro, punctatissimo; elytris lineis elevatis, sulcoque
longitudinali, tomentoso, cinereo, fasciam referente, margini externo adjecto.*

Longueur du corps.

0^m. 031.

Cᴇ Bupreste a des rapports avec celui qu'Herbst a représenté planche CXLIV,
fig. 2, de son ouvrage sur les Coléoptères, et sous le nom spécifique, *albo-
marginata.* Il est triangulaire, alongé, déprimé, d'un noir peu luisant, entremêlé,
çà et là, particulièrement sur le devant de la tête, sur les élytres et le dessous
du corps, de cuivreux ou de bronzé. Le corps est tout couvert de points
enfoncés, profonds, très-rapprochés, souvent même confluens, et formant de
petites rugosités, sous le ventre surtout; le fond de la plupart de ces points
est grisâtre. Les antennes sont noires et en scie. Le labre est cuivreux et garni
de petits poils cendrés ou d'un gris obscur. Le devant de la tête, entre les
yeux, a un duvet semblable; il est enfoncé et raboteux. Le corcelet est presque
en carré transversal, arrondi aux angles antérieurs, plus déprimé au milieu du
dos, avec le bord antérieur garni de cils nombreux et cendrés, formant comme
une espèce de collier; le milieu du bord postérieur est un peu dilaté. L'écusson
est très-petit, transverso-linéaire. Les élytres ont chacune, un peu au delà de

la base, trois petites côtes longitudinales et le commencement d'une autre; les deux internes se réunissent en une seule, vers l'extrémité postérieure; entre l'extérieure et la suivante, près du bord, est un sillon profond, droit, revêtu d'un duvet cendré, et formant une raie ou une bande étroite; les intervalles des côtes offrent des séries longitudinales de points, ou des stries, mais qui ne sont point partout également régulières; l'extrémité postérieure des élytres est tronquée et un peu échancrée. Le dessous du corps, mais particulièrement les côtés du corcelet et ceux du ventre sont couverts d'un duvet de la même couleur que celui de dessus; ce duvet forme une raie sur les bords latéraux du ventre. Le sternum intermédiaire a une ligne enfoncée et longitudinale dans son milieu; au-dessous, ou entre les deux dernières pates, est un sillon. Les pates sont noires.

CVIII. RUTÈLE VERSICOLOR.

RUTELA VERSICOLOR, pl. IV, fig. 3; de grandeur naturelle.

Ovoïde, noire; corcelet et élytres marrons; corcelet avec deux bandes noires, et les côtés jaunâtres, marqué d'un point noir; écusson court, jaunâtre, bordé de noir; poitrine, bords du ventre et l'anus tachetés de jaunâtre.

Ovata, nigra; thorace elytrisque badiis; thorace fasciis duabus nigris, lateribus flavidis, puncto nigro notatis; scutello brevi, flavido, marginibus nigris; pectore, ventris marginibus anoque flavido maculatis.

Longueur du corps.

0ᵐ. 020.

Elle est voisine de la Cétoine *striée* de M. Olivier. Son corps est ovoïde, convexe, très-luisant, presque glabre, et très-finement pointillé. Les antennes sont noires, un peu velues, de dix articles, dont les trois derniers forment une massue alongée; le premier est d'un brun foncé. La tête est noire, avec une raie d'un jaunâtre roussâtre et longitudinale, au milieu; le chaperon est un peu plus étroit en devant; les bords sont relevés, et l'antérieur est fortement échancré, comme bilobé. Le corcelet est d'un rouge brun ou bai et assez vif, avec deux bandes noires et longitudinales, et les côtés d'un jaunâtre roussâtre, marqués au milieu d'un point noir. L'écusson est court, triangulaire, d'un jaunâtre roussâtre, et bordé de noir. Les élytres sont d'un rouge brun, moins vif que sur le corcelet, avec la suture et une grande partie du bord extérieur noirs; les petits points de leur surface y forment plusieurs lignes longitudinales. Le dessous du corps et les pates sont noirs, avec des taches à la poitrine, aux bords du ventre, à l'anus et sur les cuisses, d'un jaunâtre roussâtre. Le sternum intermédiaire s'avance horizontalement en une pointe de cette dernière couleur, et divisée par une raie noire. Les crochets des tarses sont inégaux et entiers.

CIX. ALTISE UNI-PONCTUÉE.

ALTICA UNI-PUNCTATA, pl. IV, fig. 4; grossie.

Ovale; corcelet court, transversal, fortement échancré en devant, uni; corps noir, avec le corcelet, le limbe extérieur des élytres, et un point commun à leur suture, blancs.

Ovalis; thorace brevi, transverso, antice profunde emarginato, lœvi; corpore nigro; thorace, elytrorum limbo externo punctoque communi ad suturam, albis.

Longueur du corps.

0^m. 013.

L'ALTISE que j'ai décrite dans ce fascicule, sous le nom de *Crétacée*, n'est peut-être qu'une variété de celle-ci. On retrouve, dans l'une et l'autre, les mêmes formes générales et partielles, les mêmes grandeurs, et une coloration presque semblable. Je remarquerai simplement que l'Altise uni-ponctuée a les élytres plus fortement pointillées ou même très-finement chagrinées; qu'elles sont noires, avec une tache arrondie, blanche et commune au milieu de la suture, et que le blanc formant la bordure extérieure, s'étend davantage en largeur. On semble apercevoir les vestiges de la tache suturale dans l'Altise-Crétacée.

CX. ÉPITRAGE FUSCIPÈDE.

EPITRAGUS fuscipes, pl. IV, fig. 5; de grandeur naturelle.

Elliptique, rétréci aux deux bouts, noirâtre, un peu soyeux; élytres striées : les stries et les intervalles compris entre elles pointillés; antennes et pates d'un brun foncé.

Ellipticus, ad apices angustatus, nigricans, subsericeus; elytris striatis : striis spatiisque interjectis punctulatis ; antennis pedibusque fusco-brunneis.

Longueur du corps.

o^m. 015.

CE Coléoptère hétéromère fait partie d'un genre que j'ai institué sous le nom d'épitrage. Il ressemble même beaucoup à l'espèce que j'ai décrite dans le second volume de mon *Genera Crustaceorum et Insectorum*, pag. 183, et que j'ai figurée dans le premier volume du même ouvrage, Tab. X, fig. 1.

Son corps est elliptique, rétréci et incliné aux deux extrémités, plus étroit et plus pointu néanmoins au bout postérieur, pointillé, noirâtre, un peu luisant, tout parsemé çà et là de poils très-petits, grisâtres, couchés, qui le rendent un peu soyeux. Les antennes sont d'un brun foncé. Les yeux sont noirs. Le corcelet est trapézoïde, plus large que long, presque entièrement et légèrement rebordé, uni, incliné insensiblement sur les côtés, plus large au bord postérieur, dont le milieu se dilate un peu en arrière, en forme de lobe arrondi. L'écusson est très-petit et arrondi postérieurement. Les élytres ont des stries nombreuses et peu profondes : les stries et les intervalles renfermés entre elles sont très-ponctués. Les pates sont grêles, presque mutiques, et d'un brun foncé.

CXI. BOSTRICHE a deux cornes.

BOSTRICHUS bicornutus, pl. IV, fig. 6; grossi.

Corcelet chagriné, hérissé de petites pointes et bicornu, en devant; élytres fortement
et vaguement ponctuées, bidentées et tombant brusquement à leurs extrémités postérieures; corps noir.

*Thorace rugosulo, antice muricato, bicornuto; elytris maxime et inordinate impresso-
punctatis, ad apices posticos bidentatis et abrupte declivis; corpore nigro.*
Apate francisca. Fab. *System. Eleuth.,* Tom. II, pag. 379.

Longueur du corps.

0ᵐ.013.

Les antennes sont brunes. Le corps est tout noir et luisant. Le labre est
hérissé de poils d'un brun ferrugineux. La tête est chagrinée, excepté vers sa
base. Le corcelet est très-convexe, arrondi en dessus et chagriné; sa partie
antérieure est parsemée de petites pointes, et se prolonge, près de la tête,
en deux dents fortes et recourbées, imitant de petites cornes; les côtés
extérieurs et antérieurs offrent aussi quelques dentelures crochues. Les élytres
ont de gros points enfoncés, très-serrés, et disposés sans ordre; elles tombent
brusquement, ou sont comme coupées à leur extrémité postérieure; le bord
supérieur de cette troncature a, sur chaque élytre, deux fortes saillies pointues,
en forme de dents, dont les latérales plus avancées en arrière et plus basses;
elles terminent deux petites lignes élevées; la suture est accompagnée d'une
strie. Le dessous du corps, particulièrement le ventre, est garni de poils
bruns. Les jambes ont quelques dentelures et un crochet ou éperon arqué,
à leur extrémité postérieure.

CXII. PÉDINE COU-LARGE.

PEDINUS LATICOLIS, pl. IV, fig. 7; grossi.

Ovale, tout noir, luisant; corcelet plus large que les élytres, pointillé, convexe au milieu, dilaté et arrondi sur les côtés, rebordé, échancré aux deux extrémités : ses angles pointus, les postérieurs plus prolongés : élytres à stries ponctuées, également distantes; jambes mutiques, étroites, presque semblables.

Ovalis, penitus niger, nitidus; thorace elytris latiore, punctulato, medio convexo, lateribus rotundato-dilatatis : angulis acutis, posticis longius productis; elytris punctato-striatis, striis œque dissitis; tibiis muticis, angustis, subconsimilibus.
Platynotus dilatatus? FAB. *System. Eleuth.*, Tom. I, pag. 139.

Longueur du corps.

0^m. 008.

CET Hétéromère a de l'affinité avec les blaps *gemellata* de M. Olivier et d'Herbst, et plus encore avec le platynote dilaté de Fabricius, qui avoit d'abord placé cette espèce dans le genre précédent. Ma phrase synoptique du Pédine cou-large, exprimant tous les traits qui lui sont propres, tiendra lieu de description.

XIII. COCCINELLE TREIZE-NOTES.

COCCINELLA 13-NOTATA, pl. IV, fig. 8; grossie.

Hémisphérique, fauve, soyeuse; treize points noirs sur les élytres; les autres parties du corps sans taches.

Hemisphærica, ferruginea, sericea; coleoptris punctis tredecim nigris; corporis partibus aliis immaculatis.

Longueur du corps.

0ᵐ.007.

Son corps est hémisphérique, fauve, luisant, et légèrement couvert d'un duvet très-fin, soyeux et jaunâtre. Les yeux sont noirâtres. La tête et le corcelet n'ont point de taches, et cette espèce est par là bien distincte de celles que Fabricius nomme : 13-*maculata*, 13-*punctata*, *læta*. Les élytres ont, réunies, treize points noirs, disposés sur trois lignes transverses : 5, 6, 2; celui du milieu de la première ligne est placé sur la suture, et devient ainsi commun aux deux élytres; on voit ensuite, sur chacune d'elles, trois points rangés transversalement dans leur milieu, et plus bas, ou près de l'extrémité postérieure, un autre point, mais isolé. Le dessous du corps est tout fauve.

CXIV. ALTISE DIX-POINTS.

ALTICA DECEM-PUNCTATA, pl. IV, fig. 9; grossie.

Pates postérieures à cuisses grandes, canaliculées au côté interne, et à tarses terminés par un article renflé; corcelet transversal, lisse; corps ovoïde, noir, avec le front et le corcelet d'un blanc jaunâtre; élytres lisses, d'un brun pourpre, avec dix taches blanches et arrondies.

Pedibus posticis femoribus magnis, intus canaliculatis, tarsorumque articulo ultimo ad apicem incrassato; thorace transverso, lævigato; corpore ovato, nigro, fronte thoraceque flavido-albis; elytris lævibus purpureo-fuscis, maculis decem albis, rotundatis.
Haltica æquinoctialis. ILLIG. *magaz. für insekt.*, 1807, pag. 86.

Longueur du corps.

0^m. 006.

CETTE Altise doit être placée dans la famille des A. physapodes de M. Illiger, et tout près des espèces nommées : 10 - *guttata*, *albicollis*. Il me paroît que la nôtre est une variété de l'équinoxiale de ce naturaliste; mais je ne puis avancer avec lui que cet insecte soit la Galéruque à laquelle Fabricius a donné le même nom spécifique.

L'Altise dix-points est ovoïde, lisse, presque glabre, et d'un noir luisant. Les antennes sont noires, avec les trois premiers articles bruns. La tête est d'un blanc jaunâtre, avec le labre et l'extrémité postérieure noirs. Le corcelet est d'un blanc jaunâtre, transversal, beaucoup plus large que long, échancré en devant, sans impressions, avec les côtés relevés et rebordés. L'écusson est petit, triangulaire et noir. Les élytres sont lisses, d'un brun pourpré ou violet, très-luisantes, et ont chacune cinq taches blanches et arrondies, disposées ainsi : 1, 2, 1, 1; l'avant-dernière est la plus grande et transversale; le bord extérieur, près des épaules, est blanc. Le dessus du corps est noir, mais moins foncé et un peu brun sur le ventre. Les pates sont noires, avec une partie des genoux et la base des jambes brunes.

CXV. GALÉRUQUE QUATRE-LIGNES.

GALERUCA QUADRILINEATA, pl. IV, fig. 10 ; grossie.

Oblongue, d'un rouge brun; corcelet presque carré, avec deux impressions dorsales; élytres striées, crénelées, avec le limbe extérieur et deux lignes d'un jaune pâle; origine des pates pâle.

Oblonga, brunneo-rubra; thorace subquadrato, dorso bi - impresso; elytris crenato-striatis, limbo externo lineisque duabus pallido-flavis ; pedum origine pallida.

Longueur du corps.

0ᵐ. 006.

Elle se rapproche de la Galéruque *pallipède* de M. Olivier, et du Criocère 2-*vittata* de Fabricius. Son corps est alongé, plus étroit en devant, d'un rouge brun. Les antennes sont presque de la longueur du corps et de sa couleur, avec le huitième et le neuvième articles blancs. La partie antérieure de la tête est un peu moins foncée. Les yeux sont noirs. Le corcelet est presque carré, un peu plus large que long, pointillé, rebordé, avec le dos un peu plus élevé et marqué de deux fortes impressions. L'écusson est triangulaire, petit, d'un rouge brun et lisse. Les élytres sont fortement striées, crénelées, avec le limbe extérieur et une portion de la base d'un jaune pâle; chaque élytre a, en outre, une ligne élevée, de la même couleur, droite, un peu éloignée de la suture, unie, partant de la base et allant se réunir à l'extrémité opposée à la bordure extérieure. Les pates sont longues, et plus pâles ou blanchâtres, à leur naissance.

CXVI. GALÉRUQUE CINQ-LIGNES.

GALERUCA QUINQUE-LINEATA, pl. IV, fig. 11; grossie.

Oblongue, noire; corcelet presque carré, avec une impression arquée sur le dos; élytres vaguement pointillées, avec tous les bords et deux lignes d'un jaune pâle; pates d'un fauve pâle.

Oblonga, nigra; thorace subquadrato, dorso arcuatim impresso; elytris vage punctulatis, marginibus omnibus lineisque duabus pallido-flavis; pedibus diluto-rufis.

Longueur du corps.

0^{m}. 006.

Elle ressemble, par sa forme et sa taille, à l'espèce précédente. Son corps est noir, luisant, et vaguement pointillé. La bouche et la base des antennes sont rougeâtres. Le corcelet a, vers l'extrémité postérieure, une impression transverse et arquée. Le bord extérieur des élytres, leur base et la suture sont d'un jaune pâle, ce qui forme deux raies longitudinales et réunies à leurs extrémités; il part encore de chaque épaule une ligne de la même couleur, qui parcourt le milieu de l'élytre, et finit, près de son extrémité, sans se joindre à la bordure extérieure. Le dessous du corps est noir, avec les pates d'un fauve clair.

CXVII. EUMOLPE SPINIPÈDE.

EUMOLPUS SPINIPES, pl. IV, fig. 12 ; grossi.

Ovoïde, court, noir, très-luisant ; corcelet pointillé ; élytres foiblement striées, d'un noir verdâtre ; les quatre jambes postérieures et les deux cuisses postérieures unidentées.

Ovatus, brevis, nitidissimus; thorace punctulato; elytris substriatis, virescenti-nigris; tibiis quatuor posticis femoribusque duobus posticis unidentatis.

Longueur du corps.

o^m. 006.

Il est très-voisin de l'Eumolpe nègre, *nigritus*, de M. Olivier. Son corps est ovoïde, court, renflé, d'un noir très-luisant, et qui paroît un peu verdâtre sur les élytres. Les antennes sont de la longueur de la moitié du corps, noires, avec les premiers articles d'un brun fauve. Les palpes maxillaires sont aussi, en grande partie, de cette couleur. La face antérieure de la tête a une impression, en forme de T renversé. Le corcelet est plus large que long, finement et vaguement pointillé, avec les côtés et l'extrémité postérieure rebordés. L'écusson est triangulaire et lisse. Les élytres ont des stries légères et ponctuées. Les pates sont assez fortes ; les deux cuisses postérieures ont, près de leur extrémité inférieure, une petite dent aiguë ; les jambes sont striées ou angu- leuses ; l'extrémité supérieure des quatre dernières est creusée en gouttière, garnie d'un petit duvet et unidentée. Cet insecte est peut-être sauteur.

CXVIII. SATYRE ORCUS.

SATYRUS ORCUS, pl. V, fig. 1; en dessus et de grandeur naturelle; fig. 2,
en dessous.

Antennes terminées peu à peu en massue; ailes antérieures entières, les postérieures
légèrement dentées; dessus des quatre noir, sans taches : leur dessous noirâtre, avec
une ligne de points noirs, ocellaires et dont la prunelle est bleuâtre : quatre avec
une tache rouge aux premières, cinq à six plus petits, et dont l'anal double, aux
secondes.

*Antennis sensim clavatis; alis anticis integris, posticis repando-subdentatis; his et illis
supra nigris, immaculatis, infra fuscis, strigâ punctorum ocellarium pupillamque
cærulescentem includentibus : quatuor maculaque rubra in primoribus, quinque aut
sex minoribus et quorum analis geminus in posticis.*

Longueur du corps, 0^m. 034.

Envergure, 0^m. 080.

C E Lépidoptère diurne me paroît appartenir au genre *Hipparchia* de Fabricius.
Son corps est noirâtre, avec une raie grise et longitudinale sur les côtés des
palpes, et une grande partie des pates d'un gris cendré. Les antennes sont
noirâtres, avec du brun sous l'extrémité, et se terminent peu à peu en une
massue grêle et assez courte. Les ailes supérieures sont entières et triangulaires;
les inférieures ont le bord postérieur arrondi, un peu sinué, avec des angles
courts, peu nombreux, en forme de dents. Le dessus des quatre ailes est
d'un noir velouté et mat, s'éclaircissant un peu vers le bord postérieur
des premières; le dessous des unes et des autres est noirâtre, avec une teinte
plus foncée sur le milieu des supérieures et à la base des inférieures : ici cette
teinte forme deux bandes transverses, dont la plus éloignée de la base est mieux
prononcée, beaucoup plus grande, et dilatée, en forme d'angle, au milieu de

son bord postérieur. Le dessous, dans les quatre ailes, présente, un peu au delà du milieu de leur longuéur, une ligne transverse de points ocellaires noirs, avec une prunelle bleuâtre; ceux des supérieures sont plus grands, plus rapprochés et au nombre de quatre, sur chaque; le troisième est contigu, par son bord interne, à une petite tache d'un rouge cinabre et lunulée; ceux des inférieures sont au nombre de cinq ou six, et environnés d'un cercle de la couleur du fond de l'aile, mais plus pâle; leur prunelle est très-petite; le plus près de l'angle anal ou de l'extrémité inférieure du bord interne est double : le dernier point est un peu plus grand que celui avec lequel il est accolé.

CXIX. VANESSE EPAPHUS.

VANESSA epaphus, pl. V, fig. 3, en dessus et de grandeur naturelle; fig. 4,
en dessous.

Ailes inférieures ayant des dentelures, dont une plus prolongée, en forme de queue:
dessus de ces ailes, moitié antérieure de celui des deux autres noirâtres, avec une
bande blanche commune sur leur dessous; moitié terminale du dessus des ailes supérieures
d'un fauve jaunâtre, clair; dessous de toutes d'un brun fauve; une raie blanche, arquée
et interrompue sous les inférieures, entre leur base et la bande blanche.

*Alis secundariis dentatis, unicaudatis; illis penitus, primoribus ad basin, supra nigri-
cantibus, fascia alba, paginis inferis communi; primorum dimidio supero et postico
diluto, flavido-rufo; his et illis infra, rufo-brunneis; secundariis striga alba, arcuata,
interrupta, illarum basin fasciamque albam interjacente.*

Longueur du corps. 0^m.032.

Envergure. 0^m.072.

Son corps est noirâtre, avec du blanc sur les pates et sur les palpes. Les
antennes sont terminées en une massue courte et presque ovoïde. Les ailes
supérieures sont triangulaires, avec le côté postérieur un peu concave, ou
plus avancé au sommet, et un peu denté vers l'angle opposé. Les ailes inférieures sont arrondies, et très-dentées à leur extrémité postérieure; les bords
des échancrures sont blancs, et une des dents est plus prolongée, et forme
une petite queue; on remarque aussi, à peu de distance de l'angle anal, une
dent un peu plus avancée, mais dont le prolongement n'est pas notable. Tout
le dessus de ces ailes, la moitié antérieure de celui des premières sont noirâtres;
au milieu du côté antérieur de celles-ci commence une bande blanche qui les
traverse et se rend en ligne droite, en conservant la même largeur jusque vers
son extrémité postérieure où elle se rétrécit, au milieu du bord postérieur

des inférieures. Le dessus des ailes supérieures, depuis la bande jusqu'au bord terminal, est d'un fauve jaunâtre, ou couleur de tabac d'Espagne clair; les ailes inférieures ont en dessus, près de l'angle anal, une petite tache blanche, coupée en deux. Le dessous des quatre ailes est d'un brun fauve, tirant sur le marron, plus foncé vers leur base, et traversé au milieu par la même bande blanche qui partage le dessus; les supérieures ont, près du bord interne de cette bande, une petite ligne blanche, bordée de noir. Sur les ailes inférieures, cette bande a le même bord interne plus foncé et accompagné d'une ligne parallèle, rougeâtre; entre cette bande et la naissance de l'aile, est une raie assez large, blanche, qui part du milieu du côté antérieur, disparoît ensuite jusque près du milieu du disque, et puis se dirige obliquement vers l'extrémité du côté interne, où elle finit; cette raie et la bande blanche semblent se réunir inférieurement, par le moyen d'une petite ligne blanche, bordée de noir et interrompue; le bord postérieur des mêmes ailes a une teinte plus vive et rougeâtre.

CXX. NYMPHALE NESSUS.

NYMPHALIS nessus, pl. V, fig. 5, en dessus et de grandeur naturelle;
fig. 6, en dessous.

Ailes très-entières; les inférieures presque pentagones, ayant une queue; dessus des
unes et des autres noirâtre : deux taches alongées, en forme de bandes, d'un rouge
pourpre, avec du bleu violet; dessous de toutes brun, coupé par des raies cendrées,
très-fines et très-nombreuses; ailes inférieures ayant une bande transverse plus claire,
et un point noir vers l'origine de la queue.

*Alis integerrimis; posticis subpentagonis, unicaudatis; his et illis supra fuscis: anticis
maculis duabus elongatis, fascias œmulantibus, phœniceis, violaceo-cœruleo niten-
tibus; alis omnibus infra brunneis, argutissime maximeque cinereo strigatis; posticis
fascia transversa dilutiore punctoque nigro originem caudæ versus.*

Longueur du corps, 0^m. 037.

Envergure, 0^m. 080.

Par la coupe des ailes, ce Lépidoptère diurne se rapproche des papillons,
Chorinœus, Rhamni de Fabricius (*Entom. system.*); mais les ailes supérieures
ne sont pas en faux comme dans le premier, et les inférieures sont moins
arrondies, et ont une queue plus prolongée que dans le second. Les quatre
ailes sont très-entières; les premières sont triangulaires, avec le bord antérieur
arqué, et faisant avec le bord postérieur un angle aigu et un peu avancé. Les
inférieures sont comme tronquées près de l'angle anal, de sorte que le bord
postérieur présente deux côtés formant un angle obtus, et qui, au point de
réunion, se prolonge en une queue assez longue, étroite, un peu élargie et
arrondie à son extrémité; ces ailes ont ainsi la figure d'une sorte de pentagone
irrégulier. Les quatre ailes sont en dessus d'un brun très-foncé ou noirâtre;
les supérieures ont deux taches alongées, en forme de bandes, dirigées parallèlement de la côte au bord postérieur qu'elles n'atteignent pas, d'un rouge

pourpre, avec du bleu violet très-brillant et chatoyant; la bande la plus voisine
de la base de l'aile est beaucoup plus large, sinuée et anguleuse à son bord
postérieur; l'autre, ou la plus extérieure, est étroite et resserrée près de son
extrémité inférieure, qui est arrondie. Le dessus des ailes inférieures n'a point
de taches. Le dessous des quatre est brun et coupé par une infinité de petites
lignes ou de petits traits cendrés ou grisâtres, d'où résulte une sorte de mar-
brure très-fine et très-hachée; les ailes inférieures sont traversées, un peu au
delà de leur milieu et dans le sens de leur largeur, par une bande plus
claire, dont les bords sont droits, et forment chacun une raie d'un brun foncé,
avec une teinte plus pâle au côté postérieur; au-dessus de l'origine du prolongement imitant une queue, est un point noir, ovale, et surmonté d'un
petit point blanc.

CXXI. PIÉRIDE NÉMÉSIS.

PIERIS NEMESIS, pl. V, fig. 7, vue en dessus et de grandeur naturelle; fig. 8, en dessous.

Corps long et linéaire; ailes supérieures presque elliptiques, terminées en pointe, noires et tachetées de jaune en dessus; inférieures presque ovales, d'un brun noirâtre, avec l'extrémité postérieure jaune.

Corpore longo, lineari; alis superis subellipticis, ad apicem angustato-acuminatis, supra nigris, flavo maculatis; posticis subovalibus, fusco brunneis, ad apicem posticum flavis.

Longueur du corps, 0ᵐ. 023.

Envergure, 0ᵐ. 062.

CE Lépidoptère a la forme des Héliconiens, et c'est dans cette division que Fabricius place une espèce qui a de l'analogie avec la nôtre, et qu'il nomme *Crisia*. S'il se fût moins attaché à la considération de la figure et des proportions des ailes, et qu'il eût fixé ses regards sur des parties offrant des caractères plus essentiels, comme les pates et les palpes, il auroit vu que ces Lépidoptères avoient plus d'affinité avec les Danaïdes.

La Piéride Némésis a le corps long, linéaire, noirâtre, avec le dessous de l'abdomen jaune. Les antennes sont alongées. Les ailes supérieures sont oblongues, étroites, presque elliptiques, rétrécies et pointues à leur sommet; leur dessus est noir, avec de petites taches jaunes semblables à des points oblongs, inégaux, dont six plus apparentes, disposées trois par trois, sur deux lignes transverses, parallèles et dirigées obliquement, du milieu au bout de l'aile; le dessous est d'un brun noirâtre clair, avec deux petites taches jaunâtres à la côte. Les ailes inférieures forment chacune une espèce de triangle curviligne, dont les côtés antérieur et intérieur sont très-arqués; la moitié antérieure de ces ailes est recouverte transversalement par l'extrémité postérieure des autres ; son dessus est dépourvu d'écailles, cendré, très-luisant, et paroît comme vernissé ; une ligne noire et transverse, partant de l'origine de l'aile et se terminant près de son milieu, indique le point où finit ce recouvrement ; tout le reste de sa surface supérieure est d'un jaune presque jonquille, plus foncé vers le haut du bord interne, et coupé, vers l'extrémité du bord extérieur, par une nervure, ce qui forme en cette partie une tache isolée ; le dessous des mêmes ailes est d'un brun noirâtre avec quelques légères marbrures jaunâtres, et une bande jaune et transverse près du bord postérieur, sur lequel elle s'appuie à son extrémité inférieure.

CXXII. NYMPHALE IPHIS.

NYMPHALIS ɪᴘʜɪs, pl. VI, fig. 1, en dessus et de grandeur naturelle; fig. 2, en dessous.

Ailes très-entières; les supérieures presque en faux, avec une forte échancrure au bord interne; les inférieures ayant une queue; dessus des unes et des autres noir, avec la base et quelques taches bleues; leur dessous brun luisant, avec des taches grises; ailes supérieures ayant le bord postérieur et une raie droite, allant de l'angle apical au milieu du bord interne, de cette couleur; deux petites taches presque en forme d'yeux au bord postérieur des ailes inférieures.

Alis integerrimis; superis subfalcatis, margine interno profunde emarginato; inferis unicaudatis; utrisque supra nigris, basi maculisque nonnullis cœruleis, infra brunneis, nitidis, maculis griseis; superis margine postico strigaque ab angulo apicali marginis postici medium versus recta currente pariter coloratis; inferarum margine postico maculis duabus parvis subocelliformibus.

Longueur du corps, oᵐ. o36.

Envergure, oᵐ. o75.

Cᴇᴛᴛᴇ espèce tient beaucoup de la précédente, par la manière dont les ailes sont terminées. Elle est surtout très-voisine du P. *Laertes* que Cramer a représenté, pl. LXXIII, fig. C D, et de son *Arachne,* ou du P. *Morvus* de Fabricius. Les ailes supérieures ont leur bord postérieur concave, et l'angle du sommet avancé; mais elles sont surtout très-remarquables par l'entaille profonde et demi-circulaire de leur bord interne, et le prolongement de l'angle qui le termine. Les ailes inférieures ont le bord postérieur plus arrondi ou plus courbe que dans l'autre espèce; et leur queue, placée d'ailleurs de même, c'est-à-dire vers le milieu de ce bord, est proportionnellement plus grande. Les quatre ailes sont en dessus d'un noir velouté, avec la base d'un bleu brillant, et moins étendu sur les inférieures; les supérieures ont quatre taches de la même couleur, et disposées en une ligne arquée et transverse; les deux d'en haut sont plus grandes et plus distinctes. Les ailes inférieures ont une teinte semblable le long de leur bord extérieur ou terminal; leur queue est pointillée, jusque près du bout, de gris blanchâtre; ce bout est noir et élargi; le bord interne des mêmes ailes est, en grande partie, bleuâtre. Le dessous des quatre ailes est d'un brun ferrugineux, foncé, luisant, et parsemé çà et là de différentes petites taches et hachures grises; les supérieures ont le bord postérieur et une raie de cette couleur : cette raie part du sommet et se rend en ligne droite vers le milieu du bord interne; elle est bordée en devant par du brun plus foncé que celui du fond. Les ailes inférieures ont chacune trois petites taches plus distinctes, arrondies, et disposées sur une ligne transverse, coupant obliquement le milieu de la largeur de l'aile; près du bord postérieur, entre la queue et l'angle anal, sont deux points noirs, occupant chacun le centre d'une petite tache presque circulaire, dont la partie supérieure est grise, et dont l'intérieure est d'un cendré bleuâtre et foncé; la tache interne est plus petite; le dessous de la queue est pointillé comme en dessous; j'ajouterai que le milieu de l'aile, du bord antérieur à l'opposé, a quelques espaces plus foncés et ternes, dont l'ensemble, vu sous l'aspect le plus éclairé, ébauche deux raies transverses et formant un grand angle, ou un V oblique.

CXXIII. NYMPHALE CYANE.

NYMPHALIS cyane, pl. VI, fig. 3, en dessus et de grandeur naturelle; fig. 4, en dessous.

Ailes dentées : leur dessus noirâtre, avec deux raies plus foncées, maculaires, près du bord postérieur, et le disque des ailes inférieures bleu; dessous d'un gris de perle pâle, rayé comme en dessus; moitié antérieure des premières jaunâtre, tachetée de noirâtre.

Alis dentatis, supra fuscis, lineis duabus obscurioribus, macularibus, marginem posticum pone, alarumque posticarum disco cœruleo; infra pallide achatino-griseis, ut supra lineatis : primorum dimidio antico flavescenti, fusco maculato.

Longueur du corps, 0^m.030.

Envergure, 0^m.061.

Cette espèce a principalement pour analogues celles que Fabricius nomme *Iris, Ilithuia, Iphicla,* etc. Ses ailes sont triangulaires et ont le bord postérieur sinué et brièvement denté; le sommet des supérieures est avancé et tronqué. Le dessus des quatre est noirâtre ou d'un brun très-foncé, avec deux raies presque noires, maculaires, parallèles, le long du bord postérieur; les ailes supérieures ont dans leur milieu quelques taches également plus foncées et deux ou trois points blancs près de leur sommet; le disque des inférieures est d'un blanc bleu argenté et luisant; cette couleur y forme une grande tache ovale. Le dessous des mêmes ailes et l'extrémité postérieure des autres sont d'un gris de perle clair et luisant : on voit, près de leur bord postérieur, les deux raies du dessus; mais ces raies sont plus pâles et moins prononcées, ou presque oblitérées près du sommet des ailes supérieures et vers l'angle anal

des inférieures; la moitié antérieure des ailes supérieures, ou celle qui s'étend
du disque à leur base, est jaunâtre, avec de petites taches rondes et noirâtres
sur le milieu, et trois traits de la même couleur, presque en forme de sigma,
près de la côte : ces différentes macules paroissent en dessus; l'espace contigu
au sommet de l'aile est entremêlé de gris et de noirâtre; le milieu des ailes
inférieures est encore coupé transversalement par une raie, ou petite bande,
noirâtre et anguleuse.

CXXIV. VANESSE CORINNE.

VANESSA CORINNA, pl. VI, fig. 5, en dessus et de grandeur naturelle; fig. 6,
en dessous.

Ailes inférieures terminées, vers l'angle anal, par un prolongement ayant deux queues
et trois lunules noires, au-dessus; dessus des quatre ailes noirâtre, avec une bande
jaunâtre sur les supérieures, et une grande tache bleue sur le milieu des inférieures;
dessous des unes et des autres d'un gris fauve clair, rayé de fauve pâle et de blanc.

*Alis posticis, apicem internum versus, bicaudato-productis lunulisque tribus nigris,
superis; alis quatuor supra fuscis : anticis fascia lutescente, posticis macula dis-
coidali cyanea; his et illis infra dilute fulvo-griseis, strigis pallido-fulvis et albis.*

Longueur du corps, 0ᵐ.032.

Envergure, 0ᵐ.064.

Sᴇs ailes sont presque entières, ou à peine dentées au bord postérieur; les
supérieures forment un triangle presque rectangulaire, dont les diamètres sont
peu différens. Les inférieures sont alongées, et se terminent à leur extrémité
intérieure, ou vers l'angle anal, par un prolongement tronqué et ayant deux
queues écartées, pointues, et dont l'extérieure une fois plus longue que l'autre
et divergente. Le dessus des quatre ailes est noirâtre. Les ailes supérieures
ont une bande d'un jaunâtre un peu fauve ou briquetée, droite, ayant partout
la même largeur, partant du bord antérieur, entre son milieu et le sommet
de l'aile, et se dirigeant vers l'angle extérieur du bord interne, où elle finit;
cette bande est marquée de trois points noirâtres et disposés sur une ligne
longitudinale; l'espace compris entre la bande et la base de l'aile offre deux
raies presque noires, parallèles, et qui se prolongent jusque près du disque
des ailes inférieures. Le milieu de celles-ci est occupé par une tache d'un bleu

violet et très-étendue; près de la continuation des deux lignes noires, mentionnées ci-dessus, on voit, en dehors, une autre raie plus large et formée
par une teinte d'un blanc plus clair que le fond; la marge du bord postérieur
est coupée longitudinalement et alternativement par cinq lignes ondulées, dont
deux noirâtres et trois jaunâtres; les dernières deviennent grisâtres vers l'angle
anal : de ces deux raies noirâtres, la supérieure se divise, au-dessus des queues,
en trois taches noires, lunulées, surmontant chacune une lunule grisâtre;
celles-ci sont également formées par des parties détachées de la seconde raie
jaunâtre; il en est de même de la première ligne de cette couleur : elle se
partage aussi en de petits traits arqués, au-dessus des taches noires; le bord
postérieur du prolongement de l'aile offre, en outre, une ligne noire et une
ligne roussâtre et terminale; les queues, l'intérieure surtout, sont de cette
couleur. Le dessous des quatre ailes est d'un gris fauve et très-clair, avec des
raies longitudinales, dont les unes d'un fauve très-pâle, et dont les autres
blanches; celles-ci sont au nombre de quatre, dont la plus voisine du bord
postérieur est composée d'une série de petites taches; les trois lunules noires
de la surface supérieure sont ici plus petites et recouvrent pareillement autant
de taches blanches et en croissant; au-dessous des deux extérieures est une
petite ligne blanche et transverse; on remarque à l'origine de la queue intérieure un point noir; tout le long du bord postérieur de ces ailes est une
ligne d'un roussâtre très-pâle, peu distincte, et interrompue.

CXXV. HÉLICONIEN NÉLÉE.

HELICONIUS neleus, pl. VI, fig. 7, en dessus et de grandeur naturelle; fig. 8, en dessous.

Antennes courtes, terminées brusquement en un bouton obovoïde; ailes oblongues, très-entières et très-noires, avec un reflet bleuâtre sur une grande partie de leur surface supérieure; base inférieure des ailes de dessous jaunâtre; abdomen rouge.

Antennis brevibus, capitulo obovato abrupte terminatis; alis oblongis, integerrimis, atris, supra, ad luminis reflexum, late cœrulescentibus; alarum posticarum origine infera flavescenti; abdomine rubro.

Longueur du corps, 0^m.017.

Envergure, 0^m.046.

Cette espèce d'Héliconien a les ailes très-entières, arrondies au bord postérieur, oblongues, mais moins alongées proportionnellement que dans ses congénères. Elles sont très-noires; leur dessus, depuis la base jusqu'au limbe postérieur, et une partie du dessous des supérieures, vus à un certain jour, paroissent d'un bleu très-foncé et brillant. La base inférieure des secondes ailes est jaunâtre; cette couleur est coupée par des nervures noires. Le corps est noir, avec l'abdomen rouge, et plus court que dans les autres héliconiens.

Fabricius eût rapporté cette espèce à son genre *Acraea.*

CXXVI. VANESSE DIONÉ.

VANESSA DIONE, pl. VII, fig. 1, en dessus et de grandeur naturelle; fig. 2, en dessous.

Sommet des ailes supérieures avancé, tronqué; les inférieures prolongées en queue; dessus de toutes d'un brun noirâtre, avec des lignes plus obscures; dessous tirant sur la couleur de noix, avec des points, des taches et des lignes bruns, et une raie noirâtre, ponctuée de bleuâtre.

Alis superis ad apicem porrecto-truncatis; posticis producto-caudatis; his et illis supra fusco-brunneis, strigis obscurioribus; infra subnuceis, punctis, maculis lineolisque brunneis, strigaque fusca, punctis cœrulescentibus notata.

Longueur du corps, 0^m.031.

Envergure, 0^m.060.

CRAMER a représenté, sous le nom de Marius, un Lépidoptère diurne très-semblable à celui-ci, quant à la coupe des ailes. Fabricius a placé mal-à-propos cette espèce de Cramer dans la division des papillons chevaliers, et à la dénomination de Marius a substitué celle de Chiron.

Les ailes supérieures de la Vanesse Dioné ont leur sommet avancé et largement tronqué, ce qui fait que leur bord extérieur présente au-dessous une courbe rentrante. Les inférieures sont entières, alongées, et se prolongent, près de leur extrémité postérieure et interne, en une queue assez longue, et rétrécie peu à peu vers sa pointe. Le dessus des quatre ailes est d'un brun noirâtre, ou presque couleur de terre d'ombre, avec des raies longitudinales plus foncées ou noirâtres; ces raies sont au nombre de quatre à cinq sur les supérieures : les trois premières, à prendre du haut de l'aile, sont plus apparentes; celles qui avoisinent la base sont courtes, mais la troisième se prolonge sur les ailes inférieures, et s'y termine en faisant un coude, au bord interne; le limbe postérieur de ces ailes offre deux autres raies noirâtres, entrecoupées, et ayant quelques points bleuâtres; l'espace intérieur de la même surface n'est point tacheté. La couleur du dessous des ailes tire sur celle de la noix; elle est mêlée d'une teinte olivâtre, et s'affoiblit près du limbe postérieur. Les ailes supérieures ont, de la base au milieu, trois à quatre taches alongées, en forme de bandes, d'un brun rougeâtre; la côte est de cette couleur, avec quelques petites taches blanchâtres. Les ailes inférieures ont, près de leur naissance, de petites taches rondes, évidées, en forme de points, d'un brun ferrugineux; et au milieu une ligne de la même couleur, interrompue, coudée inférieurement et transverse; elle commence aux ailes supérieures et répond à la plus longue de celles que nous y avons remarquées; cette ligne est accompagnée extérieurement d'une raie noirâtre, droite, descendant jusqu'à l'origine du prolongement en forme de queue, et entrecoupée de quelques points bleuâtres; on distingue, près de l'angle anal, un ou deux autres petits points, colorés de même, entourés d'un cercle brun, et imitant de petits yeux.

CXXVII. ERYCINE ops.

ERYCINA ops, pl. XXXVII, fig. 3, en dessus et de grandeur naturelle; fig. 4,
en dessous.

Antennes terminées par une massue grêle, petite, cylindrico-obconique, brusquement
pointue; palpes courts : le dernier article très-petit et conique ; ailes entières, triangulaires; dessus d'un rougeâtre obscur, rayé de petits traits noirâtres; dessous d'un
jaune orangé, entrecoupé de petits traits d'un brun rougeâtre; une ligne de points
de cette couleur près du bord portérieur.

*Antennis in capitulum gracile, parvum, cylindrico-obconicum, abrupte acuminatum
desinentibus; palpis brevibus; articulo ultimo minimo, conico; alis integris, trigonis,
supra saturato-ferrugineis, lineolis fuscis, infra aurantio-luteis, lineolis punctisque
in seriem ad limbum posticum ordinatis, rubido-fuscis.*

Longueur du corps, 0^m.022.

Envergure, 0^m.047.

Cette espèce n'est peut-être qu'une variété du Papillon *mandana* de Cramer,
pl. CCXVII, E. F. Le dessus de son corps et de celui de ses ailes est d'un rougeâtre
obscur, ou couleur de souci très-foncé; le dessous est plus clair et tire sur l'orangé.
Les deux surfaces des ailes sont coupées par un grand nombre de petites
lignes, qui sont noirâtres en dessus, et d'un brun rougeâtre en dessous : le
limbe postérieur a, sous les quatre ailes, une ligne de points qui sont aussi
d'un brun-rougeâtre; les ailes inférieures en ont un ou deux plus gros, près
des angles du bord postérieur. Les antennes sont noires, avec quelques anneaux
blancs.

Dans le nouveau système des Glossates de Fabricius, cette espèce appar-
tiendroit au genre *Émésis.*

N. B. Il s'est glissé dans le texte une erreur relativement aux planches; au lieu des n.ᵒˢ I, II,
III, IV, V, VI et VII, *lisez :* XXXI, XXXII, XXXIII, XXXIV, XXXV, XXXVI et XXVII.

CXXVIII. ERYCINE PITHÉAS.

ERYCINA PITHEAS, pl. XXXVII, fig. 5; en dessus et de grandeur naturelle;
fig. 6, en dessous.

Ailes très-entières et rondes; les antérieures et dessus des postérieures noirs; les premières
  ayant deux bandes d'un ronge carmin, dont une commune; milieu inférieur de
  celles-ci d'un rose pâle, ayant deux taches noires en forme d'yeux, et entouré de
  trois lignes circulaires, dont deux noires et une jaune et intermédiaire.

*A lis integerrimis, rotundatis; anticis penitus posticisque supra nigris : anticis fasciis duabus
  miniatis, illarum una communi; alarum posticarum medio infero pallide rosaceo,
  lineis tribus circularibus circumcripto, duabus nigris, altera flava et intermedia.*

Longueur du corps, 0^m. 025.

Envergure, 0^m. 059.

Les antennes manquent; mais je présume qu'elles ont la forme de l'Érycine
que j'ai décrite dans cet ouvrage sous le nom d'Euclide. Ces deux espèces
forment, avec le papillon *Astarte* de Cramer, et ceux que Fabricius nomme
Codomannus, Hydaspes, une petite sous-famille très-naturelle.

L'Éricine pithéas a le corps noir, avec des points blancs sur la poitrine et
sur les pates, et trois raies jaunes sous le ventre. Les ailes sont très-entières,
avec le bord postérieur arrondi; leur dessus et le dessous des premières sont
noirs: celles-ci ont, sur les deux surfaces, deux bandes transverses, d'un rouge
carmin : l'une occupe la base, se prolonge sur le milieu du dessus des inférieures
et y forme une tache grande, alongée et cunéiforme; l'autre va obliquement du
milieu de la côte à l'angle postérieur; ces deux bandes sont d'un rouge moins
vif en dessous. La tranche du bord postérieur a quelques petits points blancs.
Le sommet des ailes supérieures offre, en dessous, deux lignes, dont l'intérieure plus grande, jaunâtre, transverse, arquée, et dont l'extérieure très-fine,

d'un gris bleuâtre; le côté antérieur et inférieur des mêmes ailes est jaunâtre
à son origine. Le milieu du dessous des inférieures est d'un rose pâle, avec
une teinte jaunâtre sur les bords, et deux taches assez grandes, rondes, noires,
ayant chacune dans leur centre un point bleuâtre, et écartées l'une de l'autre;
tout le contour, à l'exception du milieu du bord antérieur, est noir, et cette
couleur est partagée au milieu par une ligne jaunâtre, formant deux arcs
opposés; le limbe présente ainsi trois lignes presque circulaires, dont deux
noires et une jaunâtre; près de l'angle anal sont deux traits bleuâtres.

CXXIX. HÉLICONIEN STRATONICE.

HELICONIUS stratonice, pl. XXXVII, fig. 7, en dessus et de grandeur
naturelle; fig. 8, en dessous.

Ailes oblongues, très-entières, noirâtres; milieu des supérieures fauve avec une petite
tache noire, en forme de croissant.
*Alis oblongis, integerrimis, nigricantibus; anticarum medio fulvo, macula parva,
nigra, lunata, notato.*

Longueur du corps. 0ᵐ.023.

Envergure. 0ᵐ.070.

IL avoisine l'H. Melpomène. Son corps et ses ailes sont d'un noirâtre foncé
ou presque noirs. Le milieu des supérieures présente une grande tache, occupant toute leur largeur, s'étendant même en dessous jusqu'à leur base, d'un
fauve presque souci, coupé par des nervures noirâtres, et ayant, près de la
côte, une petite tache noire, en forme de croissant. L'origine inférieure des
ailes de dessous est aussi de la couleur du milieu des supérieures, et divisée
également par les nervures.

CXXX. XYLOCOPE CHRYSOPTÈRE.

XYLOCOPA chrysoptera, pl. xxxviii, fig. 1 ; en dessus et de grandeur
naturelle. La *femelle.*

Très-noire, très-velue; lâbre quadrituberculé; milieu du ventre presque caréné longitudinalement; ailes d'un vert doré, avec le limbe postérieur cuivreux.

*Atra, hirta; labro quadrituberculato; ventris medio longitrorsum subcarinato; alis
aurato–viridibus, postice cupreis.*

Xylocopa violacea var. Fab., *System. piezat.*, pag. 338.

Apis œneipennis? de Géer., *Mém. insect.*, Tom. III, pag. 573, pl. xxviii, fig. 8.

Longueur du corps.

0ᵐ.027.

On trouve, en Afrique et aux Indes, tant orientales qu'occidentales, des
abeilles très-semblables, au premier coup d'œil, à celle dont Réaumur nous
a donné l'histoire, et qu'il a nommée *Perce-bois* (*Apis violacea,* Lin.) Mais
lorsqu'on compare avec soin la forme de quelques parties remarquables du
corps, on y découvre des caractères qui ne permettent pas de confondre spéci-
fiquement ces divers insectes. La synonymie de la xylocope violette a besoin,
à cet égard, d'épuration.

L'espèce que je fais connoître en fournit une preuve. Fabricius n'a pas cru
qu'elle différât essentiellement de la précédente (*vix differt*), et cependant
elle en est très-distincte. 1.° Son corps est hérissé de poils plus forts et plus
nombreux; 2.° son abdomen est proportionnellement plus court et plus large.
Le milieu du dessous de ses anneaux est relevé longitudinalement en une petite
carène qui se termine en pointe aiguë au bord postérieur de chacun de ces
segmens. Les ailes sont enfumées; mais, vues à la lumière, elles sont brillantes,

d'un vert doré, avec le limbe postérieur, ou la portion qui est sans nervures, cui-vreuse; la première des cellules cubitales a une tache demi-transparente et lunaire; on ne voit qu'un trait dans la cellule correspondante de la X. violette; 4.º la lèvre supérieure de la X. Chrysoptère présente quatre élévations, deux au milieu, sur une ligne longitudinale, et dont l'inférieure comprimée et presque en forme de dent; les deux autres élévations sont formées par le renflement des bords latéraux; 5.º les extrémités supérieures du second et du troisième article des antennes sont bruns. L'individu que j'ai sous les yeux n'étant pas bien conservé, je n'étendrai pas plus loin cette comparaison. J'observerai seulement que la grandeur réciproque des petits yeux lisses, leur éloignement respectif, la forme de la portion frontale, située au-dessous de ces organes, m'ont paru présenter des caractères propres à établir de bonnes distinctions spécifiques.

CXXXI. XYLOCOPE MI-PARTIE.

XYLOCOPA DIMIDIATA, pl. XXXVIII, fig. 2, en dessus et de grandeur naturelle.
La *femelle*.

Très-noire, très-velue; labre, ayant deux enfoncemens profonds et une saillie en forme
de dent dans leur entre-deux; métathorax et dessus de l'abdomen verdâtres; base
des ailes violette.

*Atra, hirta; labro profonde biimpresso, medio dentiformi; metathorace abdomineque
supra virescentibus; alarum basi violacea.*

Longueur du corps.

0^m. 022.

Son port est le même que celui de l'espèce précédente; mais sa grandeur est un
peu moindre. Les poils, dont son corps est garni, particulièrement ceux des bords
de l'abdomen paroissent être un peu plus courts et forment un duvet. Cette Xylocope
est généralement d'un noir luisant, avec l'extrémité postérieure du corcelet et le
dessus de l'abdomen d'un verdâtre foncé, plus brillant; les segmens offrent,
sur les côtés et près de leur milieu, une bande violette, peu prononcée. La
carène du ventre est plus foible que dans l'espèce précédente. La surface supérieure
du labre a deux impressions profondes et arrondies; l'espace compris entre
eux ou la Carène intermédiaire, se rétrécit de la base à la pointe et forme
une sorte de dent. Les antennes sont entièrement noires. Les ailes sont d'un
bleu foncé, avec une teinte violette, mais moins vive que dans l'*Apis violacea*
de Linné, depuis leur base jusqu'au limbe postérieur; cette dernière partie
tire un peu sur le verdâtre. Les pates sont très-chargées de poils.

Cette espèce se rapproche de celle que Fabricius a nommée *morio* (*System.
Piezat.*, pag. 338).

CXXXII. POLISTE ÉRYTHROCÉPHALE.

POLISTES ERYTHROCEPHALA, pl. XXXVIII, fig. 3; en dessus et de grandeur
naturelle. La *femelle.*

Noire, avec la tête ferrugineuse et les ailes bleues; sommet des antennes, genoux
et tarses d'un roussâtre jaunâtre; anus brun.

*Nigra, capite ferrugineo, alis cyaneis; antennarum apicibus, genubus tarsisque
flavido-rufescentibus; ano brunneo.*

Longueur du corps.

0^m.021.

On doit placer cette espèce près de celles que Fabricius nomme *Lanio,
Annularis,* etc.; son corps est proportionnellement plus étroit que celui de
la plupart de ses congénères, d'un noir peu luisant, avec la tête d'un rougeâtre
obscur, les yeux cendrés, et les ailes d'un bleu foncé et luisant. Les antennes
sont roussâtres, plus pâles à leur extrémité, avec le dessus des articles de
leur milieu noir. Le corcelet est noir et sans taches. L'abdomen est en forme
de fuseau alongé, pédiculé, plus luisant que les autres parties, d'un brun
roussâtre, et pointu à son extrémité. Les pates sont noires, avec les genoux et
les tarses d'un roussâtre tirant sur le jaune.

CXXXIII. POLISTE RUFIPENNE.

POLISTES RUFIPENNIS, pl. XXXVIII, fig. 4 [1]; en dessus et de grandeur naturelle.
La *femelle*.

Corps et ailes d'un brun fauve; dessus de la bouche, extrémité postérieure du corcelet,
bord postérieur des trois premiers anneaux de l'abdomen, et les segmens suivans jaunes.

*Corpore alisque fusco-ferrugineis; naso, thoracis apice, abdominis segmentorum trium
anticorum margine postico, segmentisque aliis flavis.*

Longueur du corps.

0^m. 026.

Cette espèce a le port des Polistes: *gallica, annularis, Schach, chinensis*, etc.,
de Fabricius, ou du plus grand nombre des insectes de ce genre. Son corps et les
ailes sont d'un brun fauve, presque marron. Les antennes, à partir du coude, et
les quatre derniers articles des tarses, sont plus pâles et tirent sur le jaunâtre. Le
dessus de la bouche, le bord postérieur du segment antérieur du corcelet,
son extrémité postérieure, au-delà du second écusson, le bord postérieur des
trois premiers anneaux de l'abdomen et les anneaux suivans, sont jaunes; cette
couleur est disposée en manière de bande sur les anneaux antérieurs, et forme
deux grandes taches réunies et qui s'étendent latéralement sur l'extrémité postérieure du corcelet; une partie de ses côtés inférieurs et antérieurs, le contour de
l'écusson, la pièce carrée située au-dessous et qui représente un second écusson,
ont aussi une teinte semblable, mais plus foible. L'abdomen et les ailes sont luisans.

[1] Dans les feuilles précédentes il faut lire plusieurs fois: planches XXXIV, XXXV, XXXVI, XXXVII,
au lieu de IV, V, VI et VII.

CXXXIV. ICHNEUMON RUBIGINEUX.

ICHNEUMON rubiginosus, pl. XXXVIII, fig. 5; en dessus et de grandeur naturelle. La *femelle*.

Corps entièrement fauve; antennes blanches au milieu et noires à leur extrémité; abdomen pédiculé, un peu plus court que sa tarière; tarière noire; ailes jaunâtres, les supérieures ayant deux bandes transverses et l'extrémité noirâtres.

Corpore penitus rufo; antennis medio albis, apice nigris; abdomine pediculato, terebra paulo breviore; terebra nigra; alis flavescentibus, superis fasciis duabus transversis apiceque fuscis.

Longueur du corps.

0^m. 013.

Il a le corps d'un fauve assez vif ou presque rouge; le milieu des antennes blanc; les articles qui les terminent, les yeux lisses, la tarière et les jambes postérieures noirs. Les yeux sont cendrés. L'abdomen est ovale, avec un pédicule brusque et formant un angle aigu. Les ailes sont jaunâtres; les supérieures ont leur extrémité et deux bandes transverses noirâtres, la dernière se réunit avec la tache noire du bout.

Cette espèce paroît appartenir au genre *Cryptus* de Fabricius.

CXXXV. FOURMI SPINICOLLE.

FORMICA SPINICOLLIS. *Fourmi belliqueuse*, pl. XXXVIII, fig. 6, le *mulet*, de grandeur naturelle; fig. 7, le même individu très-grossi; fig. 8, sa tête; fig. 9, son corcelet vu en dessus; fig. 10, l'écaille formant le pédicule de l'abdomen; fig. 11, une de ses mâchoires; fig. 12, sa lèvre inférieure; toutes ces parties sont très-grossies.

Verte, dans le vivant; d'un jaune-brun, avec les antennes, les mandibules et les pieds plus foncés, et l'abdomen verdâtre, l'animal étant mort; corcelet armé transversalement de deux épines très-fortes; deux pointes, en forme de dents, près du milieu de son dos, et deux autres à son extrémité postérieure; écaille de l'abdomen terminée en une épine aiguë.

Vivens, viridis; mortua, testacea, antennis, mandibulis, pedibusque obscurioribus, abdomine virescenti; thorace spinis duabus anticis, transversis, validissimis, ad medium posteriusque bidentato; abdominis squama in spinam acutam desinente.

Longueur du corps.

0^m. 009.

Un des plus habiles entomologistes de l'Europe, et dont je m'honore d'être l'ami, M. le docteur Kluge, de Berlin, a fait exécuter le beau dessin que nous donnons ici de cet insecte, et l'a accompagné d'une description fort étendue et marquée au coin de cette exactitude rigoureuse qui caractérise les écrits de ce savant. Les détails où il est entré relativement à la forme des organes de la manducation, de celle des antennes et de leur point d'attache, nous prouvent, ainsi qu'il l'a très-bien remarqué, que cette espèce de fourmi doit trouver sa place à côté de celles que Linnæus nomme *rufa*, *herculanea*, etc., ou qu'elle est, en un mot, de notre genre FOURMI, tel qu'il est restreint dans notre méthode. Je supprimerai donc ici cette partie de la description de M. Kluge, que m'a communiquée

M. de Humboldt, et avec d'autant plus de raison que nous représentons à part,
et d'une manière très-amplifiée, les organes particuliers de cet insecte.

Le corps de cette fourmi est entièrement vert, lorsqu'elle est vivante; mais il
devient, après sa mort, d'un jaunâtre-brun; les antennes, les mandibules et les
pieds sont alors d'un brun plus foncé; l'abdomen, ainsi que son écaille, sont
verdâtres. La tête est plus large que le corcelet, grande, en forme de cœur, avec les
yeux petits, ronds, noirs et convexes. Le corcelet est armé, à sa partie antérieure
et latérale, près du cou, de deux épines très-fortes, très-aiguës, qui se dirigent
horizontalement, en faisant un angle presque droit avec le corps; examiné à la
loupe, le corcelet offre encore quatre petites saillies pointues en forme de dents,
dont deux au milieu du dos, et les deux autres à son extrémité postérieure.
L'abdomen est sphérique, avec un éclat soyeux; l'écaille, ou le pédicule de cette
partie du corps, est comprimée, presque en forme de cœur, et se termine
supérieurement en une pointe longue et aiguë.

Ces caractères essentiels, de même que les faits suivans, recueillis par M. de
Humboldt, nous font voir, ainsi qu'il le dit dans ses notes, que cette fourmi est
très-voisine d'une autre de Cayenne, la *fongueuse* (*fungosa*) de Fabricius, et
sur laquelle j'ai publié quelques observations curieuses; celle-ci est noire et se
compose un nid avec le duvet cotonneux d'une espèce de *Bombax*, peut-être
l'espèce qu'Aublet nomme *globosa*.

« Pendant le séjour que nous fîmes, dit M. de Humboldt, dans le petit
village indien de Maypure, situé près de la cataracte supérieure de l'Orénoque,
nous trouvâmes dans les cabanes des indigènes une substance filamenteuse d'un
brun-jaunâtre, extrêmemement douce au toucher, et ressemblant à l'amadou
du *Boletus igniarius* préparé. Nous apprîmes bientôt, par notre interprète,
que cette substance est le nid d'une fourmi qui, dans la langue *Guareken*, usitée
parmi les natifs de la mission de Maypure, porte le nom de *Puji*. En séparant les couches filamenteuses, nous découvrîmes un grand nombre de fourmis
remarquables par leur belle couleur, d'un vert d'émeraude, leur éclat soyeux et
la position de deux épines horizontales placées au thorax. Je notai cet insecte
dans mon journal sous le nom *formica Puji, læte viridis, sericei nitoris,
thorace antice biaculeato.* Les Indiens réunis dans le petit établissement chrétien
des pères de Saint-François de l'Observance, nomment *Guari* l'arbre dont les
feuilles velues fournissent la matière que les fourmis emploient pour construire
leurs nids. Malgré nos soins et nos fréquentes herborisations loin de la cataracte,
il nous a été impossible de nous procurer la fleur du *Guari;* mais, à en juger

d'après des débris des feuilles mêlées aux nids des fourmis, nous ne pouvons douter que cet arbre ne soit une espèce de melastome, *foliis subtus sericeis.* Les Espagnols nomment le nid de *Puji amadou de fourmis (jesca de hormigas)* ; ils ont appris des Indiens qu'on peut l'employer avec succès pour étancher le sang dans les plaies. On ne trouve le *Puji* qu'au-dessus des cataractes de l'Orénoque, et sur les rives du Rio Negro jusqu'aux frontières du Brésil. Son nid est très-apprécié sur les côtes, mais les chirurgiens ne peuvent s'en procurer que de très-petites quantités que les moines missionnaires envoient en cadeau. A mesure que la civilisation fera des progrès dans ces pays éloignés, l'amadou des fourmis deviendra un article d'exportation pour l'Europe. Il sera recherché dans nos hôpitaux comme le nid des fourmis de Cayenne, produit de l'industrie du *formica fungosa* de Fabricius.

Sur les rives du Rio Negro, où domine la langue des Marivitains, appelée *langue équinabe*, la fourmi verte de Maypure porte le nom de *madi*, et son nid est appelé *portibete.* »

CXXXVI. LYCUS NIGRICORNE.

LYCUS NIGRICORNIS, pl. **XXXIX**, fig. 1 ; en dessus et de grandeur naturelle.

Oblong, rouge ; antennes et tarses noirs ; élytres peu dilatées à leur extrémité, ayant des lignes élevées et les intervalles réticulés.

Oblongus , ruber; antennis tarsisque nigris; elytris apice parum dilatatis, elevato-striatis : spatiis interjectis cancellatis.

Longueur du corps.

0^m. 018.

A RAISON de la forme étroite et oblongue de son corps, de ses élytres peu dilatées et arrondies à leur extrémité postérieure, de ses antennes simplement comprimées et en scie, de son museau peu prolongé et de quelques autres caractères, ce Lycus se rapproche de ceux qu'on a nommés *sanguineus*, *aurora*, *nigripes*, *bicolor*, etc. Tout son corps, à l'exception des yeux, des tarses et des antennes, à partir du second ou du troisième article, est d'un rouge sanguin, mais qui pâlit par le desséchement ; les autres parties sont noires. Le corcelet est arrondi antérieurement avec les côtés relevés et les angles postérieurs aigus ; son milieu a une carène longitudinale. L'écusson est fort petit et triangulaire. Les élytres ont chacune quatre lignes élevées, celles qui forment les rebords non comprises ; elles s'étendent dans toute leur longueur, à l'exception de la seconde, en commençant par le bord extérieur : celle-ci est un peu plus courte ; les intervalles sont divisés transversalement d'une ligne à l'autre par de petites nervures, formant des mailles carrées ou un treillis.

CXXXVII. MANTE RHOMBICOLLE.

MANTIS RHOMBICOLLIS, pl. XXXIX, fig. 2; de grandeur naturelle en dessus;
fig. 2, en dessous.

Corcelet très-dilaté latéralement, rhombiforme, vert, ainsi que les élytres et les ailes.
Thorace ad latera valde dilatato, rhombiformi; illo, elytris alisque viridibus.

Longueur du corps jusqu'au bout des élytres.

0^m. 075.

CETTE Mante a la forme et la grandeur de celle que Stoll a représentée,
pl. XII, fig. 45, de son ouvrage sur les orthoptères de cette famille. M. Lichtenstein (*Act. de la Soc. Linn.*, tom. VI, p. 26.) rapporte cette figure à la
Mante *écrouelleuse* (*strumaria*), de Linnæus; mais elle ne s'accorde pas,
quant à la forme du corcelet, avec le dessin de cette dernière espèce, donné
par mademoiselle Mérian, et cité par Linnæus. Il est plus probable que cette
Mante de Stoll est l'espèce que Fabricius nomme *cancellata.*. M. Lichtenstein
ne paroît pas avoir vu ces Mantes, et tout ce qu'il dit à cet égard est fondé sur
les figures de Stoll. La Mante *rhombicolle* est très-aplatie, comme membraneuse, d'un vert tendre, avec la tête, le milieu du corcelet, ses bords, le
dessous du corps et les pieds d'un roussâtre pâle, presque jaunâtre. Les antennes
sont sétacées, simples, un peu plus courtes que le corcelet, noirâtres, avec la
partie inférieure roussâtre et entrecoupée de noirâtre. La tête est très-inclinée,
et son vertex paroît seul en dessus; les petits yeux lisses sont ovales, très-
rapprochés, en triangle, et portés chacun sur une petite élévation, en forme de
tubercule; les extrémités des mandibules sont noires. Le corcelet est fort grand,
beaucoup plus large que les élytres, très-plat, presque en forme de losange,
échancré en devant, avec son milieu, quelques petites lignes partant de ce milieu

en forme de rayons, et les bords d'un roussâtre pâle; ce milieu offre deux petites taches vertes et deux points enfoncés. Les élytres sont étroites, alongées, avec la grosse nervure du limbe extérieur, et une petite tache arrondie, située près de cette nervure, un peu au-dessus du milieu, roussâtres. Les pattes antérieures ont quelques dentelures le long du côté extérieur de leurs hanches; leurs cuisses ont, en dessous, une grande tache noire, luisante, comme vernissée; plusieurs de leurs épines, ainsi que d'autres de celles des jambes, sont noires à leur extrémité; le pénultième article de tous les tarses est bilobé.

CXXXVIII. BÉLOSTOME ELLIPTIQUE.

BELOSTOMA ELLIPTICUM, pl. XXXIX, fig. 4; de grandeur naturelle, en dessus.

Ovoïdo - elliptique, très - aplati, d'un jaunâtre cendré, avec des taches noirâtres sur les pieds.

Elliptico-ovatum, maxime depressum, cinereo-flavicans, pedibus fusco-maculatis.

Longueur du corps, 0^m. 026.

Largeur, 0^m. 014.

Plusieurs *Nèpes* de Fabricius diffèrent des autres à raison de leurs antennes terminées par trois dents alongées et filiformes, imitant celles d'un peigne, ainsi qu'à raison de leurs tarses, ayant tous deux articles distincts; ces espèces composent mon genre *Belostome.* Celle dont il s'agit ici n'est peut-être qu'une variété de mon B. *briqueté-pâle,* mentionné dans le troisième volume de mon *Genera Crust. et insect.,* pag. 143, et qui ressemble beaucoup à l'espèce représentée par Stoll, dans sa Monographie des punaises et des cigales, pl. XXII, fig. 14.

Le Bélostome *elliptique* est d'un jaunâtre cendré, luisant, plus pâle ou plus jaunâtre en-dessous, très-aplati, en forme d'ovoïde alongé, pointu aux deux bouts, et sans appendices ou filets saillans à l'anus. Une ligne enfoncée et transversale divise la surface supérieure du corcelet en deux portions; l'antérieure est plus obscure, et on y remarque deux gros points enfoncés, un de chaque côté. La base de l'écusson est aussi un peu plus foncée que le bout et foiblement striée. Le milieu de l'abdomen est caréné; ses bords latéraux sont tranchans et un peu velus ou ciliés. Les pattes sont entrecoupées de taches noirâtres vers leur extrémité postérieure. Le bec est foiblement arqué, divisé en trois articles, et se termine vers l'origine des cuisses antérieures.

CXXXIX. HANNETON BRUNNIPENNE.

MELOLONTHA brunnipennis, pl. XXXIX, fig. 5; de grandeur naturelle, en dessus.

Corps d'un bronzé foncé; élytres brunes, à stries ponctuées: suture et bord extérieur noirâtres.

Fusco-œnea; elytris brunneis, punctato-striatis, margine externo suturaque fuscis.
Melolontha marginata? FAB., *System. eleuth.*, Tom. II, pag. 169, n.º 52.

Longueur du corps.

0^m. 013.

CE hanneton, dans une série naturelle, doit être placé près des espèces appelées par Fabricius *Frischii, julii, errans, horticola*, etc., et paroît avoir de grands rapports avec son H. *bordé* (*marginata*). Le corps est ovoïde, d'un bronzé foncé, luisant, avec les antennes, les palpes et les élytres d'un brun roussâtre. Les antennes sont composées de neuf articles, dont les trois derniers forment une massue oblongue. La tête est très-ponctuée, avec le chaperon plus foncé, presque noirâtre, rebordé, entier et arrondi latéralement. Le corcelet est plus large que long, finement et vaguement pointillé, sans taches, avec les côtés rebordés et un peu dilatés, en forme d'angle mousse ou arrondi, un peu avant leur milieu. L'écusson est petit, triangulaire, obtus, bronzé et pointillé. Les élytres ont chacune une douzaine de stries, offrant une rangée de points enfoncés, mais qui, vers la suture, sont un peu confus; les intervalles ont aussi des points, mais plus petits; la suture et le bord extérieur sont d'un brun noi-râtre; on voit aussi une ligne courte de cette couleur, près du bord extérieur. Le dessous du corps est un peu velu, d'un bronzé foncé, ainsi que les pattes;

les deux premières jambes ont trois dents au côté extérieur, dont la terminale plus grande et obtuse ; les autres jambes ont, au côté intérieur, deux rangées transverses de petites épines, outre celles qui les terminent en manière de couronne. Tous les crochets des tarses sont pointus et inégaux, avec une soie ou un poil roide dans leur entre-deux ; le plus fort des quatre premiers est bifide.

CXL. BLAPS PYGMÉE.

BLAPS PYGMÆA, pl. XXXIX, fig. 6; de grandeur naturelle, en dessus.

Oblong, noir; corcelet convexe, rétréci postérieurement; élytres ayant de petits points disposés en lignes, depuis leur base jusque vers leur milieu.

Oblonga, nigra; thorace convexo, postice angustato; elytris a basi ad medium subtiliter striaco-punctulatis.

Longueur du corps.

0m. 016.

CETTE espèce ressemble en petit au Blaps *gages* (ou plutôt *gigas*) de Fabricius. Son corps est oblong, un peu luisant, uni, et très-finement pointillé. Les antennes se terminent par trois articles presque globuleux, dont le dernier plus grand. Le corcelet est presque carré, un peu plus étroit postérieurement, et incliné sur ses côtés, ce qui le fait paroître un peu convexe et arrondi. L'abdomen est ovale. Les élytres se rétrécissent vers leur extrémité, pour former une pointe obtuse; ici, les petits points enfoncés sont disposés, depuis la base jusque vers leur milieu, en séries longitudinales, mais qui ne sont sensibles qu'avec le secours de la loupe; ceux de la tête et du corcelet n'ont aucun ordre. Le dessous des premiers articles des tarses antérieurs est garni d'un duvet brun.

· CXLI. HANNETON AMINCI.

MELOLONTHA ANGUSTATA, pl. XXXIX, fig. 7; de grandeur naturelle, en dessus.

Corps alongé, étroit, couvert d'un duvet d'un gris bleuâtre; corcelet oblong, dilaté vers le milieu de chaque côté; pieds longs, fauves, avec les genoux, les extrémités des jambes et les tarses noirs; jambes antérieures bidentées; élytres striées.

Elongata, angusta, tomento cærulescenti-griseo; thorace oblongo, laterum medio dilatato; pedibus longis, rufis, geniculis, tibiarum apice tarsisque nigris; tibiis anticis bidentatis, elytris striatis.

Longueur du corps.

0^m. 012.

Cette espèce forme, avec le Hanneton *subépineux* et celui que nous avons décrit sous le nom de *longicolle*, une division particulière, très-rapprochée des *Hoplies*, quant aux organes de la manducation, mais à mâchoires et lèvre plus alongées, et distincte surtout par le port extérieur. Le corps est proportionnellement plus étroit et plus alongé; les pattes sont plus grêles et terminées par de longs tarses, ayant chacun deux crochets égaux et bifides; le corcelet s'étend un peu plus en longueur qu'en largeur, et la dilatation, en forme d'angle, de chacun de ses côtés, est plus sensible. Le Hanneton *aminci* est noir, mais tout couvert de petits poils serrés, couchés, semblables à de petites écailles, d'un gris bleuâtre, qui le font paroître de cette couleur. Les antennes sont composées de neuf articles, dont les six premiers fauves, et dont les trois derniers noirs, formant une massue ovale et trilamellée. Le bord extérieur du chaperon est droit, avec une foible échancrure au milieu. Le corcelet a postérieurement, dans son milieu, une impression linéaire et longitudinale; il s'élargit vers le milieu de ses côtés, en manière de dent arrondie. L'écusson est petit et triangulaire. Les élytres sont striées longitudinalement et arrondies à leur extrémité postérieure ; depuis leur base jusque près du bout opposé, le fond de leur couleur est, à l'exception de la partie extérieure, rougeâtre, mais couverte par le duvet dont j'ai parlé. Les pattes sont longues, fauves, avec une petite tache sur les genoux, les extrémités des jambes et les tarses noirs ; les jambes antérieures n'ont que deux dents au côté extérieur ; les tarses sont longs, avec des verticilles de petites épines à l'extrémité des quatre premiers articles. Le milieu de l'abdomen présente deux rangées longitudinales de soies ou de piquans élevés, jaunâtres et disposés en faisceaux ; le dernier segment est fléchi presque perpendiculairement.

CXLII. TERMÈS AILES-BORDÉES.

TERMÈS MARGINIPENNE, pl. XXXIX, fig. 8; de grandeur naturelle, en dessus.

Roussâtre; ailes blanchâtres: base et bord extérieur des supérieures d'un brun fauve.
Rufescens; alis albicantibus : superiorum basi margineque externo rufo-brunneis.

Longueur du corps jusqu'au bout des ailes.

0^m. 030.

M. *Kunth* a trouvé cette espèce dans l'herbier que MM. de Humboldt et Bonpland ont formé au Mexique. Le corps de ce Termès est d'un fauve pâle, luisant,
lisse, avec la bouche, les antennes et les pieds d'une couleur un peu plus
claire. Ses yeux sont noirs; près de leur extrémité postérieure et interne est situé
un petit œil lisse, jaunâtre et brillant; on n'en voit point d'autres. Le corcelet est
plane, uni, de forme carrée, et arrondi postérieurement. Les ailes sont blanchâtres
et une fois et demie environ plus longues que le corps; la base et le bord extérieur des supérieures sont d'un brun fauve.

CXLIII. ODYNÈRE NEZ-DENTÉ.

ODYNERUS NASIDENS, pl. XL, fig. 1. La *femelle*, de grandeur naturelle;
fig. 2, une des antennes, grossie.

Corps noir, ponctué; chaperon jaune, bidenté; tous les bords du segment antérieur du
corcelet, une ligne sur le faux-écusson, bord postérieur du second anneau de l'abdomen
et ceux des suivans, jaunes.

Niger, punctatus; clypeo flavo, bidentato; thoracis segmenti antici marginibus, lineola
pseudo-scutelli, abdominis segmenti secundi sequentiumque marginibus posticis flavis.

Longueur du corps.

0^m. 010.

Son corps est noir, luisant, vaguement pointillé, un peu soyeux çà et là. Le
dessous du premier article des antennes et celui d'une grande partie des autres,
ainsi que l'extrémité supérieure du second, sont jaunes. Le chaperon est bordé
de cette couleur et terminé par deux dents. Les mandibules sont alongées, striées,
avec une tache jaune près de leur base; on en voit une colorée de même,
derrière chaque œil. Tous les bords du segment antérieur du tronc, l'extrémité
postérieure du second anneau de l'abdomen, et celles des suivans sont pareillement jaunes, tant en dessus qu'en dessous; ce second anneau est grand et
très-ponctué au bord postérieur ou sur la bande qui le termine. L'arrière-écusson
a une ligne transverse de la même couleur. Les ailes sont jaunâtres. Les pattes
sont noires.

CXLIV. CIGALE MÉLANOCHLORE.

CICADA melanochlora, pl. XL, fig. 3. Le *mâle*, de grandeur naturelle, vu en dessus; fig. 4, le même, en dessous.

Verte, tachetée de noir; corcelet dilaté de chaque côté; élytres transparentes, avec des taches et des bandes noires: une bande interrompue et une rangée de petites taches arrondies, transparentes, sur la bande noire du bout.

Viridis, nigro maculata; thorace utrinque dilatato; elytris hyalinis, maculis fasciisque nigris: fascia apicali macularum rotundarum serie vittaque interrupta hyalinis.

Longueur du corps.

0^m. 032.

Si cette cigale est inférieure par sa taille à plusieurs espèces du même genre, il n'en est guère qui la surpassent sous le rapport de l'élégance des couleurs. Son corps est d'un vert d'herbe foncé, avec de petites lignes dans les stries transverses et latérales du front, et des taches sur le sommet de la tête et sur le corcelet, noires; les taches postérieures du dos sont plus grandes. Les antennes sont noires inférieurement, roussâtres ensuite, et terminées par une longue soie que forment les trois derniers articles. Les yeux sont d'un brun foncé. Les côtés et le bord postérieur du segment antérieur du tronc sont entièrement verts; le milieu de ces côtés se dilate en forme d'angle comme dans la Tettigone *tympanum* de Fabricius, et quelques autres espèces. Les élytres sont transparentes, luisantes, avec les nervures d'un brun ferrugineux foncé, trois taches placées entre la base et le milieu, et la majeure partie de la moitié postérieure noirâtres; le bord postérieur est transparent; l'espace noirâtre qui termine l'aile offre, le long de ce bord, une rangée de six petites taches transparentes, en forme de points, et dont les deux supérieures plus grandes; au dessus est une bande transverse,

Zoologie, Tom. II. 15

occupant presque toute la largeur de l'aile, pareillement transparente, coupée par les nervures, interrompue à peu de distance du bord extérieur, et formant à la suite de cette discontinuité deux taches, dont une plus grande appuyée sur le bord, et dont l'inférieure très-petite et arrondie; l'une et l'autre sont divisées en deux par une nervure; l'une des trois taches noirâtres, dont j'ai parlé plus haut, est située au bord interne; l'une des deux autres lui est opposée, et touche le bord extérieur; la troisième est au-dessus, mais un peu distante de ce bord. Les ailes inférieures sont transparentes. Le dessous du corps et les pattes sont verts; le ventre est plus obscur, avec l'extrémité noirâtre, et une rangée de points blancs de chaque côté; ils paroissent correspondre aux stigmates. L'abdomen est noir en dessus, avec le bord postérieur des anneaux d'un verdâtre pâle. Les opercules des organes du chant sont courts, transversaux, et bordés de vert. Le bec est de cette dernière couleur, avec l'extrémité noire et se terminant un peu au-delà des dernières pattes; une partie des hanches paroît chargée de petits grains·

CXLV. CERCOPE FRONT-NOIR.

CERCOPIS NIGRIFRONS, pl. XL, fig. 5; de grandeur naturelle, en dessus.

D'un cendré roussâtre, avec une tache noire sur le front; écusson alongé; élytres ayant une tache à leur base, leur extrémité et deux bandes réunies au bord extérieur, noirâtres.

Rufescenti-cinerea, macula frontali nigra; scutello elongato; elytris macula basilari, apice fasciisque duabus extus connexis, fuscis.

Longueur du corps.

0^m. 015.

ELLE a de l'affinité avec la Cercope *écumeuse*. Son corps est d'un cendré roussâtre, un peu soyeux, avec une tache assez grande au milieu du front, quelques parties du vertex, de petites raies transverses sur le corcelet, une tache à la base des élytres, leur extrémité et deux bandes transverses, réunies près du milieu de la côte, noirâtres. Le front est convexe, arrondi, strié transversalement, avec une petite ligne élevée et longitudinale au milieu. Le vertex, ou le dessus de la tête, forme un triangle presque équilatéral; près de son bord postérieur sont les deux yeux lisses; le milieu de l'extrémité postérieure du corcelet est échancré. L'écusson est assez grand, alongé, terminé en pointe, avec une dépression vers sa base. Les élytres ont quelques nervures saillantes. Le bec est roussâtre, avec l'extrémité noire.

CXLVI. TAON A TROIS LIGNES.

TABANUS TRILINEATUS, pl. XL, fig. 6; de grandeur naturelle, vu en dessus.

Dessus du corps d'un brun roussâtre, avec trois bandes grisâtres sur l'abdomen; dessous de la tête et poitrine d'un gris-cendré; jambes antérieures moitié blanches et moitié noires; une tache brune près du bord extérieur des ailes.

Supra rufescenti-brunneus; abdomine fasciis tribus griseis; capite infra pectoreque cinereo-griseis; tibiis anticis a basi ad medium albis, tunc nigris; alis, marginem externum versus, macula brunnea.

Longueur du corps.

0^m. 014.

Il est extrêmement voisin de l'espèce que Linnæus et De Géer nomment *occidental*, et surtout de l'*indien* de Fabricius, qui habitent pareillement l'Amérique méridionale. Le dessus du corps est d'un brun roussâtre, un peu plus foncé sur le corcelet et l'écusson; le devant de la tête et la poitrine sont d'un gris cendré. Les antennes sont roussâtres; l'extrémité supérieure de leur première pièce est pointue et noirâtre. Les palpes sont blanchâtres. Les yeux sont d'un brun noirâtre, et séparés dans toute leur longueur, ce qui me fait présumer que l'individu que je décris est une femelle; l'intervalle compris entre eux est uni, et offre en devant une petite éminence d'un brun luisant, portant les yeux lisses. Le dessus du corcelet a deux petites lignes longitudinales et une tache, de chaque côté, d'un brun plus clair. Les ailes sont transparentes, avec une tache brune, étroite, alongée et un peu oblique, près du milieu de la côte. Le dessus de l'abdomen présente trois raies longitudinales, grisâtres, dont celle du milieu plus prononcée et plus longue; le ventre est d'un gris roussâtre. Les pieds antérieurs ont les cuisses couvertes d'un duvet grisâtre; la moitié supérieure des jambes blanchâtre , et l'autre moitié, ainsi que le tarse, noirâtres : caractères que l'on retrouve aussi dans le *Taon occidental.* Les autres pieds sont d'un roussâtre clair, avec les jambes un peu plus pâles.

CXLVII. ASCALAPHE HYALIN.

ASCALAPHUS hyalinus, pl. XL, fig. 7 ; de grandeur naturelle.

D'un gris roussâtre, avec des taches sur le corcelet et de petites lignes sur l'abdomen, noirâtres ; ailes hyalines, sans taches ; antennes entrecoupées de noirâtre.

Rufescenti-griseus; thorace maculis abdomineque lineolis, fuscis; alis hyalinis, immaculatis; antennis fusco intersectis.

Longueur , les ailes étendues.

0^m. 050.

L E corps est d'un gris roussâtre, avec des taches noirâtres sur le corcelet et des petits traits de la même couleur, formant des lignes longitudinales, sur l'abdomen. Les antennes sont d'un roussâtre pâle, avec les extrémités des articles qui précèdent le bouton terminal, noirâtres. Le front est garni de poils grisâtres. Les ailes sont entièrement transparentes ; leur bord extérieur offre, près du bout postérieur, une petite tache d'un brun clair ; celles des ailes supérieures sont un peu plus grandes et coupées au milieu par deux petites nervures.

MM. de Humboldt et Bonpland ont rapporté une larve qui a beaucoup de rapports avec celle de notre *Myrméléon formicaire*. Mais l'altération qu'elle a éprouvée par le desséchement ne m'a point permis de la décrire, et j'ignore si cette larve est celle de l'Ascalaphe dont je viens de parler.

CXLVIII. FORFICULE MINUSCULE.

FORFICULA minuscula, pl. XL, fig. 8; de grandeur naturelle; fig. 9, grossi.

D'un brun clair, sans taches, avec les pieds jaunâtres; point d'ailes apparentes; abdomen presque carré, un peu plus large postérieurement; ses pinces courtes, coniques et simples.

Diluto-brunnea, immaculata; pedibus flavidis; alis inconspicuis; abdomine subquadrato, postice sublatiore; forcipe brevi, conico, simplici.

Longueur du corps.

0ᵐ. 007.

Iʟ se rapproche, par sa petitesse, des F. *nain* et *pygmée;* mais son corps est proportionnellement plus court et plus large que celui du premier. Il est déprimé, d'un brun-puce clair, luisant, lisse, sans taches, avec les pieds plus pâles, tirant sur le jaunâtre, et les yeux noirâtres. Les antennes sont mutilées, mais elles doivent avoir peu d'articles, à en juger par les longueurs relatives des premiers. Le corcelet est carré, avec ses bords latéraux relevés, plus clairs, et un petit enfoncement près du milieu de l'antérieur. Les élytres sont pareillement carrées. Les ailes manquent ou ne paroissent point. L'abdomen est encore presque carré, un peu plus large en arrière, avec le bord postérieur des anneaux plus pâle. Les pinces sont un peu plus courtes que lui, coniques, simples, très-rapprochées l'une de l'autre, courbées et croisées à leur extrémité.

CXLIX. GALÉRITE CORCELET-FAUVE.

GALERITA RUFICOLLIS, pl. XL, fig. 10; de grandeur naturelle; fig. 11, une des
élytres grossie.

Noire; corcelet et les sept derniers articles des antennes fauves; élytres sillonnées: sillons
crénelés latéralement, avec deux petites lignes élevées dans leur milieu.

*Nigra; thorace antennarumque articulis septem ultimis rufis; elytris sulcatis: sulcis ad
latera crenatis, in medio elevato-bistriatis.*

Longueur du corps.

0^m. 016.

Des neuf espèces dont Fabricius a composé son genre GALÉRITE, la première,
celle qu'il nomme *américaine*, étoit encore la seule connue qui lui appartînt.
En voici une seconde. Son corps est ailé, noir, peu luisant en dessus, avec un
léger duvet roussâtre, plus sensible sur les tarses, et particulièrement aux antérieurs. L'origine des antennes et leurs sept derniers articles sont fauves; le reste
est noir. La tête est très-ponctuée, avec deux impressions longitudinales entre
les yeux, séparés par une côte. L'extrémité des palpes maxillaire est fauve. Le
corcelet est aussi de cette couleur, très-pointillé, avec une ligne enfoncée, peu
prononcée et longitudinale, dans son milieu. Les élytres ont chacune huit stries
(la suturale non comprise), ou petites côtes, droites, parallèles, avec deux
lignes moins élevées et moins sensibles, au milieu de chaque intervalle ou sillon
qui les sépare; les côtés des sillons ont une rangée de points formant un treillis.
Le dessous du corps et les pieds sont noirs; les tarses antérieurs sont dilatés.

CL. PIÉRIDE HELVIE.

PIERIS helvia, pl. XLI, fig. 1, en dessus; fig. 2, en dessous.

Ailes rondes, entières; les premières blanches, avec l'extrémité noire, et divisée, en dessous,
par une bande jaune ; côté supérieur des secondes blanc, avec le bord postérieur noir ;
leur dessous noir, avec trois bandes transverses, dont les deux supérieures couleur de
souci, et l'inférieure jaune.

*Alis rotundatis, integris; anticis albis, apice nigro, subtus fascia flava diviso; posticis
supra albis, nigro terminatis, subtus nigris, fasciis tribus transversis : duabus superis
calthaceis, infera flava.*

Envergure.

0ᵐ. 074.

〜〜〜〜〜〜〜〜〜

Quoique cette espèce ait de grands rapports avec le Papillon *pyrrha* de Cramer,
(pl. 63. A. B.), qui se trouve aussi dans le même pays, elle en est cependant très-
distincte, par ses ailes moins oblongues et autrement colorées en dessous ; elle
diffère aussi, à ce dernier égard, du Papilio *irlanda* de Stoll dont elle se rapproche encore plus. Le dessus des quatre ailes est blanc, avec le bord postérieur,
la côte des premières et une petite tache oblique, appuyée sur elle et située
un peu au-delà de son milieu, en partant de la base, noirs ; cette bordure est
sinuée intérieurement, et même anguleuse sur les premières ailes, près du sommet
desquelles elle gagne davantage. Le dessous des ailes supérieures ne diffère de
leur dessus qu'en ce que le noir domine encore plus à son extrémité, ce qui fait
disparaître la tache du dessus, et que cette partie est traversée obliquement,
du bord antérieur au bord postérieur, par une bande d'un jaune pâle, formée
de quatre taches oblongues et contiguës. Les ailes inférieures sont rondes; leur
dessous est noir, avec la base du bord antérieur, la portion supérieure du bord
interne, et deux bandes transverses, couleur de souci, et sous lesquelles est une

troisième bande pareillement transverse, mais d'un jaune pâle ; ces bandes se dirigent un peu obliquement et se terminent près du bord extérieur ; la supérieure est plus étroite, un peu plus longue, entière et pointue à son extrémité ; la suivante est formée de quatre taches, dont trois plus petites, formant comme une espèce de digitation au bout de l'autre ; deux de ces petites taches, savoir celle du milieu et l'inférieure, celle-ci surtout, ont une teinte jaune ; la troisième bande et la plus basse est composée de quatre taches jaunes, dont les deux extérieures séparées et plus arrondies.

CLI. PIÉRIDE LYCIMNIA.

PIERIS LYCIMNIA, pl. XLI, fig. 3, en dessus; fig. 4, en dessous.

Ailes rondes, entières; leur dessus et le dessous des premières blancs; dessous des secondes jaune; limbe postérieur des quatre et une tache à la côte du dessous des premières, noirs.

Alis rotundatis, integris; omnibus supra anticisque infra albis; posticis infra flavis; omnium limbo postico anticarumque macula costali infera nigris.

Papilio Lycimnia. Cram. *pap. exot., pl.* 105. E. F.

Envergure.

0^m 072.

Cette espèce, dont j'ai vu un grand nombre d'individus, diffère un peu de celle de Cramer que j'ai citée. La bordure noire et postérieure des ailes est moins large. Aucun individu ne m'a offert sur les ailes supérieures la tache noire, en forme de triangle alongé et oblique, que l'on voit sur leur dessous, et dont la base est annexée à la côte; cette tache perce seulement à travers le fond, comme dans l'individu que je représente. L'origine du bord antérieur et inférieur des secondes ailes est safranée, ce que la figure de Cramer n'exprime point; on observe aussi deux petites lignes de cette couleur à la partie antérieure de la poitrine.

Les ailes sont triangulaires et entières; leur dessus et le dessous des inférieures sont blancs; les quatre ont les deux surfaces terminées par une bande noire, mais qui, sur les premières, va, en se rétrécissant, de la côte au bord opposé, et forme un triangle alongé; le bord interne de cette bande est presque droit ou foiblement sinué; la tache noire du dessous des premières ailes, dont j'ai parlé plus haut, est située entre cette bande et le milieu du bord extérieur; ce bord est pareillement noir tant en dessus qu'en dessous, mais accompagné d'une teinte jaune à la partie de sa face intérieure qui s'étend depuis le milieu de sa longueur jusqu'à la bordure postérieure. Les ailes inférieures forment un triangle plus oblong et plus curviligne que les supérieures; leur dessous est d'un jaune jonquille pâle, avec l'origine du bord antérieur plus vif et tirant sur l'orangé. La bordure noire du dessus offre, dans certains individus, que Cramer prend pour les mâles, une rangée transverse de cinq petites taches d'un blanc un peu jaunâtre et arrondies.

CLII. HELICONIEN ISMÉNIUS.

HELICONIUS ismenius, pl. XLI, fig. 5, en dessus; fig. 6, en dessous.

Ailes oblongues, entières; les premières d'un fauve pâle à leur base et au bord interne, noires ensuite et tachetées de blanc; les secondes d'un fauve pâle, avec le bord postérieur et une ligne qui lui est annexée, noirs: des points blancs sur le limbe.

Alis oblongis, integris; anticis basi intusque corticinis, tunc nigris, albo maculatis; posticis corticinis, margine externo lineaque adjecta nigris: eodem margine albo punctato.

Envergure.

0^m. 090.

DE tous les papillons héliconiens décrits par Fabricius, celui qu'il nomme *clara* et auquel il rapporte le *Papilio sylvana* de Cramer (pl. 364, fig. C. D.) est celui qui se rapproche le plus de notre espèce. Les antennes sont longues, roussâtres, avec la base obscure. La tête et le corcelet sont ponctués de blanc. Les ailes sont oblongues, entières, avec les deux côtés presque semblables; les supérieures ont leur base d'un fauve pâle ou couleur de tabac d'Espagne, et cette teinte se prolonge le long du bord interne jusque près de l'angle de l'extrémité; la côte et l'autre portion de l'aile sont noires, avec des taches blanches, formant quatre lignes transverses et obliques, dans l'ordre suivant: 2, 4, 2, 5; les cinq dernières sont très-petites, en forme de points, et situées au sommet, le long du bord postérieur. Les ailes inférieures sont d'un fauve pâle, ou de la même couleur que la base des précédentes, et terminées extérieurement par une bordure noire, sur laquelle l'on voit, en dessous, une rangée de points blancs; le dessus n'en offre que deux, mais plus grands, et placés vers l'angle extérieur; au côté interne du dernier de ces points, est une ligne noire, courte et transverse.

CLIII. HÉLICONIEN LAMIRUS.

HELICONIUS LAMIRUS, pl. XLI, fig. 7, en dessus; fig. 8, en dessous.

Ailes oblongues, entières, noirâtres; des taches à leur extrémité et le milieu des secondes ailes presque transparens; celles-ci un peu dentées, avec une bande d'un brun fauve, transverse, vers l'angle interne, et une rangée de points blancs et marginaux sur leur côté inférieur.

Alis oblongis, integris, fuscis; maculis apicalibus alarumque posticarum medio sub-hyalinis; his sub-dentatis, fascia fulvo-brunnea, transversa, angulum ani versus, sub-tusque punctorum alborum serie marginali.

Envergure.

0^m. 108.

———————

Les antennes sont longues et jaunâtres. Les ailes ont une forme oblongue, comme celles de la plupart des Héliconiens, et sont d'un brun noirâtre; la moitié postérieure des supérieures offre une douzaine de taches assez grandes, blanchâtres, presque transparentes, disposées par bandes transverses et obliques, de cette manière: 2 au-dessus de l'angle interne, 3, 4 et 3 ensuite; le bord interne est d'un brun fauve; on voit aussi une petite raie longitudinale, de la même couleur, à la base et à peu de distance de la côte. Les ailes inférieures ont quatre à cinq dents très-courtes au bord postérieur, dans les points où se terminent les nervures; le milieu de ces ailes, jusqu'au bord interne inclusivement, est blanchâtre, presque transparent, en forme de carré transversal et alongé; la partie extérieure et marginale est d'un brun noirâtre, avec trois grandes taches de la couleur du disque, situées longitudinalement près du sommet de l'aile; on y voit aussi une teinte d'un brun fauve, formant une bande transverse, qui s'étend du bord interne jusqu'aux taches

précédentes, au-dessus de la bordure noirâtre du limbe postérieur; l'angle
interne et supérieur de la grande tache du disque est pareillement d'un brun
fauve; le dessous des ailes ne diffère du dessus qu'en ce que le limbe postérieur des inférieures a, tout le long de sa courbure, une rangée de points blancs,
et qui sont au nombre de treize à quatorze.

CLIV. HÉLICONIEN CLYSONYME.

HELICONIUS CLYSONYMUS, pl. XLII, fig. 1, en dessus; fig. 2, en dessous.

Ailes oblongues, entières; milieu des premières traversé par une bande jaune, dilatée dans son milieu; les secondes avec une bande transverse d'un rouge sanguin, plus pâle et arquée en dessous.

Alis oblongis, integris; anticarum medio fascia flava, transversa, in medio dilatata; posticis fascia transversa sanguinea, subtus pallidiore, arcuata.

Envergure.

0ᵐ. 090.

Les antennes, le corps et les ailes sont noirs. Les antennes sont un peu plus courtes et plus épaisses à leur extrémité que dans les deux espèces précédentes. Le milieu des ailes supérieures offre, des deux côtés, une bande jaune, rétrécie aux deux bouts, particulièrement vers le bord interne, où elle se termine en pointe; son milieu est dilaté et arrondi de chaque côté; il est coupé par une des nervures longitudinales, et qui s'y bifurque du côté du bord postérieur; en dessous, la bande est plus pâle, et l'on voit, à la naissance de l'aile, le long de la côte, une ligne d'un rouge vif et courte. Les ailes inférieures sont traversées, dans leur milieu, à partir du bord interne, jusqu'aux deux tiers environ de la largeur de l'aile, par une bande; sur le dessus, cette bande est d'un rouge sanguin, de la même largeur, légèrement crénelée ou dentelée au bord postérieur, et finit extérieurement en pointe; elle se dirige un peu obliquement, de sorte que les deux forment un angle très-ouvert; sur les faces inférieures de ces ailes, ces bandes sont d'un rose pâle, plus affoibli encore vers leur bout extérieur, arquées en arrière et très-divisées par les nervures ; leur bout extérieur n'est même formé que de petites taches rapprochées. Le bord antérieur de ces ailes est d'un jaune pâle, depuis son commencement jusque vers son milieu ; chaque aile offre, en outre, près de sa naissance, quatre à cinq points d'un rouge sanguin, disposés en une série transverse.

CLV. HÉLICONIEN DICÉE.

HELICONIUS dicæus, pl. XLII, fig. 3, en dessus; fig. 4, en dessous.

Antennes courtes; ailes peu alongées, entières, noires; les premières ayant à leur base une grande tache rouge; dessous des secondes rayé de la même couleur.

Antennis brevibus; alis parum elongatis, integris, nigris; anticarum basi macula rubra, magna; posticis subtus rubro striatis.

Envergure.

0ᵐ. 056.

Nous avons déjà décrit et figuré dans cet ouvrage deux héliconiens de la même division, ou du genre *Acrœa* de Fabricius. (Voyez pl. XXXVI et XXXVII, fig. 7, 8.) L'héliconien *dicée* a le corps noir; les palpes supérieurs hérissés de poils; les antennes plus courtes que le corps, terminées en forme de bouton presque conique, et les ailes bien moins alongées que celles des autres héliconiens, entières et arrondies à leur extrémité. La moitié antérieure des premières, à l'exception du bord antérieur, est d'un rouge carmin clair; plusieurs individus, et de ce nombre est celui que nous avons représenté, ont, en outre, près du milieu de ces ailes, une petite ligne ou bande transverse et oblique, de cette couleur. Le dessus des ailes inférieures est entièrement noir; mais leur dessous offre, soit dans toute leur étendue, soit simplement à leur base, un grand nombre de petites lignes rouges qui suivent les nervures ainsi que leurs ramifications; la plupart des dernières se réunissent, deux par deux, vers le milieu de l'aile, et forment des rayons. Le ventre a aussi quelques traits longitudinaux de cette couleur.

CLVI. ERYCINE EUCLIDE.

ERYCINA EUCLIDES, pl. XLII,, fig. 5, en dessus; fig. 6, en dessous.

LE lépidoptère que nous représentons ici, n'est qu'une variété de celui que nous avons décrit et figuré, dans cet ouvrage, sous le nom d'*Erycine Euclide* (pag. 240, N°. 62, pl. XXIV, fig. 3, 4.) La bande noire, qui traverse le dessous des ailes supérieures, est plus étroite dans cette variété; leurs couleurs et celles des ailes inférieures sont en général plus vives. On trouve au Brésil une espèce presque semblable. Les raies noires du dessous de ses secondes ailes sont plus larges et plus prononcées; les deux ovales que ces lignes renferment offrent chacun, dans leur enceinte, deux points noirs.

CLVII. CALLIMORPHE A DEUX BANDES.

CALLIMORPHA BIFASCIATA, pl. XLII, fig. 7, en dessus; fig. 8, en dessous.

Ailes noires, avec un reflet chatoyant, d'un bleu verdâtre; les supérieures ayant une bande rouge, transverse.

Alis nigris, virescenti-cæruleo mutabilique micantibus; anticis fascia transversa coccinea.

Envergure.

$0^{m}.053$.

Cramer a représenté, sous le nom de *phalène circe*, pl. CCLXIII, fig. D, un lépidoptère nocturne qui a de l'affinité avec le nôtre, et qui vient aussi de l'Amérique méridionale. Notre espèce, et qui, autant qu'il est possible d'en juger d'après le seul individu rapporté par MM. de Humbolt et Bonpland, me paroît appartenir à mon genre Callimorphe, a le corps noir, et les antennes brièvement pectinées ou simplement en scie. Ses ailes ont le bord postérieur droit et sans dentelures. Le dessus des quatre ailes et le dessous des supérieures présentent, sous un aspect favorable, un reflet d'un bleu très-brillant, avec une légère teinte de vert. Le milieu des supérieures a, sur les deux surfaces, une grande tache rouge, oblongue, oblique, et formant une bande; elle a un peu plus d'étendue sur le dessous de ces ailes. L'origine du bord antérieur des secondes ailes est aussi de cette couleur.

CLVIII. BOMBYX NYCTIMÈNE.

BOMBYX nyctimene, pl. XLIII, fig. 1, la *femelle*, en dessus; fig. 2, la même, en dessous.

Ailes étendues, d'un cendré brun; les supérieures crochues à leur extrémité, avec trois lignes plus pâles : l'une formant un ovale, et les deux autres droites et transverses; l'une d'elles diagonale; une grande tache oculaire, rougeâtre, avec l'iris noir, bordée extérieurement de jaunâtre, et la prunelle ovale, noire, sur le dessus de chaque aile inférieure.

Alis patulis, brunneo-murinis; anticis ad apicem uncinatis, lituris tribus dilutioribus : hac ovali, illis rectis, transversis, alterutra diagonali; alis posticis singulis macula oculari supera , magna, ferruginea, iride nigra, extus flavescente, pupilla ovali, nigra.

Envergure.

0^m. 125.

Ce Bombix est de la division des phalènes *Attacus* de Linnæus ou du genre *Saturnia* de Schrank. Les antennes sont jaunâtres, courtes, en scie. Le corps est entièrement d'une couleur chamois, mais d'un brun un peu tanné sur le dessus des ailes supérieures; leur extrémité est arquée et forme le crochet. Leur dessus est traversé, depuis l'extrémité de ce crochet jusqu'au milieu du bord interne, par une raie d'un gris jaunâtre, droite, bordée de brun postérieurement ; une autre raie, d'un gris jaunâtre, traverse cette même surface, un peu au-delà de la base, mais sans atteindre tout-à-fait le bord interne : elle est un peu arquée près de la côte, et fait un angle presque droit avec la raie précédente ; vers le milieu de l'aile, une troisième ligne, d'un cendré plus pâle que le fond, dessine une sorte d'ovale, et a, dans son centre, un trait plus clair. Sur le dessous de ces ailes, une ligne noirâtre remplace la plus longue du dessus ou celle qui est diagonale ; on voit, sur l'espace qui correspond à la ligne en ovale, une tache noirâtre, avec un point central grisâtre. Le dessus de chaque aile inférieure présente, au milieu de leur disque, une grande tache ronde, en forme d'œil ; la prunelle est grande, ovale, d'un noir mat et sans transparence ; elle est entourée d'un grand cercle rougeâtre, plus foncé extérieurement ; il est lui-même renfermé dans un cercle d'un noir foncé, dont le bord extérieur est jaunâtre et forme un troisième cercle, mais très-étroit, qui environne le tout. Le limbe postérieur offre d'abord une raie noirâtre, arquée et ondulée ; vient ensuite une bande rougeâtre, qui suit le contour de cette raie ; enfin le bord postérienr est d'un gris plus clair. Un grand cercle noirâtre, peu prononcé, ayant au milieu une prunelle blanchâtre et alongée, tient lieu, sur le dessous de ces ailes, de cette tache oculaire ; on y voit aussi l'apparence d'une ligne noirâtre, transverse, un peu arquée et coupant le cercle.

CLIX. HESPERIE NÉARQUE.

HESPERIA nearchus, pl. XLIII, fig. 3, en dessus; fig. 4, en dessous.

Antennes terminées en un crochet doublé; ailes sans queue, très-entières, noirâtres en dessus, brunes en dessous: des lignes plus foncées sur les deux surfaces; milieu du côté extérieur des ailes inférieures ayant un angle aigu.

Antennarum apice uncinato, duplicato; alis ecaudatis, integerrimis, supra fuscis, infra pullis, utrinque lituris saturatioribus, undulatis; alarum posticarum marginis externi medio uniangulato.

Envergure.

0ᵐ. o53.

J'ai conservé exclusivement le nom générique d'*Hespérie* aux papillons *plébéiens urbicoles* de Linnæus, qui, avec ses *plébéiens ruricoles*, composoient le genre *Hesperia* de Fabricius.

Les antennes de cette espèce se terminent en forme de crochet, dont l'extrémité se replie en dehors, ou paraît doublée. Le corps et le dessus des ailes sont d'un brun noirâtre très-foncé, avec des lignes noires, nombreuses et ondulées. Leur dessous est d'un brun plus clair, ou couleur de suie, et divisé aussi longitudinalement par des lignes plus foncées, et dont plusieurs forment des bandes très-sinuées. Les ailes inférieures ne se prolongent point à l'angle interne de leur extrémité en manière de queue, comme dans *l'Hespérie protée* et autres; mais leur côté extérieur, au point où les bords antérieur et postérieur se réunissent, se dilate en forme d'angle aigu ou de dent.

CLX. NOCTUELLE ZONE-BLANCHE.

NOCTUA ALBIZONA, pl. XLIII, fig. 5, en dessus; fig. 6, en dessous.

Ailes étendues; leur dessus d'un cendré noirâtre, avec une bande blanche, ondée, transverse, dans leur milieu; angles postérieurs des ailes supérieures, et l'angle extérieur des inférieures, ayant chacun une tache blanche.

Alis patulis, supra fusco-cinereis; illarum medio fascia alba, undata, transversa; alarum anticarum angulis singulis et posticis secundarumque externo macula alba notatis.

Envergure.

o^m. 078.

~~~~~~~~~~~~~~~~~

Je rapporte cette noctuelle à la division de celles que Fabricius appelle *odora, mycerina, crepuscularis*, et qui paroissent former un genre propre, celui que j'ai proposé sous le nom d'ERÈBE. Le dessus des ailes est d'un cendré noirâtre ou brun, plus clair sur le limbe postérieur des inférieures. Le milieu des quatre ailes est traversé par une bande blanche, dentelée sur ses bords, ondée, particulièrement sur les supérieures, et renfermant çà et là quelques petites taches et des traits en zig-zag noirâtres; au-dessus et en arrière de cette bande commune, est une raie, d'une teinte un peu plus claire que le fond, bordée de part et d'autre de noirâtre, très-anguleuse, et parcourant aussi la largeur des quatre ailes. Près du bord postérieur, qui est un peu dentelé, l'on voit une autre raie analogue aux précédentes, mais plus étroite, formée par une suite de petits arcs, et sur chacun desquels l'on distingue un point grisâtre, ou d'un brun plus clair. Le milieu des dentelures du bord postérieur est aussi plus pâle. Les angles extérieurs de l'extrémité des quatre ailes et l'interne des supérieurs offrent chacun une tache blanche, arrondie; mais l'intérieure est plus petite. Le dessous des
~~~~~~~~~~~~~~~~~

quatre ailes est moins foncé que le dessus; vers le milieu de leur disque est un point noirâtre, et l'on voit au-dessous deux lignes pareillement noirâtres, transverses, flexueuses, dont le milieu où le bord postérieur est plus clair; celles des secondes ailes sont plus prononcées et entrecoupées par trois taches noirâtres; enfin, près du bord postérieur du dessous de ces quatre ailes est une rangée transverse de points obscurs.

CLXI. PHALÈNE GONOPTÈRE.

PHALÆNA conoptera, pl. XLIII, fig. 7, en dessus; fig. 8, en dessous.

Seticorne; corps et ailes jaunâtres, avec une teinte opale; les supérieures anguleuses au bord postérieur, ayant en dessus deux raies transverses, un point et une lunule dans leur intervalle, noirâtres.

Seticornis; corpore alisque opalino-flavescentibus; anticis posterius angulosis, supra strigis duabus transversis, puncto lunulaque interjectis, fuscis.

Envergure.

0^m. 053.

Ses ailes, dans le repos, forment avec le corps un triangle évasé, comme dans les *Botys* ou la plupart des *phalènes pyrales* de Linnæus. Sa couleur est d'un jaune roussâtre clair, mais avec une teinte opale et brillante, du moins vers le milieu des ailes. Les antennes sont simples, sétacées et de la longueur du corps. Les ailes supérieures ont deux échancrures profondes et arrondies au bord postérieur, avec l'intervalle compris entre elles, avancé en manière d'angle ; celui du sommet est obtus. Le dessus de ces ailes est traversé par deux raies droites, noirâtres, dont l'une peu éloignée de la base, et l'autre un peu au-delà du milieu; l'on observe entre elles un point noirâtre, et au-dessous un petit croissant formé par une ligne pareillement obscure, et dont le milieu est de la couleur du fond ; le dessous de ces ailes offre aussi cette lunule, ainsi que la seconde raie. Le dessus des ailes inférieures est sans taches ; leur dessous est un peu plus foncé, surtout vers le limbe postérieur, et présente dans son milieu un point blanchâtre; le bord postérieur n'a ni échancrures ni saillies angulaires. Une grande partie du dessous du corps est couverte d'écailles blanches : peut-être y en avoit-il aussi en-dessus.

(Ici se termine la partie descriptive des Insectes inédits ou peu connus, rapportés de l'Amérique méridionale, par MM. de Humboldt et Bonpland).

MÉMOIRE

SUR

LE GUACHARO DE LA CAVERNE DE CARIPE,

NOUVEAU GENRE

D'OISEAUX NOCTURNES

DE LA FAMILLE DES PASSEREAUX.

Par A. DE HUMBOLDT.

Les missions des Indiens Chaymas, situées dans la partie montueuse de la province de Cumana, renferment une caverne célèbre par l'innombrable quantité d'oiseaux nocturnes qui l'habitent. Ces oiseaux, qu'on appelle *Guacharos*, fournissent une graisse fluide, inodore et plus transparente que l'huile d'olive. Les Indiens de Caripe, et les religieux qui vivent réunis dans le couvent de ce nom, n'emploient d'autre graisse pour préparer leurs alimens que la *manteca del Guacharo*. Ils pensent que cet oiseau ne se trouve dans aucune autre région de l'Amérique. Cette assertion est probablement inexacte; cependant, à l'exception des montagnes du Cuchivano, près de Cumanacoa, et par conséquent peu éloignées de Caripe, on n'a point encore découvert des oiseaux de la même espèce.

Le *Guacharo* forme non seulement un nouveau genre, il est aussi le seul oiseau nocturne que l'on connoisse dans la famille des Passereaux dentirostres établie par M. Cuvier. Il se rapproche par ses mœurs, mais non par sa forme, à la fois de l'Engoulevent et du Choucas des Alpes, qui nichent souvent dans les fentes des rochers. Je suivrai, dans ce mémoire, la même marche que j'ai adoptée dans la Monographie du plus grand des oiseaux de proie, le Condor des Andes. Je donnerai d'abord la description systématique de l'oiseau; je discuterai ensuite la place qu'il doit occuper, selon la disposition naturelle des genres, et je finirai en exposant tout ce qui a rapport à ses mœurs et à l'utilité dont il est pour les Indiens.

Les montagnes calcaires de la Nouvelle-Andalousie, dont la hauteur n'excède pas celles du Jura, ont été si peu visitées par les naturalistes, qu'avant le voyage que nous fîmes, M. Bonpland et moi, aux missions des Chaymas, au mois de septembre 1799, la caverne de Caripe étoit encore inconnue en Europe [1]. Le Guacharo, qui donne son nom à cette caverne [2], et à un groupe de montagnes [3] de 2000 mètres de hauteur, a la taille d'un coq, la gueule large des Engoulevents et le port de ces vautours, dont le bec crochu est entouré de pinceaux de soie très-roides. Son plumage est d'une couleur sombre, gris brunâtre, mélangée de petites stries et points noirs ; de grandes taches blanches en forme de cœur, et bordées de noir, marquent les plumes de la tête, comme les pennes de la queue et des ailes. Le dos de l'oiseau n'en offre aucune trace. Le bec est profondément fendu, comme dans l'Engoulevent et le Procnias, très-fort, dépourvu de cire, comprimé par les côtés, droit, crochu à son extrémité (plus que dans le Lanius), et marqué de chaque côté de deux incisions qui forment de petites dents. Il est entouré de poils roides et longs, qui, comme dans les Caprimulgus et dans plusieurs mammifères nocturnes, servent peut-être de tentacules. L'œil est grand et offusqué par la lumière du jour. La membrane triangulaire, qui réunit les deux branches de la mandibule inférieure, est mince et toute blanche. Les ailes sont formées de 17 à 18 pennes rameuses (*remiges*). Leurs pointes atteignent à peine le commencement de la queue ; cependant l'envergure totale de l'oiseau est de 3 pieds 6 pouces. La queue n'est pas fourchue ; elle est composée de 7 à 8 pennes rectrices, dont celles du milieu sont d'un tiers plus longues que les pennes latérales. Les tarses sont courts et entièrement dénués de plumes. Les pieds, d'une couleur gris-cendré, indiquent peu de force. Les ongles sont foiblement courbés et dépourvus de dentelures. Trois doigts sont dirigés en avant ; le quatrième l'est en arrière, et presque latéral.

---

[1] Les auteurs qui en ont parlé depuis n'ont pas visité la vallée de Caripe. Ils ont donné au Guacharo le nom de Caprimulgus, parce que, dans plusieurs de mes lettres, publiées pendant mon séjour à l'Orénoque, j'avois désigné préalablement cet oiseau sous le nom d'Engoulevent. Voyez *Dauxion Lavaysse*, *Voyage à la Trinité*, 1813, T. II, p. 233 ; mon Tableau géologique, dans le *Journal de Physique*, 1801, T. LIII, p. 57, et mes *Obs. astronomiques*, 1810, T. I, p. 296.

[2] *Cueva del Guacharo.*

[3] *Sierra del Guacharo.*

Les phalanges n'offrent aucun rudiment de membranes qui les réunissent. Les caractères que l'on peut tirer de la forme du bec sont très-importans pour assigner au Guacharo sa véritable place parmi les Passereaux. Le mâle ne diffère pas sensiblement de la femelle.

Je fais suivre ici la description systématique, d'après la terminologie de Linné. J'avois d'abord donné à ce nouveau genre le nom de Cymindis, qui, comme ceux de Ptynx et de Cychrame, désignent chez Aristote un oiseau nocturne. Mais le Cymindis étoit un oiseau de rapine [1], et j'ai préféré, à cause des mœurs du Guacharo, qui est indubitablement frugivore, un nom qui fait allusion à la graisse fluide que l'on tire du péritoine des jeunes oiseaux.

STEATORNIS.

Rostrum lateribus compressum, apice aduncum, mandibula superiore subbidentata, dente anteriori acutiori. Rictus amplus. Pedes breves, digitis fissis, unguibus integerrimis.

STEATORNIS *caripensis*, ex cinereo rufescens, maculis albis rhomboidalibus notatus.

Rostrum crassiusculùm, ex nigro rufescens, convexum, descendens, apice aduncum, nudum, pennis haud tectum. Mandibula superior subbidentata, dente anteriori majori. Mandibula inferior edentata, porrecta, plana, superiori brevior.

Nares magnæ, circa mediam longitudinem rostri sitæ, triangulares, haud tubulosæ. Cera nulla.

Vibrissæ ciliis rostro longioribus nigris, rigidis, ad faucis marginem exteriorem; quibusdam brevioribus, post apicem mandibulæ inferioris sitis.

Rictus amplissimus. Membrana mandibulæ inferioris crura tegens, plana, tenuis, nudiuscula, triangularis, alba.

Oculi magni, rotundi, laterales, cærulei.

Aures magnæ, plumis tectæ.

Lingua tenuis, acuta, integerrima, apicem versus in membranam dilatata, rostro brevior.

Caput vertice depressum. Capistrum, orbitæ et genæ concolores, ex rufo cinerascentes; pileo, collari, *pectore* et *abdomine* rufis, singula *penna* 1-3 maculis

[1] *Ilias, lib.* XIV, v. 291. *Arist., Animalia, l.* 10, c. 12. *Plin.,* X, 10. Sur le Chalcis ou Cymindis, voyez les recherches savantes de M. Schneider dans son *édition d'Aristote,* T. IV, p. 92.

ocellatis albis rhomboidalibus , inferne nigro-marginatis notata. In *axillis* et *hypochondriis* maculæ albæ, frequentiores, latiores.

Dorsum totum ex cinereo fuscescens, striis et punctis nigrescentibus variegatum , maculis albis carens.

Alæ apice caudam attingentes. *Tectrices* sextupli serie dispositæ, dorso concolores, excepta serie intermedia, cujus pennæ singulæ macula unica alba cordata notatæ sunt. In quacunque serie tectrices 12-13, apice rotundatæ.

Remiges 17-18, dorso concolores, rhachi nigra, primoribus quatuor $\frac{1}{4}$ longioribus quam alteræ, maculis sparsis minoribus insignitis. Remiges intermediæ (octava, nona et decima), latere exteriori ocellis maximis albis subrotundis pictæ. Alæ subtus cinerascentes albidiores. Alularum pennæ 3, rigidiusculæ, concolores, excepta penna exteriori, quæ bimaculata.

Cauda cuneata, pedibus duplo longior, rectricibus 7-8. Pennæ intermediæ æquales, lateralibus $\frac{1}{8}$ longiores, dorso concolores. Pennæ laterales duæ breviores, externe ocellis 4-5 albis rhomboidalibus notatæ.

Pedes breves, graciles. Femora subnuda, paucissimis pennis tecta, carnosa. *Tibiæ* tendinosæ, cum digitis ex albo cinerascentibus. *Digiti* omnes fissi, quorum tres anteriores , quarto postico sublaterali triplo longiores. *Ungues* acuti, subadunci, integerrimi nigri.

Hauteur de l'oiseau assis, 11 pouces.
Longueur, depuis le sommet de la tête jusqu'à l'extrémité de la queue, 21 pouces.
Partie du bec dénuée de plumes, 1 pouce 2 lignes.
Longueur des remiges, 14 pouces.
Longueur des rectrices, 8 pouces.

Le seul genre d'oiseaux nocturnes auquel on puisse être tenté de rapporter le Guacharo , est celui des Engoulevens. L'habitude de se cacher pendant le jour, la couleur du plumage et le bec fendu jusqu'au-delà des yeux , sont communs au Guacharo et au Caprimulgus; ces rapports sont les seuls que ces oiseaux présentent. Ils diffèrent d'ailleurs par tous les caractères qui ont servi jusqu'à ce jour aux Ornithologues à constituer des genrès. Le Caprimulgus a le bec extraordinairement petit, horizontalement aplati, presque caché sous les plumes qui couvrent la face , et dépourvu de dentelures. Le Guacharo se distingue au contraire par un bec très-grand, nu jusqu'à la base, et garni par dessous de deux dents qui sont éloignées l'une de l'autre. Les narines du Caprimulgus sont deux tubes divergens situés sur la base du bec ; celles du Guacharo sont placées vers le milieu; elles sont triangulaires et nues. Dans le Caprimulgus, les doigts du pied sont réunis par une membrane, le long des premières phalanges. Le Guacharo, au contraire, a les doigts fendus comme les oiseaux de proie nocturnes, dont il diffère d'ailleurs entièrement par la forme des ongles, qui sont à peine arqués. La même planche présente le pied de l'Engoulevent d'Europe, que j'ai copié sur un dessin de M. Cuvier, et le pied du Guacharo que j'ai dessiné sur les lieux. Il est intéressant de comparer, dans les passereaux, la force du bec à la foiblesse des pieds. Ce contraste si remarquable se retrouve dans le Guacharo comme dans le Corbeau et le Cephalopterus, décrit récemment par M. Geoffroi de Saint-Hilaire. Je n'insisterai pas sur la dentelure du doigt du milieu, parce qu'elle manque au Caprimulgus grandis de Cayenne et aux espèces d'Afrique figurées par M. Levaillant [1]. La forme de la tête est beaucoup plus aplatie dans l'Engoulevent que dans le Guacharo. Leur physionomie diffère essentiellement, et certes, dans aucune langue, le nom de Crapaud volant n'auroit été donné au Steatornis. Le Caprimulgus a un petit cri plaintif qu'il fait entendre assez rarement; le Guacharo a la voix rauque et aiguë comme le Corbeau et la Pie-grièche, ce qui prouve une grande différence dans la conformation du larynx. Le Caprimulgus se nourrit d'insectes, de lepidoptères et de coleoptères lamellicornes. Le Guacharo, au contraire, recherche des fruits très-durs, comme font plusieurs espèces de corbeaux, par exemple le Corvus glandarius, et le C. cariocatactes ou Casse-noix. L'organisation des becs feroit deviner ces différences dans les mœurs, lors même que l'on ne connoîtroit pas la nourriture du Guacharo, par le nombre de fruits durs et de péricarpes osseux qui sont disséminés dans la caverne de Caripe, et que l'on trouve dans le jabot des petits lorsqu'on les tue.

Ces observations suffisent sans doute pour prouver que, d'après son organisation et son régime, le Guacharo de la caverne de Caripe diffère autant du Caprimulgus que celui-ci des oiseaux de proie nocturnes. Le Guacharo, par la forme de son corps, le volume de sa voix extraordinairement aiguë, sa nourriture, sa prédilection pour les grottes et les rochers, se rapproche plutôt du Choucas des Alpes, Corvus Pyrrhocorax, que M. Labillardière a retrouvé sur le sommet du Liban, et que l'on désigne aussi sous le nom de Corbeau de nuit. On seroit presque tenté de dire que c'est un Choucas ou Pyrrhocorax nocturne, qui a le plumage des Engoulevents. Mais dans une classification qui se fonde sur la

---

[1] *Oiseaux d'Afrique*, n.ºˢ 47 et 49.

structure du bec et des doigts du pied, le Guacharo doit être placé également loin des Engoulevens et des Choucas, parmi les Passereaux dentirostres, où nous trouvons déjà le genre Procnias, qui a également le bec fendu jusqu'à l'œil [1]. Lorsqu'on réfléchit sur l'affinité entre Procnias et Hirundo, de même que sur la direction du pouce dans le Guacharo et les Martinets [2], on reconnoît avec satisfaction l'enchaînement de plusieurs groupes qui paroissent, au premier abord, assez éloignés les uns des autres.

Le Guacharo fuit la clarté du jour, ses grands yeux en sont éblouis. Il sort pendant la nuit, surtout d'abord après le coucher du soleil, quoique le crépuscule soit presque nul sous cette latitude. Buffon [3] observe que, dans nos climats, les oiseaux que l'on appelle nocturnes sont plutôt des *oiseaux de crépuscule*, et qu'ils ne chassent guère dans des nuits très-obscures. Cette observation très-juste avoit déjà été consignée par Aristote, dans le neuvième livre de son histoire des animaux [4] : elle se trouve confirmée dans le Nouveau-Monde, par les habitudes des Guacharos. Les Indiens Chaymas m'ont affirmé que, dans ces régions montueuses, on les rencontroit surtout par un beau clair de lune; et ce fait doit nous étonner d'autant moins, que la clarté de la lune même, à l'époque de son opposition, est encore 300,000 fois plus foible que la lumière du soleil. D'ailleurs les oiseaux dont les yeux offrent en général des modifications si diverses dans l'organisation du peigne ou de la bourse noire, dans la transparence plus ou moins grande de la membrane clignotante et le mouvement presque spontané de l'iris, peuvent s'habituer à des alternatives bien brusques de lumière et d'obscurité. On a vu des chouettes chasser en plein jour; et beaucoup d'oiseaux qui ne sont pas nocturnes, couvent leurs œufs et nourrissent leurs petits, comme les rongeurs et les serpens, dans les plus grandes ténèbres. Je me bornerai à citer l'Hirondelle de rivage (Hirundo riparia), et la Corneille de nos Alpes (Corvus pyrrhocorax), qui, semblables au Guacharo de la caverne de Caripe, nichent dans des grottes souterraines [5].

[1] Ampelis carunculata, Gmelin; Hirundo viridis du Catalogue de M. Temminck.
[2] Cypselus, Illiger.
[3] *Histoire naturelle des Oiseaux*, T. VI, p. 517.
[4] *Hist. Animal.*, *Lib.* IX, c. 34.
[5] *Annales du Muséum d'Hist. nat.*, T. XVIII, p. 445.

RECHERCHES

SUR

LES POISSONS FLUVIATILES

DE L'AMÉRIQUE ÉQUINOXIALE;

PAR

MM. DE HUMBOLDT ET VALENCIENNES.

Dans l'état actuel de nos connoissances, les poissons qui habitent les rivières et les mares d'eau douce de la zone torride fixent, comme les coquilles terrestres et fluviatiles, l'attention des zoologues sous un double rapport. Ces animaux, incapables de traverser les bassins des mers, donnent aux continens et aux grandes îles, selon la distribution géographique des espèces, un caractère particulier : ils intéressent aussi l'histoire naturelle descriptive, parce qu'ils ont été jusqu'ici beaucoup plus négligés que les espèces des mêmes classes qui appartiennent à l'Océan ou qui se trouvent dans des eaux saumâtres à l'embouchure des fleuves.

Le catalogue des êtres vivans, publié par Gmelin, sous le nom de *Systema Naturæ* [1], renferme 400 mammifères, 2600 oiseaux, 345 reptiles et 826 poissons. Parmi ces derniers, il y en a 200 de fluviatiles, savoir 163 de la zone tempérée, et 37 de la zone torride. Par les travaux réunis des voyageurs et des naturalistes sédentaires, les richesses de nos collections se sont prodigieusement augmentées depuis trente ans; mais cette augmentation, loin d'être la même dans tous les groupes d'animaux, a été très-inégale dans les diverses régions du globe dont les unes sont restées presque inaccessibles, tandis que d'autres ont été habituellement parcourues. Nous connoissons aujourd'hui près de 500 espèces de mammifères, 4000 oiseaux [2], 700 reptiles et 2500 poissons:

---

[1] Pendant les années 1788-1790.

[2] M. Illiger, dans un travail sur la distribution géographique des oiseaux, en comptoit, en 1812, déjà 3800 espèces. (*Mém. de l'Académie de Berlin*, 1806, p. 236.) En comparant les dénombremens des espèces faits à différentes époques, on observe parmi les naturalistes deux tendances diamétralement opposées. Tantôt

cependant le nombre des poissons fluviatiles de la zone torride, rapportés en Europe, est encore si petit que la magnifique collection du Jardin des Plantes à Paris n'en compte que cent espèces sur un nombre total de 2000 poissons fluviatiles et pélagiques.

Quoiqu'on n'ait examiné jusqu'à ce jour qu'une très-petite partie des habitans des rivières situées entre les tropiques, on peut pourtant admettre que, par l'inégale répartition des terres et des mers sous les différentes zones, le nombre des poissons fluviatiles de la région tempérée excède, dans la nature, le nombre des poissons fluviatiles de la région équinoxiale. Une très-petite portion du continent de l'Asie s'étend au-delà du tropique du Cancer : l'archipel de l'Inde n'offre que les débris d'une terre engloutie dans les flots; et, si l'on divise en 1000 parties toute la surface des terres fermes équatoriales, on trouve que 114 parties appartiennent à l'Asie, 124 à la Nouvelle-Hollande et à l'archipel de l'Inde, 301 à l'Amérique et 461 à l'Afrique. Nous ne connoissons encore que les poissons de quelques rivières de l'Inde, du Brésil, de la Guyane et de l'Afrique occidentale. L'aridité de la Nouvelle-Hollande et de l'Afrique orientale, au sud du Niger, peut même faire croire que, bien que les terres comprises entre les tropiques soient dans l'ancien et le nouveau continent dans le rapport de 7 à 3, ce dernier continent n'est pas inférieur au premier par le nombre des espèces. Aucun zoologue instruit n'a encore décrit les poissons de l'Orénoque, de l'Amazone, du Paraguay et du Rio Grande de la Magdalena. Les observations ichthyologiques que j'ai réunies dans ce mémoire ne peuvent être considérées que comme des fragmens peu importans, en les comparant aux travaux immenses qui restent à faire sur cette partie de l'histoire naturelle. L'Amazone a un cours de 980 lieues de 20 au degré : c'est la double longueur du Gange. On peut exécuter, sur l'Amazone, le Rio Negro et l'Orénoque, une navigation non interrompue de 1400 lieues, sans sortir du domaine des établissemens monastiques et sans avoir d'autres difficultés à surmonter que le passage à travers le Pongo de Manseriche et les deux grandes Cataractes d'Atures et de Maypures [1]. J'ai insisté plusieurs fois dans mes écrits sur les

des espèces distinctes sont réunies comme synonymes, tantôt de simples variétés sont élevées au rang des espèces. Ces erreurs, presque également funestes, produisent une sorte de compensation numérique. Nous connoissons aujourd'hui près de 7700 animaux vertébrés, 44000 insectes et 40000 plantes phanérogames. Je développerai dans un autre endroit des vues générales sur les lois que l'on observe dans la distribution des formes organiques de la zone tempérée et de la zone torride.

[1] Nous avons fait, M. Bonpland et moi, en 75 jours, sur les cinq grandes rivières de l'Apure, de l'Orénoque, de l'Atabopo, du Rio Negro et du Cassiquiare, plus de 500 lieues en canot.

avantages que les cabinets de l'Europe tireront un jour de ce dédale de rivières, en faisant parcourir à des collecteurs habiles, dans des canots appropriés au transport des objets, la région du globe la plus riche en productions végétales et animales.

On pourroit croire que les fréquentes bifurcations des fleuves et les communications extraordinaires des eaux courantes sur une immense étendue de pays, s'opposent, dans l'Amérique du Sud, à la distribution variée des espèces. Le Cassiquiare, par exemple, forme une ligne navigable entre deux bassins de rivières (l'Amazone et l'Orénoque) dont l'*area* est de 190,000 lieues carrées. Cependant il s'en faut de beaucoup que, sur toute cette vaste surface de terrain, les poissons fluviatiles soient les mêmes. La température, la profondeur et la vitesse des eaux, leur limpidité, leurs propriétés chimiques, le lit des fleuves, tantôt vaseux, tantôt rempli d'écueils, influent puissamment sur l'organisation animale. L'Orénoque, entre les 4° et 8° de latitude, a généralement une température de 27°,5 et 29°,5 du thermomètre centigrade : la fraîcheur des eaux du Rio Negro, au contraire, égale, sous l'équateur, celle du Rio Congo. Je l'ai trouvée constamment au-dessous de 24°. Parmi les affluens de l'Orénoque et de l'Amazone, il y a des eaux *noires* et des eaux *blanches*, et j'ai développé, dans un autre ouvrage [1], comment les crocodiles, plusieurs reptiles, et même les insectes tipulaires fuient ces eaux que le peuple appelle noires (*aguas negras*), quoiqu'elles ne soient que brunâtres par *réflexion* et foiblement jaunâtres par *transmission*. Mais ce qui caractérise le plus le Nouveau-Continent, c'est l'influence de la configuration du sol sur la variété des productions. Les rives de l'Amazone, là où je les ai visitées dans la province de Jaen de Bracamoros, au pied des Andes de Loxa, ont déjà 200 toises de hauteur au-dessus du niveau de l'Océan ; mais une autre rivière très-considérable, le Rio Cauca, conserve, dans une partie de son cours entre Carthago et Buga, une hauteur absolue de 500 toises. A cette élévation, on ne trouve en Europe que des ruisseaux ou des mares d'eau stagnante. Pour faire mieux sentir les contrastes qu'offrent nos climats avec la partie équinoxiale de l'Amérique, je vais rapporter ici les observations d'un savant qui réunit aux connoissances variées du naturaliste les grandes vues du physicien et du géologue. M. Ramond a bien voulu me communiquer ce que son long séjour dans la chaîne des Pyrénées lui a fait recueillir de plus certain.

«Les truites sont, dit-il, les seuls poissons que j'aie observés dans les lieux élevés. Voici les points les plus remarquables :

[1] *Voyez* ma *Relat. histor.*, Tom. II, p. 336, 403.

1.º *La truite saumonnée* (Salmo Trutta) habite les eaux inférieures tant courantes que dormantes. On la pêche dans le Gave, depuis Lourdes, à 230 toises au-dessus du niveau de la mer, jusqu'au lac de Gaube, situé entre Cantères et la montagne de Vignemale, à une hauteur que j'ai trouvée de 917 toises. Elle y est mêlée avec l'espèce suivante :

2.º *La truite commune* (Salmo Fario). On la pêche en abondance dans tous les lacs jusqu'à la limite d'environ 1170 toises. Je citerai pour exemple les suivans : .

Lac de Liéou, entre le Pic du Midi et la vallée de Bagnères,
élévation........ .... 1032ᵗ·

Lac d'Escoubous, au-dessus de Barège .... 1053ᵗ·

3.º *La truite des Alpes*, ou *truite noire* (*Salmo alpinus?*). Cette espèce habite des eaux encore plus élevées. On la trouve notamment dans le lieu suivant :

Lac noir au-dessus de celui d'Escoubous; élévation............. 1162ᵗ·
C'est de la couleur de ces truites que le lac tire son nom.

Le lac d'Oncet, au pied du Pic du Midi, n'en contient point.
Son élévation est de .... 1187ᵗ·
mais on y trouve en abondance des Salamandres aquatiques; et, quant à ces dernières, je crois qu'elles disparoissent à une plus grande élévation. Je ne me rappelle pas en avoir aperçu dans le lac du Mont-Perdu, dont l'élévation est
de.... .... 1292ᵗ·

« Les Hautes-Pyrénées renferment un très-grand nombre de lacs dont la hauteur absolue excède celle du lac d'Oncet; élévation où l'on ne rencontre plus de poissons. La seule région de Néouvielle présente 13 lacs par étages, et dont le dernier est placé immédiatement au pied du grand pic. Ce sont des amas d'eau qui ont souvent plusieurs centaines d'arpens de superficie, et une profondeur considérable. J'ai plusieurs fois plongé le thermomètre dans ces eaux. Les observations que j'ai faites sont du nombre de celles que j'ai perdues; mais elles ne suffiroient pas pour conclure la température moyenne des lacs où le poisson cesse d'exister. Je réduis toutes mes observations à une seule fort simple et qui n'a rien de scientifique : je n'ai jamais vu de poissons dans les lacs dont la surface est glacée en entier durant cinq ou six mois de l'année. Le lac d'Oncet est gelé environ six mois; le lac du Mont-Perdu l'est environ neuf mois; les lacs supérieurs de Néouvielle ne dégèlent que durant un mois ou deux : il y en a même un qui ne dégèle pas tous les ans, et que je n'ai vu débarrassé de glace qu'une seule fois en plusieurs années. Il est tout simple que les poissons ne puissent vivre dans des eaux où ils seroient privés trop long-temps de l'influence de l'air atmosphérique. »

« Voilà ce que j'ai vu dans les Hautes-Pyrénées. La partie orientale de la chaîne, plus voisine de la Méditerranée, moins haute et placée à une latitude un peu plus méridionale, n'offriroit peut-être pas précisément les mêmes limites, mais elle nous fournit un fait très-curieux rapporté par Le Monnier et recueilli par M. de Lacépède, dans son article *Salmone truite*. A 300 toises environ au-dessous du sommet du Canigou, c'est-à-dire 1140 toises au-dessus de la mer, se trouve un lac plein d'eau en été et sec vers l'équinoxe d'automne. Il est peuplé de truites durant la saison où il se remplit; elles disparoissent quand il se dessèche, et reparoissent quand l'eau y revient. Il me paroît évident que le poisson se réfugie dans des réservoirs intérieurs où la température est plus élevée, et cette circonstance expliqueroit sa présence, même s'il se trouvoit à une plus grande élévation. Il résulte de l'ensemble de mes observations que, dans la haute chaîne des Pyrénées, on trouve des poissons jusqu'à l'élévation de 1170 toises, et qu'au-dessus il n'y en a plus. »

Nous venons de voir, d'après les belles recherches de M. Ramond, quel est le *maximum* de hauteur auquel on rencontre des poissons sous la zone tempérée boréale, par les $42°\frac{1}{2}$ à 43° de latitude, où la température moyenne des plaines est de 15° à 16° du thermomètre centigrade. Si les eaux des Cordillères équatoriales nourrissoient les mêmes espèces de poissons que les eaux des Pyrénées, il est probable que le phénomène que nous discutons ici ne seroit modifié, dans ces régions éloignées, que par la distance à laquelle se trouvent situés les lacs alpins de la *ligne isotherme zéro*, c'est-à-dire d'une couche d'air dont la température moyenne est le point de la congélation. Or, cette ligne est, selon mes recherches [1], de plus de 1300 toises plus élevée sur le dos des Andes de Quito que dans la chaîne des Pyrénées. Il s'en faut de beaucoup que la différence des hauteurs auxquelles on cesse de trouver des poissons sous les zones tempérées et équatoriales soit aussi considérable. Aucune espèce du genre Salmo n'habite les Andes que j'ai parcourues : les derniers poissons que l'on y rencontre dans les ruisseaux et les lacs, à 1400 et 1600 toises de hauteur, sont des Pœcilies, des Pimelodes et deux genres d'une forme bizarre [2]

---

[1] *De la distribution de la chaleur sur le globe*, p. 122-136.

[2] *Voyez* plus haut, Tom. I, p. 17, Pl. VI et VII. (Lisez dans ce mémoire, p. 17, ligne 2, *mètres* pour toises ; p. 18, ligne 23, lisez 4 barbillons au lieu de 6.)

que j'ai décrits sous les noms d'Eremophilus et d'Astroblepus. Ce sont, pour ainsi dire, des Loches (Cobitis) apodes, des types de nouvelles familles aussi peu connus aux naturalistes de l'Europe que le sont jusqu'à ce jour la plupart des productions animales et végétales des hautes Cordillères. A 1800 ou 1900 toises de hauteur, les lacs alpins, sous l'équateur, ne renferment plus de poissons; car je fais abstraction ici des *Preñadillas* [1] qui, dans les tremblemens de terre qu'on observe constamment avant les éruptions du Cotopaxi et du Tunguragua, sont jetés par milliers, morts et enveloppés d'une boue argileuse, par des crevasses qui se trouvent à plus de 2500 toises d'élévation. Ces poissons vivent dans des bassins souterrains, et les indigènes ont observé depuis long-temps qu'entre Otavalo et San Pablo, par exemple dans le *Desague de Peguchi*, on ne peut les pêcher que par des nuits très-obscures. Les *Preñadillas* ne sortent pas des cavernes du volcan d'Imbaburu tant que la lune est sur l'horizon.

On ne sauroit attribuer, dans les Andes équatoriales, la disparition totale des poissons à 1800 ou 1900 toises de hauteur, aux glaces qui couvrent les lacs. L'air, à cette élévation, a encore une température moyenne de + 9°,5. Dans les Pyrénées, il règne probablement, à 1200 toises de hauteur, là où se trouvent les dernières truites, une température moyenne de + 1° à + 1°,3, et M. Ramond y a vu les lacs gelés pendant plus de six mois de l'année, tandis que la Laguna de Mica [2], dans le plateau de l'Antisana, à l'est de Quito (plateau habité à 2100 toises d'élévation), est libre de glaces presque dans toutes les saisons. L'extinction, ou plutôt la cessation de la vie animale dans les eaux des hautes régions, ne tient pas partout à de simples circonstances climatériques; et les causes qui ont restreint chaque espèce dans des limites plus ou moins étroites, sont couvertes de ce voile impénétrable qui cache à nos yeux tout ce qui a rapport à l'origine des choses, au premier développement des êtres organisés.

«On me demande, dit le célèbre historien des Pyrénées [3], d'où viennent ces poissons confinés dans les lacs supérieurs, et s'ils ont pu y arriver en remontant les ruisseaux, les torrens, les cascades qui s'en échappent? Dans plusieurs localités, cela se peut; dans plusieurs autres, c'est difficile à concevoir, à moins que l'on n'admette que la configuration des terrains a pu changer, que des amas d'eau, actuellement séparés, ont pu être réunis et continus, que les ruisseaux ont

---

[1] Pimelodes Cyclopum, *l. c.*, p. 21.

[2] *Voyez* le plan topographique que j'ai levé de ce plateau dans l'*Altas géogr. de la Relat. hist.*, Pl. xxvi.

[3] Note manuscrite de M. le baron Ramond.

pu avoir plus de volume, que tels obstacles, opposés aujourd'hui à leur cours, pouvoient ne pas exister à l'époque de la migration primitive de ces habitans des eaux. Mais j'attache peu d'importance, ajoute-t-il, à ces solutions hypothétiques, et je demanderai à mon tour d'où viennent les truites de nos rivières, comment elles ont sauté, des fleuves qui tombent dans l'Océan, dans ceux qui se déchargent dans la Méditerranée ou la Mer Noire. Il n'est pas plus aisé de se figurer une création limitée à un seul point, qu'une création embrassant à la fois tous les lieux semblablement disposés. Les végétations spéciales du cap de Bonne-Espérance, de la Nouvelle-Hollande, de Madagascar et de l'Amérique méridionale, les quadrupèdes, les amphibies spécialement affectés à certains lieux, ne déposent-ils pas plus hautement que les traditions et les systèmes en faveur de la seconde opinion? Dans l'état actuel de nos connoissances, n'est-il pas plus raisonnable de croire qu'au moment où la puissance créatrice s'est manifestée sur notre planète, elle a répandu à la fois, dans toutes ses parties, des types dont l'organisation est assortie à la condition physique de chaque localité. »

Les *formations d'eau douce* qui couvrent des terrains d'une étendue considérable prouvent sans doute que d'immenses lacs intérieurs ont pu faciliter jadis le passage des poissons et des plantes aquatiques d'une rivière à une autre rivière; mais comment l'Aldrovanda du Rhône est-elle parvenue à travers la crête des Alpes dans le bassin du Pô [1]? Plus on étudie la distribution des êtres organisés, et plus on est porté, sinon à renoncer à ces idées de migration, du moins à ne pas les considérer comme des hypothèses satisfaisantes, lorsqu'il s'agit de la première apparition de la vie animale et végétale sur le globe. C'est par des migrations sans doute que plusieurs parties de la terre ont été repeuplées, quand des inondations ou des bouleversemens partiels avoient éteint les germes de la vie organique; mais ces migrations ne nous expliquent point l'existence des Gobies fluviatiles dans les îles volcaniques de la mer du Sud [2], des Pimelodes et des Éremophiles dans les plateaux de la Nouvelle-Grenade, de ces touffes de Befaria, d'Andromèdes et d'Aralia qui couronnent, à plus de deux cents lieues de distance, au milieu de l'Océan aérien, les sommets isolés des Cordillères [3].

[1] *Voyez*, article sur la Géographie des Plantes que M. de Candolle a inséré dans le *Dict. des Sciences naturelles*, Tom. XVIII, p. 406.

[2] Gobius ocellaris, Brousson. Existe-t-il des poissons d'eau douce dans une des îles Açores? La *Faune* et la *Flore* de cet archipel isolé pourroient offrir le plus grand intérêt pour l'étude de la distribution primitive des espèces.

[3] *Voyez* ma *Relat. hist.*, Tom. I, p. 602.

Quoique le but principal de ce mémoire soit la description des poissons d'eau douce, j'y ai cependant ajouté quelques dessins de poissons de mer. J'ai voulu renfermer dans un même travail le peu d'observations ichthyologiques qui se trouvent consignées dans mon journal. Tout ce qui est en latin et marqué par des guillemets est copié textuellement de notes prises sur les lieux. Je ne me suis jamais permis de compléter les diagnoses et de préciser ce qui pourroit paroître vague ou impropre dans l'indication des caractères. Il y a quelque chose de naïf et de vrai dans tout ce que l'on écrit à la première vue des objets, et j'aime mieux m'exposer au reproche de n'avoir pas bien compté les dents ou les rayons des nageoires pectorales, que de rectifier mes descriptions d'après l'étude des espèces analogues. Il est des voyageurs qui, croyant reconnoître dans les collections d'Europe tous les objets qu'ils prétendent avoir vus dans des pays lointains, enrichissent leurs ouvrages de figures d'animaux qui appartiennent souvent à des localités entièrement différentes. Il faut se méfier de ces *souvenirs* des voyageurs comme des *souvenirs* des peintres paysagistes. Je n'ai point voulu retoucher mes dessins, lors même que je me suis aperçu, pendant la rédaction de mon mémoire, que le trait n'étoit pas tout-à-fait conforme à la diagnose. Je pense que, dans ce cas, la diagnose mérite plus de confiance. J'ai l'habitude de dessiner plus rapidement que je ne décris, et les diagnoses ont généralement été faites sur un grand nombre d'individus réunis. La nomenclature que j'ai employée est celle de la *Philosophia ichthyologica* de Gouan. En examinant mes descriptions, le lecteur voudra bien se rappeler qu'à l'époque de mon voyage, le premier naturaliste de notre siècle, M. Cuvier, n'avoit point encore publié son admirable travail sur la classification des poissons. Si d'ailleurs ces fragmens ichthyologiques méritent l'attention des savans, ils doivent cet avantage aux notes de M. Valenciennes, aide naturaliste au Muséum d'histoire naturelle à Paris, dont l'amitié et les connoissances étendues dans toutes les branches de zoologie m'ont été si utiles. Ces notes sont placées entre deux parenthèses pour les distinguer de l'extrait de mon journal.

Je réunirai dans un autre mémoire tous les renseignemens que j'ai recueillis sur différentes espèces de mammifères, d'oiseaux et de reptiles qui habitent les plaines et les Cordillères de la zone torride, depuis le niveau de l'Océan jusqu'à 2500 toises d'élévation. Je les publierai tels que je les trouve consignés dans mon journal. Je n'ignore pas que des descriptions et des dessins qui n'ont point été faits à la vue des collections de l'Europe, mais le plus souvent en plein air, dans un canot, sont de nos jours regardés avec dédain par un grand nombre de naturalistes sédentaires. Ce dédain n'est pas fait pour encourager les voyageurs à observer la nature, ni pour les consoler des peines et des privations qu'ils ont endurées. La description d'un poisson récemment pêché dans une rivière peut quelquefois, ce me semble, être aussi exacte que la description d'un poisson tiré d'un bocal rempli d'alcohol. La précision du travail dépend de la sagacité de l'observateur et de l'habitude qu'il a de saisir rapidement les caractères distinctifs. Le voyageur est réduit à décrire chaque objet isolément; le naturaliste sédentaire a le grand avantage de consulter des livres, de réunir et de comparer, dans son cabinet, les espèces analogues. Personne n'est plus disposé que moi à reconnoître la supériorité de la plupart des diagnoses faites en Europe par les zoologistes classificateurs, mais j'ai de la peine à me persuader que des descriptions faites sur les lieux même ne puissent être de quelque prix. Le Condor et même de grands mammifères auroient été exclus pendant des siècles de nos catalogues d'animaux, s'il falloit négliger toutes les espèces dont les squelettes ou les dépouilles ne se trouvent point dans nos collections. En restreignant le travail du voyageur aux occupations manuelles du collecteur, on détermineroit les gouvernemens à ne plus faire accompagner leurs expéditions par des naturalistes instruits. Malgré le prix que j'attache aux plantes sèches de nos herbiers et aux peaux bourrées de nos cabinets, je pense pourtant que ceux qui parcourent les forêts et les rivières de la zone torride sont capables de recueillir, sur la physiologie végétale, sur le port des plantes, sur l'insertion et le développement progressif des organes, sur la forme et la couleur des animaux, sur les dimensions qu'ils acquièrent, sur les mœurs qui les distinguent, des observations dont le naturaliste sédentaire peut tirer parti dans ses travaux d'un intérêt plus général. On m'accusera peut-être de quelque partialité en me voyant prendre la défense des voyageurs; mais comment éviter ce reproche dans une carrière que je n'ai point encore abandonnée, qui m'a laissé un souvenir profond de ses délices, et à laquelle seule je dois la bienveillance dont le public honore mes travaux. C'est un grand avantage de pouvoir vérifier les diagnoses, dans nos cabinets, sur les objets même: mais le voyageur conserve plus facilement les descriptions que les objets; et, dans de longs voyages de terre, il est souvent dans l'impossibilité physique de rapporter ce qu'il a recueilli. Les descriptions de Don Felix de Azzara, les dessins de Marcgrav, de Plumier et de Commerson ont contribué sans doute à étendre la sphère de nos connoissances zoologiques.

LE GUAPUCHA DE BOGOTA.

PŒCILIA BOGOTENSIS, ex viridi flavescens, fascia longitudinali argentea, cauda bifida.

«*Guapucha* (secundum Syst. Lin. ex ordine Abdominalium), corpore 3-4 unciali, compresso, ovato-oblongo, ex viridi flavescente; fascia laterali argentea; maxilla superiore planiuscula, labio inferiore longiore, intumescente; cauda bifida; squamis laxis; membrana branchiostega radiis constanter quinque. Dentes plurimi in utroque labio, acutissimi, in lingua nulla. »

D. 9. P. 8. V. 6. A. 14. C. 24.

«Pinnæ pectorales et ventrales minimæ angustatæ, acuminatæ. Pinna dorsalis remota, anali subopposita. »

Le *Guapucha* du plateau de Bogota, Pl. xlv, fig. 1. (presque $\frac{2}{3}$ de la grandeur naturelle du poisson.)

Lorsque je dessinai ce poisson à Santa-Fe de Bogota (en juillet 1801), dans la maison de M. Mutis, je le pris pour une Atherine de Linné, genre de poissons à nageoire dorsale double ou simple, qui ont des dents nombreuses, la mâchoire supérieure aplatie, le corps comprimé et orné d'une bande argentée, et dont une espèce (Atherina Menidia de la Caroline) habite les eaux douces. Comme Gmelin donne 6 rayons aux ouïes des Atherines, j'examinai un grand nombre d'individus; et, ne trouvant dans le *Guapucha* constamment que 5 rayons, je consignai sur mon journal l'observation de Gouan [1] d'après laquelle la mâchoire branchiostège des Atherines de Linné varie de 4 à 6 rayons.

D'après le système des ichthyologues modernes, le *Guapucha* appartient aux *Malacopterygiens abdominaux*, l'Atherina aux *Acanthoptérigiens* de la famille des Persèques. La première est une Pœcilie de Schneider, petit genre voisin des Fundules et des Cyprinodons de M. de Lacépède et du genre Lebias établi par M. Cuvier.

La vessie natatoire du *Guapucha* est double. Celle de devant est oviforme

---

[1] *Hist. piscium*, p. 190.

et comme tronquée à une des extrémités : celle de derrière, 2-3 fois plus grande, est marquée longitudinalement de quatre stries blanches. En soumettant à l'analyse chimique l'air recueilli dans un grand nombre de vessies, j'y ai trouvé 0.04 d'acide carbonique, 0.03 d'oxygène et 0.93 d'azote. Quoique cette analyse ait été faite par le gaz nitreux dans le tube eudiométrique de Fontana et non dans un vase très-large, d'après la méthode de M. Gay-Lussac [1], on peut en regarder les résultats comme suffisamment exacts, l'air atmosphérique (à 0.21 d'oxygène) ayant été analysé en même temps, dans le même appareil et sur la même eau [2].

Le *Guapucha* habite, et peut-être exclusivement, à 1360 toises de hauteur au-dessus du niveau de la mer, les eaux froides de la petite rivière de Bogota qui parcourt le plateau de Santa-Fe et se précipite par le fameux Salto de Tequendama, en mêlant ses eaux, sous le nom de Rio Tocayma, à celles du Magdalena. La température du Rio Bogota m'a paru généralement de 12° à 15° cent.

———

[Le *Guapucha*, que M. de Humboldt a observé et dessiné à Santa-Fe de Bogota, doit être classé dans la famille des Pœcilies. M. Cuvier a divisé ce genre de Schneider en Pœcilies et en Lebias, et en a rapproché les Cyprinodons. Ces trois genres forment une famille très-naturelle. Voici les caractères que M. Cuvier leur a assignés :

Les *Pœcilies* ont trois rayons aux branchies, et les mâchoires aplaties horizontalement, garnies d'une rangée de petites dents fines et pointues.

Les *Lebias* ont cinq rayons aux branchies, et les mâchoires garnies de dents sur un seul rang, mais dentelées à leur bord libre.

Les *Cyprinodons* ont la membrane branchiostège soutenue par quatre rayons, et les dents fines en velours, ayant en avant une rangée de dents plus fortes et crochues.

Lorsque j'ai voulu déterminer le poisson que M. de Humboldt a décrit dans son voyage, j'ai été obligé d'examiner avec soin les espèces rapportées à ces trois

---

[1] L'extrême précision de cette méthode, qu'on ne pourroit assez recommander aux voyageurs, a été prouvée par des analyses des mêmes mélanges de gaz que nous avons faites simultanément, M. Gay-Lussac par le gaz nitreux, et moi par le gaz hydrogène. *Mém. de la Soc. d'Arcueil*, Tom. II, pag. 214. L'emploi d'un électrophore que nécessite l'eudiomètre d'ailleurs si exact de Volta, est très-embarrassant sur mer et dans l'air humide des régions équinoxiales.

[2] Comparez plus haut mes expériences sur la respiration des jeunes crocodiles, Tom. I, p. 256.

différens genres et classées dans la belle et riche collection du Muséum d'histoire naturelle. Cet examen m'a mis à même de rendre plus précis les caractères génériques fixés par M. Cuvier, parce qu'à l'époque où il a publié le *Régne animal*, ce savant n'avoit à sa disposition qu'un individu du genre Pœcilie, rapporté de Surinam par M. Le Vaillant. Cet individu, conservé depuis un grand nombre d'années dans l'alcohol, est défectueux; mais dans plusieurs individus d'une autre espèce rapportés récemment du Brésil par M. Delalande, j'ai pu observer facilement les cinq rayons qui soutiennent la membrane branchiostège. Les autres caractères des espèces non décrites s'accordent parfaitement avec ceux qui ont été assignés aux Pœcilies par le savant auteur du *Régne animal*; de sorte que le caractère de ce genre devra être modifié par la présence de cinq rayons aux branchies. Le *Guapucha* est donc une espèce nouvelle de Pœcilie; mais, pour mieux faire sentir ses rapports avec les espèces de poissons qui l'avoisinent, je vais en donner ici la description et les figures.

G^{RE} POECILIE.

Les Pœcilies sont de petits poissons des eaux douces de l'Amérique équinoxiale. La forme de leur tête déprimée de manière à ce que le museau ait la figure d'un coin, rend leur aspect remarquable et facile à reconnoître à la première vue. Caractérisées par le nombre *cinq* de leurs rayons branchiostèges, les Pœcilies sont maintenant très-distinctes des espèces de poissons que Schneider réunissoit sous cette dénomination générique [1]. Cet ichthyologiste célèbre leur donne pour caractère l'opposition de la nageoire dorsale à celle de l'anus et la présence des dents aux mâchoires. Mais cette position relative de ces deux nageoires n'est pas exclusive, comme nous le verrons bientôt; elle réunissoit, dans un même genre, des poissons de forme générale très-différente, et dont le nombre des rayons branchiostèges s'élève de 4 à 6. La forme des dents varie aussi dans les Pœcilies de Schneider; mais elle est constante pour chaque genre que M. Cuvier a établi; elle change en même temps que le nombre des rayons qui supportent la membrane branchiostège.

La première espèce que Schneider a décrite, a été nommée Pœcilia vivipara. Si le nombre des rayons branchiostèges a été noté exactement, cette espèce ne pourroit pas être placée dans le genre que nous établissons avec le caractère

---

[1] Schn., éd. de Bloch, p. 452.

distinctif de cinq rayons aux branchies. Cependant, en examinant avec soin la forme de la tête et du corps en général (*Syst. Icht.*, Pl. LXXXVI, fig. 2), il est impossible de n'être pas frappé de sa grande ressemblance avec les espèces nouvelles que je vais décrire. Je crois donc qu'il est convenable de fixer l'attention des naturalistes sur cet objet, parce que, ces poissons étant très-petits, les observations doivent être faites sur un grand nombre d'individus et avec un soin extrême. Si le nombre des rayons indiqués est faux (de 5 au lieu de 6), comme je suis porté à le croire, alors ce poisson conservera sa place parmi les Pœcilies. Les bandes brunes et transversales du corps et la queue fourchue sont les caractères par lesquels on le distinguera du Pœcilia surinamensis et du P. unimaculata. L'espèce décrite par M. de Humboldt est suffisamment distincte par la belle bande argentée qui orne ses flancs. D'ailleurs l'épithète de vivipara ne convient pas exclusivement à la Pœcilie à laquelle on l'a donnée. Les deux espèces que j'ai sous les yeux sont également vivipares. Le *Guapucha* l'est-il aussi? C'est ce que les voyageurs devront observer. Mais ce nouveau rapport de conformation entre le poisson décrit par Schneider et ceux que je rapporte au genre Pœcilie, est encore un motif de plus pour croire à l'identité générique de ces espèces. Celles que Schneider a décrites sous les numéros suivans appartiennent à d'autres genres que je caractériserai dans ce mémoire; c'est alors aussi que j'en discuterai la synonymie.

A la forme déprimée de la tête des Pœcilies se joignent encore d'autres caractères communs à toutes ces petites espèces. Leur corps est comprimé, couvert d'écailles assez grandes. La tête et les préopercules en sont également revêtus : les opercules même sont nus ; ils n'ont ni épines ni dentelures. L'abdomen est très-grossi par la quantité d'œufs dont il est rempli au moment de la fécondation. Ces œufs ont à cette époque une ligne de diamètre, et le petit fœtus, prêt à sortir, y est tout formé et très-visible sous les membranes qui le protègent. La bouche est petite, fendue horizontalement et protractile. La mâchoire inférieure est plus avancée que la supérieure; toutes deux sont munies d'une seule rangée de dents pointues, fines et très-serrées l'une contre l'autre. Les yeux sont grands, latéraux ; et, au-dessus d'eux et un peu en avant, les narines s'ouvrent par un petit trou arrondi. La nageoire dorsale est placée sur la partie postérieure du dos et opposée à l'anale; les autres sont petites, et celle de la queue paroît varier de forme, suivant les espèces. La ligne latérale est très-foiblement marquée et ne se laisse apercevoir que dans sa moitié antérieure.

Dans les individus du Pœcilia unimaculata que j'ai ouverts, je n'ai pu voir de vessie aérienne. Cette espèce me paroît donc privée d'un organe dont les fonctions, dans la physiologie des poissons, ne sont pas encore bien connues. Cette différence d'organisation avec le *Guapucha* ne peut cependant nous autoriser à séparer celui-ci du genre Pœcilie. Nous avons déjà un exemple semblable dans d'autres genres de poissons. Tel est, parmi les Scombres, le Scomber pneumato-phorus de Laroche (*Ann. du Museum,* T. XIII, p. 148). C'est la seule espèce de Scombre qui ait une vessie natatoire. L'intestin, resserré entre les lobes du foie, se présentoit dans le Pœcilia unimaculata roulé sur lui-même à peu près comme celui d'un têtard de grenouille. Développé, il est devenu presque quatre fois aussi long que le corps sans offrir aucun renflement ou aucune dilatation semblable à un estomac. Ces poissons sont herbivores.

D'après ce que je viens de dire, le genre Pœcilie sera caractérisé ainsi :

Corpus compressum, ovato-oblongum, squamis tectum.

Caput depressum, squamatum; apertura oris, minima, transversa: dentes in utroque labro minimi, acuti; membrana branchiostega radiis quinque.

1. Poecilia surinamensis, corpore immaculato, flavescenti (?), pinna caudali subtruncata. (Pl. lxi, fig. 1.)

Habitat in aquis dulcibus Surinami, bipollicaris.

An species satis distincta?

Les individus, rapportés de Surinam par M. Le Vaillant, sont tout-à-fait déco-lorés par l'alcohol dans lequel on les conserve depuis long-temps. Aussi est-il très-difficile de leur assigner un caractère très-exact. Mais leur corps me paroît plus large antérieurement que celui de l'espèce suivante : la queue est aussi moins arrondie, et je ne puis apercevoir aucun indice de taches.   ·

2. Poecilia unimaculata, corpore ex viridescente fusco, in utroque latere ante pinnam dorsalem macula nigra notato; cauda rotundata. (Pl. lxi, fig. 2, 5 et 6.)

Habitat in aquis dulcibus Brasiliæ, bipollicaris.

Corpus breve, ovato-compressum, caput trunco angustius, obtusum; opercula lævia; præopercula squamis tecta; venter flavescens embryonibus turgidus; pinna dorsalis fere librans, anali opposita; pinnæ pectorales et ven-trales angustæ.

D. 7. P. 13. V. 6. A. 7. C. 22.

Cette petite espèce de Pœcilie a été récemment rapportée de Rio Janeiro par M. Delalande : elle fait partie de la riche collection du Muséum d'histoire naturelle.

3. Poecilia bogotensis, corpore compresso, fascia longitudinali argentea.

Differt a P. surinamensi et P. unimaculata, fascia laterali argentea, et cauda bifida.

N'ayant pas eu occasion de voir aucun individu qui ressemblât exactement à la figure du P. vivipara donnée par Schneider dans son édition de Bloch, je me contenterai de l'indiquer ici comme une espèce douteuse. Peut-être des individus mieux conservés du Pœcilia surinamensis prouveront-ils son identité avec le P. vivipara. Celle-ci diffère des deux premières Pœcilies que j'ai décrites par la queue qui est fourchue et non arrondie. La couleur jaune et les bandes tranversales brunes la distingueront facilement de l'espèce décrite et figurée par M. de Humboldt. Je nommerai cette espèce *Pœcilia Schneideri*, parce que l'épithète de vivipara ne lui convient pas exclusivement, ainsi que je l'ai déjà fait observer.

G.ᴿᴱ LEBIAS.

Ce genre, que M. Cuvier a établi, avoisine, par ses rapports, les Pœcilies ; mais la forme des dents comprimées et tricuspidées à leur bord libre, distingue facilement les Lebias des Pœcilies. Le nombre des rayons branchiostèges est le même dans les deux genres. Les Lebias ont la tête déprimée et couverte d'écailles. Leur museau est obtus ; l'ouverture de la bouche est très-petite et fendue horizonalement. La mâchoire supérieure est un peu protractile. Les dents sont sur un seul rang. J'ignore de quel pays viennent ces petites espèces de poissons*qui sont déposées dans la collection du Muséum d'histoire naturelle de Paris. Toutes les espèces rapportées à ce genre sont nouvelles. Le caractère générique des Lebias peut être exprimé ainsi :

Corpus cathetoplateum, squamis tectum ; caput depressum, squamatum ; apertura oris minima ; dentes in utroque labro compressi, tricuspidati ; membrana branchiostega radiis quinque.

1. LEBIAS RHOMBOIDALIS, corpore latissimo, immaculato, cauda fere bifurca. (Pl. LXI, fig. 3 et 7.)

Corpus breve (bipollicare), compressum fere, rhomboidale; dorsum elevatum; caput plagioplateum; os parvum; dentes majores in unica serie ordinati; pinna dorsalis librans fusca; pinnæ pectorales rotundatæ; ventrales exiguæ. Pinna analis haud subdorsali posita, sed caudæ propinquior. Pinna caudalis sublunata.

D. 10. P. 16. V. 7. A. 12. C. 24.

2. LEBIAS FASCIATA corpore tereti, subcompresso, 10-12 fasciis albidis circumcincto, cauda rotundata. (Pl. LXI, fig. 4.)

Corpus teretiusculum, bipollicare ; caput depressum ; os parvum; dentes minores in unica serie ordinati; pinna dorsalis remota, anali subopposita. Pinnæ pectorales et ventrales exiguæ. Pinna caudalis rotundata.

D. 10. P. 16. V. 7. A. 8. C. 24.

G^{RE} FUNDULE.

M. de Lacépède a établi le genre Fundule pour classer deux poissons que Gmelin (edit. XII Sys. nat.) avoit rangés parmi les Cobitis, quoiqu'ils n'en aient aucun des caractères. Depuis que ce grand zoologue a publié son *Histoire naturelle des Poissons*, la collection du Muséum compte trois fois plus d'espèces qu'elle n'en avoit à cette époque. C'est à l'activité de M. Cuvier et à l'intérêt que son ouvrage a inspiré pour cette branche de l'histoire naturelle, que le Museum doit ce rapide accroissement. Aucune des espèces que j'ai décrites précédemment et de celles qui le seront dans la suite de ce mémoire ne se trouvoit dans le Muséum, lorsque M. de Lacépède a publié ses travaux : il n'a donc pu les connoître que par les descriptions incomplètes et inexactes que l'on en trouve dans les auteurs. C'est à cette cause qu'il faut attribuer l'inexactitude des caractères qui ont été donnés jusqu'ici à ces différens genres de poissons.

Le Cobitis hérétoclita n'existe que depuis peu de temps dans la collection du Muséum de Paris. M. Cuvier, en déterminant les espèces de cette collection, l'a confondu avec le Cyprinodon varié. C'est probablement la raison qui l'a porté à passer sous silence le genre Fundule de M. de Lacépède. Par cette méprise, l'auteur du *Règne animal* a donné précisément aux Cyprinodons le caractère qui convient au genre Fundule, genre qui a quatre rayons aux branchies, et non cinq, comme l'a indiqué M. de Lacépède d'après les descriptions peu exactes que ce savant a employées. Le Cyprinodon varié Lac. que cite M. Cuvier (Tom. II, p. 199, n.° 3) n'a pas encore été vu dans aucune des collections de Paris. C'est une espèce si voisine de l'Esox ovinus du docteur Mitchill, que certainement ces deux espèces sont du même genre, si même elles ne sont pas identiques. Or, d'après M. Mitchill, l'Esox ovinus a six rayons aux branchies, et je trouve le même nombre pour l'Esox flavulus Mitch., espèce qui a les plus grands rapports avec les deux précédentes. Il en résulte qu'il faut admettre six rayons à la membrane branchiostège des Cyprinodons, et quatre à celle des Fundules. C'est avec ce caractère que le genre Fundule doit de nouveau prendre sa place dans le système auprès des Pœcilies, des Lebias et des Cyprinodons, dont toutes les espèces ont entre elles des rapports naturels.

Schœpf (*Beschreibungen einiger Nord-Americanischen Fische* dans les *Schrift. N. Fr.*, Tom. VIII, p. 171 et 172) avoit déjà indiqué ces petites espèces de poissons. Il les réunissoit toutes sous Cobitis heteroclita de Linnée, en distinguant quelques variétés par les noms anglois donnés par les pêcheurs. M. Schneider a placé le Cobilis heteroclita dans son genre Pœcilie, sous le nom de Pœcilia cœnicola, et a distingué le *Yellow-bellied Cobler* des Américains sous le nom de Pœcilia fasciata. Il considère, à l'exemple de Schœpf, le *Killfish* comme une variété de cette espèce. M. de Lacépède passe sous silence le *Yellow-bellied Cobler* et le *Killfish;* mais, d'après une note communiquée par M. Bosc, il établit un genre nouveau sous le nom d'Hydrargire. Cette Hydrargire Swampine est précisément le jeune âge du Pœcilia fasciata Schn. ou Killfish des Américains que le docteur Mitchill nomme Esox zonatus. Mais M. de Lacépède indique cinq rayons aux branchies au lieu de quatre. M. Cuvier, dans son *Règne animal* (Tom. II, p. 199 note (1), quoiqu'il n'ait pu examiner lui-même aucun de ces poissons, cite comme Pœcilies 1° Cobitis heteroclita Linn., ou Pœcilia cœnicola Schn.; 2.° Hydrargyra Swampina Lac. qu'il désigne, avec sa sagacité ordinaire, comme synonyme du Pœcilia fasciata Schn.; 3.° Cobitis mayalis Schn. Aucune de ces espèces ne sont des Pœcilies; les deux premières appartiennent au genre Fundule dont je m'occupe maintenant, et la troisième est synonyme de l'Esox flavulus Mitch. que j'ai dit avoir six rayons aux ouïes, et qui dès-lors est un Cyprinodon.

Le docteur Mitchill range toutes ces petites espèces parmi les Esox. J'ignore ce qui a pu le déterminer à cette classification ; car la forme de ces poissons rappelle bien plus celle des Cyprins que celle des brochets. Peut-être a-t-il eu égard seulement aux dents ? Sans discuter si ces espèces ont été décrites ou non, il distingue 1.º le *Yellow-bellied Killfish* sous le nom d'Esox pisciculus, en lui donnant à tort cinq rayons aux branchies (c'est le Pœcilia fasciata de Schn., ou le *Yellow-bellied Cobler* de Schœpf) ; 2.º le *Killfish*, Esox zonatus, qui est, comme je l'ai dit plus haut, le jeune âge du Pœcilia fasciata ou l'Hydrargire Swampine Lac. pour la description, mais non pour la figure qui est mauvaise et à peine reconnoissable.

Ayant pu examiner moi-même un grand nombre de ces animaux, je ferai observer que, dans les petites espèces, les jeunes ont des bandes transversales sur le corps ; que ces bandes s'effacent avec l'âge, en commençant par celles qui sont le plus près de la tête ; aussi on en voit toujours quelques traces vers la queue. C'est faute d'avoir remarqué cette particularité que l'on a distingué différens âges d'une même espèce, comme étant des espèces différentes. Il résulte de ces recherches que les espèces du genre Fundulus dont je vais établir le caractère, en comprennent chacune plusieurs autres qui ont été vaguement distribuées jusqu'ici dans des genres différens.

FUNDULUS.

Corpus oblongum, teretiusculum ; squamis tectum. Caput squamatum, supra depressum, infra convexum. Dentes in utroque labro plurimi setacei, priores majores acuti ; in pharynge conici, validiusculi. Membrana branchiostega radiis quatuor.

1. Fundulus cœnicolus, corpore oblongo, pinna caudali rotundata, cinerascente, albo punctata.

Fundulus Mudfish. Lac. V. p. 38.

Pœcilia cœnicola. Schn. Edit. de Bloch, p. 452.

Cobitis heteroclita Linn. Gmel.

Mudfish. Schœpf. in Schrif. V. Fr. T. VIII. p. 171.

Habitat in rivulis et aquis salsis Americæ borealis, præsertim Carolinæ.

D. 11. P. 13. V. 6. A. 9. C. 30.

2. Fundulus fasciatus, corpore oblongo fusco, versus caudam fasciato ; pinna caudali rotundata, concolore. (Pl. LXII, f. 1. 4. 5.)

Pœcilia fasciata, Schn. loc. cit. p. 453.

Yellow-bellied Cobler, Schœpf. loc. cit. p. 172. (Cibitis macrolepidota, Art.)

Esox pisciculus, Mitchill. Trans. phil. of litt. and scienc. Soc. of New-Yorck, Tom. I, p. 440.

Hydrargyra fasciata, Lesueur. Journ. Philad.

Killfish Schœpf. loc. cit.

Esox zonatus. Mit. loc. cit. p. 443.

Hydrargire Swampine. Lac. T. V. p. 379.

Habitat in aquis dulcibus Americæ borealis, prope New-Yorck.

Les quatre premiers synonymes appartiennent au poisson adulte; les trois derniers au jeune âge de la même espèce.

3. FUNDULUS BRASILIENSIS, corpore oblongo, ex nigrescente fusco, pinna caudali lanceolata, concolore. (Pl. LXII, f. 2.)

Habitat in aquis dulcibus Brasiliæ; corpus teretiusculum, oblongum; dorsum depressum ante pinnam pectoralem, post illam compressum; præoperculum squamatum, poris marginatum; pinna dorsalis remota, anali opposita, nigra. Pinna analis magna, nigrescens. Pinna caudalis fusca lanceolata.

D. 8. P. 11. V. 5. A. 11. C. 21.

G^re CYPRINODON.

Ce genre a été établi par M. de Lacépède, d'après une note que lui avoit communiquée M. Bosc. L'espèce qui a servi de type, ainsi que je l'ai dit plus haut, n'est encore dans aucune de nos collections. C'est donc par la comparaison de la figure donnée par M. de Lacépède et de celle du docteur Mitchill que je me crois fondé à réunir dans un même genre ces deux espèces très-voisines.

Caractérisés par les six rayons de la membrane branchiostège, les Cyprinodons se distingueront facilement des Fundulus auprès desquelles ils sont naturellement placés, par la forme générale de leur corps et par leurs habitudes. Ce sont de petits poissons qui vivent enfoncés dans la vase des eaux douces ou saumâtres de l'Amérique. On en fait au printemps une pêche assez abondante pour en amorcer les hameçons.

Outre la différence dans le nombre des rayons branchiostèges, les Cyprinodons se distinguent encore des Fundules par la forme des dents : elles sont égales entre elles, très-petites, disposées sur plusieurs rangs, et en velours. La bouche est petite, fendue horizontalement; la mâchoire supérieure est protractile; l'inférieure plus avancée. La tête et le corps sont couverts entièrement d'écailles semblables. La ligne latérale, située sur le milieu du corps, est très-peu sensible.

CYPRINODON.

Corpus oblongum, supra depressum, squamatum.
Dentes in utroque labro, plurimi, minimi.
Membrana branchiostega radiis sex.

1. CYPRINODON FLAVULUS, corpore oblongo, viridi-flavescente; lineis nigris, longitudinalibus in corpore, transversis pone caudam, ornato. (Pl. LXII, f. 3. 6. 7.)

Esox flavulus, Mit. loc. cit. p. 439, Pl. IV, fig. 8.
Cobitis majalis, Schn. p. 453.
Cobitis majalis Artedi (Schœpf. in *Naturf.* Fr., Tom. VIII, p. 173.)
Habitat in aquis dulcibus Americæ borealis, prope New-Yorck.

Caput supra depressum, squamatum; dorsum ex viridescente flavescens, ante pinnam dorsalem depressum, pone illam compressum. Squamæ magnæ striis concentricis exaratæ. Venter flavulus. In utroque latere fascia unica longitudinalis, corpus dimidians, nigra; abdomen versus fasciæ duæ aut tres longitudinales, interruptæ; pone caudam duæ lineæ transversæ, nigræ. Pinnæ pectorales albidæ, rotundatæ; pinnæ ventrales minores, concolores. Pinna dorsalis cinerea, remota, anali opposita. Pinna caudalis integra. Longitudo totius corporis 6 pollic.

D. 13. P. 18. V. 6. A. 10. C. 22.

J'ajouterai encore ici la diagnose de deux espèces; l'une d'après la description du docteur Mitchill, l'autre d'après M. de Lacépède.

2. CYPRINODON OVINUS, corpore abbreviato, truncato; ex viridescente cano, lineolis vel punctis ornato.

Esox ovinus, Mit. loc. cit. fig. 7.
Habitat in aquis tam dulcibus quam salsis Americæ borealis, bipollicaris.

Br. 6. V. 7. P. 11. D. 11. A. 9. C. 17.

3. CYPRINODON VARIEGATUS, corpore subovato, maculis fasciisque fuscis variegato,
Cyprinodon variegatus. Lac. V, p. 487, Pl. xv, fig. 1.
Habitat in rivulis Carolinæ.

Br. 3. D. 12. P. 14. V. 6. A. 11. C. 20.

Ce sont, dans l'état actuel de nos connoissances, les véritables caractères
qui distinguent les quatre genres Pœcilia, Lebias, Fundulus et Cyprinodon. Je
les ai établis d'après un examen soigné des objets conservés au Muséum
d'histoire naturelle.—*Valenciennes.*]

LE BOQUICHICO DE L'AMAZONE.

CURIMATUS AMAZONUM, *ex albo virescens; corpore oblongo-lanceolato,
squamis magnis, laxis; cauda bifida concolore.*

Le *Boquichico* de la rivière des Amazones. Pl. xLv, fig. 2. (Presque $\frac{3}{4}$ de
la grandeur naturelle.)

«*Boquichico* (ex ordine Abdominalium, Lin.) albo-virescens, argenteus,
squamis rotundatis, magnis, laxe imbricatis. Corpus oblongo-lanceolatum, lateribus compressum. Caput vix $\frac{1}{5}$ longit. totius corporis. Os parvum, labiis
protractilibus. Dentes nulli. Oculi magni, flavi, laterales. Membrana branchiostega rad. 4. Pinnæ dorsales duæ; priore ventrali opposita, radiata, radiis
crassiusculis; postica minuta, adiposa. Pinna analis pone caudam bifurcam.

D. prim. 8-10. D. ec. 0. P. 14. V. 9. A. 9. C. 20.

«Long. totius piscis 17 poll.; diam. oculorum 7 lin. »

Un beau poisson à grandes écailles, que j'ai pris pour un Salmo, à cause de
sa seconde dorsale adipeuse. Il appartient effectivement à ce grand genre
Linnéen qui forme aujourd'hui la première famille des Malacoptérygiens abdominaux. Le *Boquichico* de l'Amazone est une nouvelle espèce du genre des
Curimates de M. Cuvier : sa première dorsale est placée au-dessus des ventrales.
Je n'ai point vu de dents; leur absence rappelle le Salmo edentulus de Bloch
et les Ombres; mais les rayons des ouïes du *Boquichico*, que j'ai examinés
avec soin, ne sont pas au nombre de 7-8 comme dans les Ombres (Coregoni),

mais au nombre de 4 comme dans les *Characins*, déjà séparés par Linné [1]. Le Salmo cyprinoides de Surinam se rapproche de l'espèce que j'ai dessinée à Tomependa [2], par le nombre de rayons dans les nageoires et par la grandeur de ses yeux; mais le Boquichico n'a pas *pinnam dorsalem radiis anticis elongato-setaceis*.

J'ai vu pêcher cette espèce de Curimate dans le Haut-Maragnon, vis-à-vis de la cataracte de Rentema, dans la province de Jaen de Bracamoros, dans un endroit où la surface du fleuve est élevée de 200 toises au-dessus du niveau de l'Océan.

———

[Les rapports naturels du *Boquichico* de l'Amazone placent cette espèce auprès du Salmo edentulus de Bloch, Pl. cccLXXXII. Ces deux espèces de Curimates sont remarquables par l'absence de dents aux mâchoires. Une troisième espèce non décrite, du même genre, offre ce même caractère. J'en donnerai une diagnose succincte pour la distinguer du C. Amazonum et du C. edentulus.

CURIMATUS TÆNIURUS, corpore elongato, compresso; pinna caudali bifida, 7 fasciis longitudinalibus picta.

Corpus oblongum, lateribus compressum, squamis laxis parvulis tectum; os parvum edentulum; oculi magni; pinna dorsalis ventralibus opposita, adiposa, parva; analis remota; cauda bifida, fasciis 7 fuscis longitudinalibus ornata.

D. prim. 11. Sec. 0. P. 10. V. 9-10. C. 24.

Differt a *Boquichico* 1.° fasciis pinnæ caudalis; 2.° squamis minoribus.

Il est moins facile d'établir les différences spécifiques entre le poisson dessiné par M. de Humboldt sur les bords de l'Amazone, et le Salmo edentulus. Le nombre des rayons des nageoires n'offre aucun caractère tranchant. Je consignerai ici la diagnose du poisson de Bloch, pour que la comparaison soit plus facile.

---

[1] Linné ou plutôt son commentateur Gmelin confond (*Syst. nat.*, Tom. I, Pl. III, p. 1383), dans son sous-genre *Characinus* (*rad. membranæ branchiostegæ quatuor*), les genres Curimates, Serra-Salmes et Anostomes de MM. de Lacépède et Cuvier.

[2] Les habitans de Tomependa appellent ce poisson Boquichico (à petite bouche) *pexe que tienne la boca chica*), comme on dit, d'après le génie de la langue espagnole, d'un cheval qui a la bouche dure, *boquiduro* et non *booa-dura*.

Curimatus edentulus, corpore latiore, squamis parvulis; cauda bifida concolore. (Salmo edentulus, Bloch.)

D. prim. 10. Sec. o. P. 14. V. 9. A. 10. C. 20.

La différence est donc 1.º dans la forme du corps qui est beaucoup plus large dans le Salmo edentulus de Bloch que dans le *Boquichico*; 2.º dans les écailles qui sont beaucoup plus petites dans le S. edentulus; 3.º dans les nageoires rougeâtres du dernier. Je pense cependant que, pour caractériser d'une manière plus certaine ces deux espèces de Curimates, il faut attendre qu'un voyageur instruit puisse en faire, sur les lieux, une comparaison exacte.—*Valenciennes*].

LE PAVON DU RIO NEGRO.

Cichla orinocensis, corpore virescente, nigro-punctato, maculis quatuor ornato, cauda rotundata immaculata.

Le *Pavon* du Rio Negro et de l'Orénoque. Pl. xLv, fig. 3 (presque ⅓ de la grandeur naturelle).

« *Pavon* (ex ordine Thoracicorum, Lin.), corpore oblongo-lanceolato, virescente, nigro-punctato, maculis quatuor (quarum ultima pone caudam) longitudinaliter notato. Maculæ rotundatæ, nigro-cæruleæ, zona aurea marginatæ, 1-1 ⅓ pollicares. Rictus amplissimus, subedentulus. Dentes minutissimi. Irides magnæ aureæ. Sulcus inter oculos. Squamæ minutæ, arcte imbricatæ. Pinna dorsalis unica, totum dorsum occupans, radiis 54 pungentibus. Pinnæ pectorales lanceolatæ, ventrales ovatæ. Pinna analis rad. 9. Cauda obtusa, integra. »

C'est le plus beau poisson de rivières que nous ayons vu. Il atteint de 1 à 3 pieds de longueur, et appartient à la famille des *Percoides* à dorsale unique et continue. Les taches bleues, bordées d'un cercle d'or, brillent du plus vif éclat. Elles rappellent, comme l'indique le nom espagnol de ce poisson, les yeux de la queue du Paon. En examinant avec une loupe les écailles qui forment les zones bleues et dorées, on est frappé de cette action particulière des vaisseaux qui traversent les écailles, et dans lesquelles le pigment qui forme les zones de la tache se dépose vers la pointe, vers le milieu, ou vers la base, selon que l'exige le contour de la figure entière. Quelle est cette action chimique (voltaïque?) qui semble émaner d'un centre commun? Le fluide qui circule dans un même vaisseau prend-il des teintes différentes, selon l'influence locale des parois et des tégumens de ces vaisseaux, ou chaque pigment est-il déposé par des organes particuliers? Ces mêmes questions de physiologie se présentent lorsqu'on examine les taches à bandes concentriques formées par le poil de quelques mammifères carnivores, et par les barbes des plumes des oiseaux, surtout du Phasianus Argus, du P. pictus, et des oiseaux de proie nocturnes.

Nous avons souvent mangé cette nouvelle espèce de *Cichla* sur les rives de l'Orénoque et du Guainia ou Rio Negro. C'est dans la vallée de cette dernière rivière que j'ai dessiné le *Pavon* que les Indiens Caridaquères m'ont nommé *Saupa :* on l'avoit pêché près de l'île de Dapa, dont les habitans se nourrissent de la *pâte de fourmis*, c'est-à-dire d'une pâte formée de la farine de manioc et de l'abdomen graisseux des grandes fourmis *Vachacos* [1]. La température des eaux du Rio Negro est de 24° du thermomètre cent. Le *Pavon* ou *Saupa* est très-agréable à manger. Le missionnaire Gili [2], qui l'appelle *Aketshi* en tamanaque, assure qu'il est « dur comme du bois » lorsqu'on ne le mange pas frais, mais séché au feu ou au soleil. Il ne faut pas confondre le *Paon* de l'Orénoque avec deux poissons pélagiques désignés sous le nom de *Paon* dans nos systèmes d'ichthyologie, avec le Sparus saxatilis (*Enc.*, *tab.* 184) et le Labre *Paon* (*Lacep.*, Tom. III, p. 486).

J'ai indiqué dans mon journal deux autres espèces de *Cichla* sous les caractères suivans :

Cichla atabapensis.

« *Pavon du Rio Atabapo :* même forme que le *Cichla orinocensis*, mais, au lieu des quatre taches, quatre zones transversales très-larges, bleu-noirâtres, bordées d'or. On le trouve aussi dans les parties de l'Orénoque, où les eaux ne sont pas troubles; mais la variété plus agréable à manger est celui du Rio Atabapo, fleuve dont les eaux sont noires et cristallines. » (M. Valenciennes suppose avec raison que le C. atabapensis de mon manuscrit, est le C. ocellaris, Schneid., Pl. lxvi.)

---

[1] *Voyez* ma *Relat. histor.*, Tom. II, p. 472.

[2] *Saggio di Storia Americana*, Tom. I, p. 77; Tom. III, p. 378. (D'après l'orthographe italien, *Achecci*, mot qui dérive peut-être d'*Achere*, Jaguar, grand chat moucheté.)

C. TEMENSIS.

« *Pavon du Temi* : même forme; pas de bandes transversales, mais quatre rangées de petites taches jaunes. Une seule tache très-grande sur la queue. »

« Corpus viride, maculis minutis flavis, quadruplici ordine longitudinaliter dispositis, ornatum. Macula unica magna, cærulea, flavo-marginata in cauda. »

Comme l'Orénoque, le Cassiquiare, le Rio Negro, l'Atabapo et l'Amazone forment un même bassin de rivières entre les 10° de latitude nord et les 20° de latitude sud (bassin de plus de 190,000 lieues [1]), il est probable que les trois espèces d'un même genre se trouvent plus ou moins abondamment dans tout le système de fleuves contigus. Je leur ai donné des noms spécifiques, d'après les lieux où ils sont le plus recherchés par les indigènes à cause de la délicatesse de leur chair.

[Le genre Cichla, tel que Schneider l'a composé, comprend, outre les espèces auxquelles M. Cuvier assigne plus particulièrement ce nom, les Spares de Bloch et de Linné qui n'ont point d'épines ou de dentelures aux opercules ou aux préopercules. M. Cuvier restreint ce caractère en ne réunissant sous le nom de Cichla que les espèces qui, ayant la gueule très-fendue, ont de nombreuses rangées de petites dents fines et en velours. Les autres espèces de Schneider sont rangées par le savant auteur du *Règne animal* dans les genres Dentex, Cantharus et Pristipomus.

Le *Pavon* de l'Orénoque réunit aux caractères zoologiques des Cichlas ceux qui donnent l'aspect d'un genre naturel. Cette espèce nouvelle a le corps orné de taches ocellées, disposées longitudinalement comme presque dans toutes les espèces du même genre. Une d'elles, qui fait partie de la riche collection du Muséum, en est si voisine, qu'il me paroît utile d'opposer sa description à celle du *Pavon* de l'Orénoque. Comme elle n'a point encore été décrite, je la nommerai :

CICHLA ARGUS, corpore maculis tribus magnis ocellatis ornato, macula quarta ad basin pinnæ caudalis sita.

Caput magnum, squamatum; rictus amplissimus; maxilla inferiore longiore

---

[1] Par la bifurcation de l'Orénoque, la nature a établi une navigation intérieure à travers un pays sept fois plus grand que la France.

acuminata; dentes plurimi, minimi; corpus compressum, oblongum, squamis tectum. Linea lateralis pone dorsum recta, pone tertium ocellum interrupta. Ocelli quatuor (nigri?) zona (alba?) cincti; primus et secundus in ipso corpore, infra lineam lateralem; tertius etiam in corpore, sed linea laterali dimidiatus; quartus supra lineam lateralem, ad pinnæ caudalis basin. Pinna dorsalis unica, ad basin pectoralium usque ad finem pinnæ analis porrecta. Pinnæ pectorales rotundatæ; ventrales pectoralibus oppositæ, triangulares, radiis externis longioribus; pinna analis squamata, radiis tribus prioribus aculeatis, primo et secundo brevissimis; pinna caudalis subrotundata, squamata, ad basin superne ocellata.

D. $\frac{18}{13}$ P. 12. V. 5. A. $\frac{3}{5}$. C. 13.

Differt 1.º a C. ocellari, cui zonæ transversæ; 2.º a C. orinocensi, pinna caudali ocellata, dorsali breviore, radiis 31 nec 54.—*Valenciennes*.]

LE ZUNGARO DE L'AMAZONE.

PIMELODUS ZUNGARO, *olivaceus, nigro-punctatus, cirris 6, cauda bifida.*

Le *Zungaro* de la Rivière des Amazones. Pl. XLVI, fig. 1 (presque ¼ de la grandeur naturelle.)

« *Zungaro* (ex ordine Abdominalium Lin.) corpore nudo, compresso, muco obducto, atro-olivaceo, ocellis nigris variegato, capite magno, lato, depresso, oculis parvis luteis; ore maximo, obtuso, cirris 6 tentaculato. In maxilla superiore cirri 2, capite vix longiores, in maxilla inferiore cirri 4 duplo breviores, duobus intermediis brevissimis. Nares tubulosæ. Dentes : setæ numerosæ brevissimæ. Lingua subnulla. Membrana branchiostega radiis 4. Pinnæ duæ dorsales : prima radiis appendiculis adiposis, subfimbriatis; secunda, adiposa, sine radiis. Cauda bifida. »

D. pr. 7. D. sec. o. P. 13. V. 10. A. 10. C. 22.

Tous les rayons des nageoires sans piquans, enduits d'une peau épaisse et muqueuse à travers laquelle on sent à peine les os. Le *Zungaro* que j'ai dessiné a Tomependa, sur les bords de l'Amazone, avoit 3 pieds 4 pouces de long. Voici les dimensions partielles : long. de la tête, 9,5 po. Largeur, 7,8 po. Cirri max. sup. 8 po. (quelquefois 9,4 po.). Cirri max. infer. laterales

4,2 po., interm. 3 po. Largeur de la bouche, 6,4 po. Haut. verticale du poisson près de la première nageoire, 6 po. Largeur du corps à cet endroit, 9 po. Long. de la première nageoire dorsale, 6,5 po.; de la seconde, 4 po.; de la nageoire pectorale, 7 po.; de la ventrale, 4 po.; de l'anale, 3,5 po.; de la caudale, 6 po. Distance des yeux, 4,4 po. Le cœur n'a que 11 lignes de long. L'estomac, très-épais, 8 po. de long et 6 de large. Pas de vessie aérienne (?). »

C'est une nouvelle espèce du genre Pimelodus de M. de Lacépède. Je pense qu'on peut le placer dans le système près du Silurus fasciatus. Les Indiens m'ont assuré qu'il y a des individus de 6 à 7 pieds de long. On mange le *Zungaro*, qui est le Wels de ces contrées, malgré sa chair dure et huileuse. Les créoles le nomment, sans doute, à cause de sa grandeur, *Tiburon* (Requin). Il habite l'Amazone, près de Tomependa, dans la province de Jaen de Bracamoros et le Chinchipe, affluent de l'Amazone. La température des eaux [1] ne s'y élevoit au mois d'août qu'à 22°,5 cent.

J'ajouterai à cette description du *Zungaro* de l'Amazone celle de deux autres Pimelodes que j'ai décrites en levant le plan du Rio Grande de la Magdalena.

« PIMELODUS ARGENTINUS, albus, dorso cærulescente, cirris 6 quorum duo superiores ⅓ corporis longitudine.

D. prim. 7. D. sec. o. P. 12. V. 5. C. 18.

Pinna dorsalis postica adiposa. Cauda bifurca. »

C'est un beau poisson de 16 pouces de long, que M. Bonpland a pris dans le Magdalena, près de Chilloa, entre Mompox et Tamalameque. Il paroît rare, car les Indiens qui conduisoient notre bateau (le *Champan*) ne l'avoient jamais vu. Il rappelle, par le nombre des rayons et la longueur des tentacules, le Silurus Docmac de Forskæl qui est un *Bagre* de M. Cuvier. Ce dernier a d'ailleurs *cirros 8, et pinnarum pectoralium et dorsalis radium primum dentatum.*

« PIMELODUS VELIFER, elongatus, viridescens, pinna dorsali adiposa totam mediam partem corporis tegente.

D. prim. 7. D. sec. o. P. 8. V. 6. A. 10. C. 16.

[1] Toujours à la surface de l'eau des fleuves. Cette basse température du Haut-Maragnon, à 5° de latitude australe, et seulement à 200 toises de hauteur au-dessus de l'Océan, est due aux affluens qui descendent de la pente orientale des Andes. Je n'ai trouvé les eaux du Rio Chamaya ou gué de Matara (haut. 432 toises) que de 20° cent. Cependant l'air étoit, sur les bords du Haut-Maragnon à Tomependa, constamment entre 22° et 30° cent.

Corpus compressum, superne viride, inferne album, muco obductum. Caput nudum, haud clypeatum. Cirri 6, quorum 2 superiores longiores. Cauda bifida. Pinnæ dorsalis prioris radius anticus subspinosus. Pinna dorsalis postica adiposa, veli in modum per totam mediam partem dorsi porrecta.

Cette espèce, de 7 pouces de long, se distingue par l'excessive longueur de la nageoire dorsale adipeuse. Elle a le corps verticalement comprimé des *Schilbés* (Silurus Mystus, Halselqu.) qui n'ont d'ailleurs qu'une seule dorsale et un aspect très-différent à cause du relèvement de leur nuque. Nous avons pêché le Pimelodus velifer avec l'espèce qui le précède. La température moyenne du Rio Grande de la Magdalena, comme de toutes les eaux douces de la région basse de la Nouvelle-Grenade, est de 25° à 26° du thermomètre centigrade.

Je possède encore des dessins incomplets d'une quatrième et d'une cinquième espèce [1] de Pimelodes que je nommerai provisoirement Pimelodus Barbancho et Pimelodus grunniens.

Pimelodus Barbancho, cœrulescens, capite attenuato, acuto, cirris sex, pinna dorsi secunda adiposa longissima, usque ad caudam extensa.

Ce poisson, appelé *Barbancho* dans le Guarico, l'Apure et d'autres rivières des steppes de Venezuela, a le corps comprimé, la tête déprimée, mais pointue et très-alongée. Les dents sont en velours, ce qui le sépare des *Shals* et *Scheilans* du Nil, long-temps confondus avec le vrai Silurus Clarias, et auxquels le *Barbancho* ressemble assez par sa forme et par sa longue dorsale adipeuse. (*Gronov. Mus.*, *Tom. I, n.* 83.) Les barbillons sont très-remarquables; ils ont la forme de rubans d'une ligne de large. La nageoire ventrale est plus grande que la pectorale et l'anale. La queue est fourchue. La nageoire adipeuse, qui remplit tout l'espace entre la première dorsale rayonnée et la queue, a 3 lignes de haut. Longueur de tout le poisson, 1 pied 7 pouces; hauteur, 4 pouces; base, 1 pouce. Coupe triangulaire.

« PIMELODUS GRUNNIENS, superne olivaceus nigro-punctatus, inferne niveus, cauda bifurca sanguinea.

« Caput obtusum, truncatum, fere $\frac{1}{4}$ corporis longitudine, operculis osseis tectum. Corpus compressum, dorso viridi et nigro-punctato, cætera corporis parte ($\frac{1}{7}$) nivea. Macula olivacea pone pinnam pectoralem. Pinnæ omnes, caudali

---

[1] Une cinquième espèce de Pimelodes, que j'ai fait connoître, est alpine. C'est le Pimelodus Cyclopum du royaume de Quito. Qu'est-ce que le *Bagre* du lac de Tacarigua ou de Valencia?

excepta, olivaceæ, rubro-marginatæ. Pinna dorsalis prior 9 radiata; postica adiposa, parva. Pinnarum omnium radius anticus latissimus, osseus. Cirri 6, quorum 2 in maxilla superiore. Ex 4 cirris maxillæ inferioris laterales longiores. »

Les Indiens appellent *Carxaro* ce grand poisson qui a jusqu'à 2 pieds 2 pouces de long. La plaque de la nuque est distincte et assez large. On trouve le *Carxaro* dans tout le Bas-Orénoque. La chair m'a paru assez dure. Placé hors de l'eau, sur le sec, ce poisson fait entendre un son qui ressemble au grognement du cochon. La nageoire pectorale est plus longue que les autres nageoires.

LE POISSON CARIBE DE L'ORÉNOQUE.

Serrasalmo *albus, dorso et pinna dorsali viridescentibus, pinnis ventralibus et anali aurantiis.*

L'*Umati* ou *Poisson Caribe de l'Orénoque.* Pl. xlvii, f. 1 (à peu près $\frac{1}{4}$ de la grandeur naturelle.)

« Corpus compressum, ovatum, dorsum versus ex viridi cinerascens. Caput antice truncatum, rictu amplo. Dentes acutissimi, triangulaires, distantes, in utraque maxilla labio fere tecti; majores (decem) in maxilla inferiore, minores (inæqualiores in maxilla superiore). Oculi magni, nigri. Lingua carnosa, absque dentibus. Corpus squamis minutis, caducis, argenteo-albis tectum, cauda et pinna dorsali viridescentibus; corporis parte inferiore, operculis et pinnis pectoralibus, ventralibus et anali ex rubro flavescentibus. Cauda truncata, subbifurca. Pinna dorsalis prior magna, radiis 19-20. Pinna dorsalis secunda minima, membranacea, adiposa. Pinnæ pectorales lanceolatæ, ventralibus majores. Pinna analis maxima, ab ano usque fere ad caudam porrecta, radiis 25-27. Radius anticus pinnæ analis cæteris quater latior. Venter abit in cartaliginem serrato-spinosam, adeo ut tota abdominis carina serrata appareat. Linea lateralis recta, angustissima. »

Je n'ai pas compté les rayons des ouïes. Les naturalistes admettent 4 à 5 rayons pour le groupe des Characins auquel appartiennent les Serra-Salmes [1]. Les narines,

---

[1] *Cuvier, Règne animal,* Tom. II, p. 162-164.

placées entre les yeux, sont divisées chacune en deux par une cloison membraneuse. Longueur du poisson, 5,8 pouces; largeur, 3,2 pouces. La vessie aérienne est double, grande et très-remarquable. La première, de $\frac{7}{10}$ de pouce de long, est oviforme; la seconde est conique, plus petite, tronquée, crenelée et un peu concave en avant, là où elle enveloppe pour ainsi dire la première. Ces deux vessies ne communiquent avec rien qu'avec un canal qui, sortant, non de l'œsophage, mais de l'estomac, s'enfonce d'abord dans la première, et puis, en continuant son cours vers la partie tronquée de la seconde, dans celle - ci. M. Bonpland a observé que ce canal est fermé par un sphincter à son ouverture dans l'estomac; l'air ne se perdoit dans la seconde vessie que lorsque nous crevâmes la première. Le gaz azote, développé par la digestion, se répand dans la vessie aérienne, organe qui appartient vraisemblablement au système de nutrition et non au système de respiration des poissons. Le ventre tranchant et dentelé de l'*Umati* se retrouve dans les genres Mylètes, Pristigaster et Clupea.

En faisant des recherches historiques sur le Dorado, j'ai trouvé la première notice de l'*Umati* ou poisson carnassier de l'Orénoque dans la relation du voyage d'Alonso de Herera (1535) au Rio Meta. Les soldats trouvèrent, dans une cabane, des espèces de chaussons dont se servoient les pêcheurs pour se garantir de la morsure du *Caribito* [1]. Ce poisson est très - recherché et d'un goût agréable; mais, comme on n'ose se baigner partout où il abonde, on peut le regarder comme un des plus grands fléaux de ces climats, dans lesquels la piqûre des insectes tipulaires (*mosquitos*) et l'irritation de la peau rendent l'usage des bains si nécessaire. Le *Caribe*, que les Indiens Maypures appellent *Umati* [2], habite l'Apure, l'Orénoque et tous les affluens de ces rivières, surtout l'Auvana et le Cuchivero. On le rencontre aussi dans plusieurs mares d'eau stagnante des *Llanos* ou steppes de Venezuela. La voracité qui caractérise le groupe des Saumons (Salmones) s'est développée au plus haut degré dans les

---

[1] « Llevaron algunos de los soldados de Herera (mas arriba de Cabruta) unas calzas enteras de red con muy gruessos nudos, que se hallaron entre el demas pillaxe de aquella gente, que usavan dellas los Indios para entrar a pescar en las cienegas, con que se defendian de unos peces que los Españoles llamaron Caribes, por ser tan fieros y atrevidos que hacen presa en todo lo que topan dentro del agua : y assiendo destos nudos quando entravan los pescadores a pescar, quedaba libre la carne de sus vocas.» *Fray Pedro Simon, Not. hist. de la Conquista* (1926), p. 224.

[2] Un jeune Indien Parageni, dont la langue me paroissoit un dialecte du pareni, me nommoit la constellation de la Croix du Sud *Bahumehi:* il ajoutoit que c'étoit le nom du poisson Caribe que je venois de dessiner.

Serra-Salmes qui portent le nom de *Piraya*, au Brésil. Les Espagnols les appellent *Caribes*, en faisant allusion à la cruauté de la puissante nation des Indiens Caribes ou Carina. C'est de tous les poissons celui qui est le plus avide de sang. J'ai exposé dans un autre endroit comment l'*Umati* attaque les baigneurs et les nageurs en leur emportant des morceaux de chair considérables [1]. Les morsures de 8-10 de ces poissons causent les plus affreuses douleurs. Les Indiens de l'Orénoque distinguent trois espèces, une grande, une moyenne et une petite. La dernière n'a que 3 à 4 pouces de long : elle est la plus cruelle de toutes. J'ignore si ces prétendues espèces ne sont que des variétés. Elles m'ont paru offrir les mêmes caractères, mais je n'ai bien examiné que la moyenne. Au-dessus des Cataractes d'Atures, on m'a parlé d'*Umatis* de 2 pouces de longueur. Y auroit-il des Lebias à dents très-pointues confondus avec les petits Caribes?

LE PACO DE L'AMAZONE.

MylETES PACO, albo-virescens, dorso arcuato, squamis minutis, abdomine fere integro, pinna caudali radiis 22.

Le Paco de l'Amazone ou Haut-Maragnon. Pl. XLVII, f. 2 (presque $\frac{1}{4}$ de la grandeur naturelle).

« Corpus albo-virescens, compressum, squamis minutis tectum, dorso arcuato. Os parvum, labio inferiore longiore. Dentes validi, anthropomorphi, duplici ordine dispositi. Max. superior : dentes minores, in antica parte 9, in postica 6. Max. inferior : in postica parte dentes 2 minimi acuti, in antica parte 10, quorum 6 duplo majores intermedii. Lingua crassa ovata, absque dentibus. Opercula ossea radiatim striata, haud squamis tecta. Oculi maximi

---

[1] *Relat. hist.*, Tom. II, p. 224. Le missionnaire Gili dit, dans son style naïf : «Il *Caribito* chiamasi cosi per lo strano amore que porta alle umane carni. I *Caribiti* son piatti, del peso di una libra e più grandi. In Auvana dove si prendono con carne salata, vi sono del peso di quattro libre. Chi volesse in breve scolpato bene un cadavere, basterebbe di metterlo por qualche ore nell'Orinoco. Tanti e si famelici gli affollerebbero intorno i Caribiti, que otterrebe sicuramente l'intento. » *Saggio di Storia Americana*, Tom. I, p. 78. L'auteur a sans doute voulu faire allusion à ce conte populaire très-répandu parmi les moines, d'après lequel, dans un gué, le cavalier et le cheval ont été réduits à moitié en squelette, avant d'arriver à la rive opposée. Qu'est-ce que le poisson *Mapurito* de l'Orénoque qui, à ce qu'on assure, répand une odeur désagréable? On compare cette odeur à celle des Mouffettes, surtout à celle du Viverra Mapurito de Mutis.

laterales, lutei. Nares tubulosæ. Pinna dorsalis prim. magna 16 radiata, librans;
postica minuta adiposa. Pinna analis maxima usque ad caudam protensa. Cauda
bifurca.

D. pr. 16. D. sec. o. P. 12. V. 8. A. 28. C. 22.

Pinnæ omnes ovatæ, sine aculeis, radio anteriori solummodo crassiore,
arcuato. Abdomen acute carinatum, carina albida, cartilaginea, non serrata.
Linea lateralis parum conspicua. »

Ce beau poisson n'a que trois rayons dans la membrane branchiostège.
Longueur, 2 pieds 2 pouces. Largeur, au milieu du corps, 9 pouces. La tête
seule, 5 po. 2 lig. Nageoire anale, 4 po. 7 lig. Diamètre de l'œil, 8 lig. La vessie
aérienne est double, oviforme, très-grande et placée très en avant, près de
l'œsophage. La vessie antérieure a 3 po. 6 lig.; la postérieure, 6 po. 5 lig. de
long.

Le Paco est d'un goût exquis, mais sa chair musculaire est remplie d'arrêtes.
J'ai été extrèmement frappé, en le décrivant à Tomependa, dans la province
de Bracamoros (au mois d'août 1802), de la forme des dents qui ont quelque
ressemblance aux dents de l'homme. Je le rapprochai, dans mon journal, et
avec raison, de la Palometa des plaines de Venezuela, et je croyois que ces
deux poissons formoient un nouveau genre. C'est ce genre que M. Cuvier a
établi sous le nom de Mylètes dans son *Règne animal* [1]. Les Mylètes,
caractérisés par leurs dents prismatiques, courtes et triangulaires, par une
bouche moins fendue que celle des Serra-Salmes, se divisent en deux groupes.
Celui de l'ancien continent (Salmo dentex ou S. niloticus ou Cyprinus dentex)
a la forme alongée et une première dorsale placée au-dessus de l'intervalle
entre les ventrales et l'anale. Le groupe du Nouveau-Continent a le dos élevé,
les nageoires verticales en faux et le ventre tranchant, souvent dentelé. M. Cuvier
a formé son genre sur des espèces non décrites, rapportées de la partie orientale
du Brésil. Le Paco prouve que les mêmes formes se retrouvent 700 lieues à
l'ouest, au pied des Andes du Pérou. Le dessin des dents, ajouté à celui du
Myletes Paco, a été fait par M. Huet, d'après le Myletes rhomboidalis conservé
au Muséum d'histoire naturelle à Paris.

---

[1] *Ed. de* 1817, Tom. II, p. 166.

Je possède encore, parmi mes dessins, deux esquisses, dont l'une a été faite à Carichana, d'après des individus séchés au soleil, l'autre d'après un poisson récemment pêché dans le Haut-Orénoque. Ils appartiennent, à n'en pas douter, aux *Characins* (famille des Saumons). La forme générale du corps, la courbure du dos, la position des nageoires dorsales et anales, et surtout la petitesse de la bouche, sembleroient prouver que ces espèces, appelées *Palometas* par les Espagnols-Américains, sont plutôt des Myletes que des Serra-Salmes; mais leurs dents sont aiguës et tranchantes. Malheureusement mes descriptions de l'appareil dentaire sont très-imparfaites, parce que, à l'époque où je quittai l'Europe, on attachoit moins d'importance à un caractère générique, qui est reconnu aujourd'hui pour être le plus constant de tous.

« *Palometa du Rio Apure.* Corps large, comprimé latéralement; dos arqué. Bouche extrêmement petite. Yeux très-grands. Nageoire dorsale en forme de faux, opposée à la ventrale. Nageoires pectorales et ventrales très-petites. Queue fourchue. Le ventre tranchant, dentelé en forme de scie. Cette dentelure s'étend jusqu'à ⅓ du corps où commence une longue nageoire anale. Dents très-aiguës et tranchantes dans les deux mâchoires. Écailles petites et argentées. Pas de taches. (Rio Apure, Rio Guarico, Bas-Orénoque.) »

« *Palometa du Haut-Orénoque;* même forme. Le corps blanc-argenté, mais les nageoires vertes et une large bande noir-verdâtre placée transversalement de chaque côté près de l'*anus.* (Haut-Orénoque, à l'ouest de l'Esmeralda, près du confluent du Rio Jao.) » Les Tamanaques de l'Orénoque désignent les *Palometas* sous le nom de *Pacu* [1]. Il est bien remarquable que ce soit le même nom que les Indiens du Haut-Maragnon donnent à leur grand Myletes. J'ai souvent eu occasion d'observer comment, malgré la diversité des langues qui règnent aujourd'hui dans ces contrées, un certain nombre de productions animales, végétales et minérales, portent, à de grands éloignemens, les mêmes dénominations. [2]

[Les observations que j'ai faites sur deux genres très-voisins, sur les *Serra-Salmes* et les *Myletes*, se trouveront ici réunies dans une même note. La forme des dents triangulaires et tranchantes du poisson Caribe fait reconnoître aisément le genre auquel doit appartenir cette espèce de poissons carnassiers. C'est évidemment une cinquième espèce de Serra-Salme, genre établi par M. de Lacépède,

---

[1] *Gili, l. c.*, p. 76.
[2] *Voyez* ma *Relat. hist.*, Tom. I, p. 492.

d'après les caractères du Salmo rhombeus de Linn. M. Cuvier, dans sa Monographie [1], a fait connoître trois autres espèces dont deux sont nouvelles, et dont la troisième avoit été décrite par Marcgrav, sans qu'aucun naturaliste ait fait remarquer l'affinité du Piraya avec le Salmo rhombeus de Linné. (*Bloch*, Pl. 383.)

Le *Caribe* dont M. de Humboldt donne la description, diffère α) du *Serrasalme rhomboide*, Lac. 1.º par la couleur cendré-verdâtre du dos (elle est rougeâtre dans le S. rhomboïde); 2.º par les dents plus nombreuses à la mâchoire inférieure (10 et non 7); 3.º par la position plus reculée de la dorsale et par ses rayons en nombre plus grand (20 au lieu de 16) : β) du *Serrasalme Piraya* (Piraya Marcgr.) 1.º par la forme rhomboïdale du corps; 2.º par la forte dentelure du ventre (le ventre du Piraya est presque lisse) : γ) du *Serrasalme Mentonier*, Cuv. 1.º par la mâchoire inférieure non relevée, et ne formant pas avec sa symphyse une saillie semblable à un menton; 2.º par la dorsale plus grande (celle du S. Mentonier n'a que 16 rayons); et enfin δ) du *Serrasalme denticulé*, par les dents en plus grand nombre aux mâchoires (le S. denticulé en a six à chacune).

Quant au *Paco* de l'Amazone, il est impossible d'être embarrassé un seul instant pour le classer. La forme de ses dents, qui avoit frappé M. de Humboldt, et qu'il a désignée, dans son journal, par une épithète très-expressive (dentes anthropomorphi), prouve suffisamment que ce poisson est du genre Myletes de M. Cuvier. Ce savant [2] a publié la description et les figures des cinq espèces qui sont conservées dans les galeries du Muséum d'histoire naturelle. Quatre d'entre elles vivent dans les fleuves de l'Amérique équinoxiale, la cinquième se trouve en Égypte. Cette distribution géographique des espèces est d'autant plus remarquable que d'autres genres de la même famille (celle des *Salmonoides Characins*) nous présentent des phénomènes analogues. L'Hydrocyon Forskalii, Cuv., est la seule espèce d'Hydrocyon que l'on connoisse dans l'ancien monde; elle est propre au Nil. Les autres espèces sont toutes américaines et vivent sous les tropiques. De même, dans le genre Chalcœus de M. Cuvier, le C. macrolepidotus appartient au Nil; deux autres espèces vivent dans les eaux douces du Brésil. Il est utile de faire observer ici que le Myletes Hasselquistii, l'Hydrocyon Forskalii et le Chalcœus macrolepidotus ont un aspect différent des espèces américaines; différence qui est en

---

[1] *Mém. du Muséum*, Tom. V, p. 365.

[2] *Ibid.*, Tom. IV.

quelque sorte en rapport avec la distance géographique qui les sépare. Sans l'examen attentif des dents, on pourroit même être tenté de les distinguer génériquement. Ces considérations, tout en prouvant la supériorité des caractères tirés de l'appareil dentaire, répandent quelque jour sur le problème important de la distribution des formes. A l'extrémité boréale de l'Afrique, le Nil offre, quoique en petit nombre, des formes génériques que nous trouvons répétées dans les régions équinoxiales du Nouveau-Continent.

Le Myletes Paco de M. de Humboldt diffère α) du *Myletes Hasselquistii*, Cuv., 1.º par la plus grande largeur de son corps; 2.º par ses écailles beaucoup plus petites : β) du *Myletes rhomboidalis*, Cuv., 1.º par l'absence de la petite épine qui existe à la base de la dorsale du M. rhomboïdal; 2.º par la forme de la dorsale et de l'anale qui n'est pas en faux comme dans l'espèce avec laquelle je le compare : γ) du *Myletes duriventris*, 1.º par la carène lisse du ventre; 2.º par le dos moins élevé : δ) du *Myletes brachipomus* avec lequel le M. Paco a le plus de rapport, par le nombre des rayons de l'anale (25 dans le M. brachypomus) et de la caudale (28 dans le M. brachypomus) : ε) du *Myletes macropomus*, 1.º par les opercules beaucoup plus petits; 2.º par le dos moins élevé, moins courbé en arc.—*Valenciennes.*]

LE GUAVINA DU LAC DE TACARIGUA.

Erythrinus Guavina, ex argenteo flavescens, pinnis viridibus, dentibus 8 in utraque maxilla, inæqualibus; duobus minoribus denti majori approximatis; membrana gulari dependente.

Le *Guavina* du lac de Valencia ou Tacarigua. Pl. xlviii, fig. 1 (à peu près ⅓ de la grandeur naturelle).

« Guavina (ex ord. Abdominalium, Lin.) corpore ovato-lanceolato, compresso, capite (¼ corporis) magno, plagioplateo, antice truncato, nudo, operculis olivaceis, radiatim striatis. Rictus amplus, labio inferiore longiore. Dentes 8 acutissimi, inæquales, in utraque maxilla simplici serie dispositi, duobus minoribus denti cuique majori approximatis. Oculi magni haud prominuli. Membrana laxa, subcarnosa, pone guttur dependens. Squamæ magnæ, rotundatæ, laxe imbricatæ, ex argenteo-flavescentes, centro et margine olivaceis. Pinnæ omnes virides, zonis transversis obscurioribus notatæ. Pinna dorsalis ventralibus et anali opposita, 12 radiata, radiis validiusculis. Pinna pectoralis 12-15 radiata. Pinna analis ovata, ventralibus major. Pinna caudalis integra, rad. 17. »

Ce poisson, qui a 20 pouces de long sur $3\frac{1}{2}$ pouces de large, a la chair très-molle; il est extrêmement vorace, et parvient peu à peu à détruire toutes les espèces de poissons qui habitent les mêmes lieux. Le Guavina, que j'ai dessiné, avoit été pris dans le lac de Tacarigua, dont le fond est un terrain granitique, et qui est situé à 220 toises de hauteur au-dessus du niveau de la mer, dans les vallées fertiles d'Aragua [1]. La température de l'eau est de 23°,5 cent. Ce poisson devient souvent la proie d'un grand Saurien, que les indigènes appellent *Bava* et que je soupçonne être une Dragonne.

[Le *Guavina*, par ses rapports naturels, avoisine les espèces du genre Erythrinus de Gronovius [2]. Cette analogie avoit déjà été reconnue par M. de Lacépède, lorsque, en 1804, à la prière de M. de Humboldt, il examina les dessins ichthyologiques rapportés par ce voyageur. Le genre Erythrinus, que les naturalistes modernes ont négligé, a été placé par M. Cuvier [3] près du genre Amia dont il ne diffère que par le nombre des rayons branchiostèges. Les espèces connues de ces deux genres ont la tête nue et osseuse; les écailles qui protègent le corps sont grandes et fortes; la ligne latérale est droite et parcourt le milieu du corps. Une seule dorsale petite est située entre les ventrales et l'anale; la nageoire de la queue est arrondie. Ces caractères généraux des Erythrins conviennent au *Guavina*. Mais les dents offrent des différences remarquables. Celles des Erythryns et des Amia sont nombreuses, petites, et disposées sur un seul rang l'une auprès de l'autre, en suivant le bord de chaque mâchoire. Quatre ou six dents sur le devant sont plus grandes que les autres. Les dents du *Guavina*, au contraire, sont en nombre beaucoup plus petit, laissant entre elles des espaces vides assez grands; elles offrent de plus cette particularité très-remarquable que chaque grande dent en a deux petites à sa base. Ces trois dents n'en font-elles qu'une seule dont les deux petites seroient portées sur le talon de la plus grande? Cette dernière disposition se rencontre assez fréquemment dans les poissons de la zone torride.

---

[1] Province de Venezuela. *Voyez* ma *Relat. hist.*, Tom. II, p. 65-82.

[2] Gronov. Mus. sect. II, n.° 6.

[3] Cuv. Reg. anim., Tom. II, p. 179.

Il faut regretter que le nombre des rayons branchiostèges ne soit pas connu. Si ce nombre eût été indiqué dans la description faite sur l'animal vivant, il ne resteroit aucun doute sur les caractères génériques de cette nouvelle espèce de poisson. La membrane si grande, qui pend sous la gorge, me fait présumer une disposition différente de celle que nous voyons dans l'appareil osseux de l'os hyoïde des Erythrins et des Amias. Si le nombre des rayons branchiostèges du *Guavina* diffère de celui des Erythrins auxquels nous le rapportons provisoirement, ce poisson sera le type d'un nouveau genre que la disposition singulière des dents rendra facile à reconnoître.— *Valenciennes.*]

LE MATACAYMAN DU RIO GRANDE DE LA MAGDALENA.

Doras Crocodili, *corpore superne olivaceo, inferne albo-flavescente; pinna pectorali uniradiata.*

Le Matacayman du Rio Magdalena. Pl. xlviii, f. 2 (à peu près ⅓ de la grandeur naturelle).

« *Matacayman* (ex ordine Abdominalium Lin.) corpore elongato, compresso, nudo, mucoso, superne olivaceo, inferne albo-flavescent. Linca lateralis tecta squamis aculeatis, serie simplici. dispositis. Caput magnum subobtusum, clypeatum, operculo osseo. Cirri sex : 4 in maxilla inferiore, quorum interiores duplo longiores; 2 longissimi pone rictum maxillæ superioris. Pinnæ dorsales duæ; anterior fere occipitalis, declinata, quinque radiata, radio primo osseo, pungente, externe serrato; postica adiposa, minima. Pinnæ pectorales uniradiatæ, radio valido, utrinque denticulato. Pinnæ ventrales minimæ, radiis septem. Pinna analis subovata, ventrali major, radiis novem. Pinna caudalis subbifida vel potius integra, rotundata et 8 radiata, subtus apendiculata lobo minimo 4 radiato, subpungenti. »

Un Silure cuirassé, que j'ai pris, en le dessinant, pour un poisson voisin du Silurus costatus. Il a 9 ou 10 pouces de long, et sa ligne latérale est marquée par une rangée de pièces osseuses, relevées chacune d'une carène saillante. Le casque de la tête s'étend jusqu'à la première dorsale. M. de Lacépède a distingué parmi les Silures cuirassés les Doras et les Cataphractes. Dans les premiers, il n'y a qu'une seule rangée de pièces osseuses et une seconde nageoire dorsale toute adipeuse; dans les seconds, les pièces écailleuses sont rangées sur quatre séries, et la seconde nageoire dorsale offre un rayon à son bord antérieur [1]. Le

---

[1] *Cuvier, Règne animal.* Tom. II, p. 205-207.

Matacayman est donc, à n'en pas douter, une nouvelle espèce de Doras et qui est
d'autant plus remarquable que les nageoires pectorales (de 26 lignes de long)
sont réduites à un seul rayon osseux, denticulé des deux côtés. Dans les Blennies.
(Centronotus, Schneid.) c'est la ventrale qui est quelquefois réduite à un seul
rayon. La queue du Matacayman n'est, à proprement parler, pas fourchue, mais
appendiculée ou augmentée d'un petit lobe à quatre rayons.

Ce poisson se trouve fréquemment dans les parties chaudes de la Nouvelle-
Grenade, traversée par la Grande Rivière de la Madeleine. Nous l'avons pêché
entre Pinto et Mompox, par les 9° et 9° ½ de latitude. Les indigènes assurent
qu'il est l'ennemi naturel des Crocodiles, qu'il entre tout exprès dans leur gueule,
et qu'il les blesse dangereusement en écartant les nageoires pectorales qui sont
plus tranchantes que les meilleurs instrumens de chirurgie. Cette circonstance
a fait donner à ce poisson le nom bizarre de *Mata-Cayman*, c'est-à-dire *pexe
que mata el Cayman* (qui tue le Crocodile). S'il est vrai que l'on rencontre
des Crocodiles expirans dont l'œsophage est déchiré, il faut supposer que les
Matacaymans, qui nagent par bandes, ont enfoncé leurs rayons dentelés dans
les membranes de l'œsophage du Crocodile, moins pour se défendre, que parce
qu'ils ont été agités par la peur, au moment où le Saurien les a avalés.

Le Doras du Magdalena a une force musculaire extraordinaire. L'individu
que j'ai dessiné me blessa douloureusement, et je l'ai vu s'avancer par sauts
sur une plage aride, à plus de 200 pieds de distance, en s'appuyant sur les
rayons osseux de ses nageoires pectorales. Un autre individu, que les Indiens
pêchèrent à la ligne près du confluent du Rio Cauca, grimpa sur un monticule de
sable de 20 pieds de haut. Ces faits, que j'ai observés moi-même, rappellent le
Tamaota du Brésil (Cataphractus callichthys, Bloch, Tom. VI, p. 70) qui,
selon Marcgrav, se traîne par terre d'une rivière à une autre. C'est à tort que
plusieurs naturalistes ont traité cette assertion comme très-hasardée.

———————

[Le genre Doras, établi par M. de Lacépède, a pour caractère essentiel une
rangée longitudinale d'écussons osseux et armé d'une forte épine dirigée vers la
queue. Tous les poissons de ce genre ont, comme dans l'ordre entier auquel il
appartient, une nageoire pectorale accompagnant le rayon épineux et dentelé qui
s'articule sur l'os en ceinture. Dans le *Matacayman* que décrit M. de Humboldt,
les autres rayons de la nageoire manquent tout-à-fait ; mais cette anomalie, quelque

extraordinaire qu'elle paroisse, n'est pas le seul caractère qui distingue cette nouvelle espèce de celles que l'on connoît déjà dans le même genre. M. de Lacépède avoit décrit deux Doras, placés par Linné dans le genre Silure (*Silurus costatus* et *S. carinatus*). Depuis, trois autres espèces nouvelles ont été déposées dans la collection du Muséum d'histoire naturelle. Deux d'entre elles sont très-remarquables, parce que leur bouche semble privée de dents. La troisième espèce est voisine du Doras carinatus, mais elle en diffère par le nombre d'écussons aiguillonnés qui protègent les côtés. C'est près de ces deux espèces que l'on doit placer provisoirement le *Matacayman*. L'observation faite sur des individus vivans, par un voyageur qui a marqué constamment, dans son journal, le nombre des rayons épineux et non épineux, ne paroît devoir laisser peu de doute sur l'absence de la nageoire pectorale[1]. Ce fait étant vérifié, il me paroît probable que cette anomalie entraînera d'autres changemens dans les caractères génériques de ce poisson, et que les ichthyologues, assez heureux pour l'observer, en feront le type d'un genre nouveau, voisin des Doras. La monographie du genre Doras renferme déjà cinq espèces, probablement toutes originaires d'Amérique. Je dis probablement, car je ne trouve aucune indication certaine dans la collection du Muséum, sur la patrie de chacune de ces espèces.

A. ore dentato.

1. *Doras costatus*, corpore cataphracto, scutellis transverse latissimis, longitudinaliter angustis, in utroque latere 34.

Doras costatus, Lac.

Silurus costatus, Gmel. (Bloch, tab. 376.)

Caput depressum, clypeatum, subtruncatum; cirri duo longissimi in maxilla superiore ad rictum; quatuor in maxilla inferiore, quorum interiores duplo breviores. Dentes plurimi setacei in utroque labro. Scutella 34, latus tegentia, granuloso-rugosa, imbricata, aculeata; aculeis dimidiantibus. Venter cute vestitus. Pinna adiposa porrecta, crassa, haud elevata. Pone illam et pone pinnam analem in dorso et abdomine scutella imbricata, inermia, Pinnæ ventrales rotundatæ. Cauda bifida.

D. 7. P. 7. V. 7. A. 10. C. 18.

---

[1] M. Geoffroy de Saint-Hilaire regarde le premier rayon épineux comme analogue à l'apophyse coracoïde. Dans la description des espèces, je le compte parmi les rayons de la nageoire pectorale, selon l'ancienne méthode de Linné.

2. *Doras carinatus*, corpore nudo, scutellis subrotundatis in utroque latere 17.

Doras carinatus, Lac.

Silurus carinatus, Gmel. (Marcg., pag. 174.)

Caput magnum, clypeatum, subcarinatum, antice subtruncatum. Cirri et dentes ut in Dorade costato. Scutella subrotundata, aculeata, haud imbricata, in utroque latere, dimidiantia. Pinna adiposa parvula : pone illam, caudam versus, superne scutella 2 inermia; inferne pone pinnam analem tubercula ossea sex. Cauda bifida.

D. 7. P. 9. V. 7. A. 13. C. 30.

3. *Doras granulosus*, corpore nudo granuloso, scutellis subquadratis in utroque latere 24.

Caput antice depressum, subtruncatum, pone basin pinnæ dorsalis convexum subcarinatum : cirri dentesque ut in specie præcedenti. Scutella longe aculeata, fere quadrata, subimbricata. Pinna adiposa crassiuscula, subporrecta. Pone caudam, supra vel infra, scutella nulla.

D. 6. P. 9. V. 7. A. 11. C. 23.

4. *Doras Crocodili*, corpore nudo, scutellis triangulari-cordatis, cauda inferne appendiculata, pinna pectorali uniradiata.

Differt, 1° pinna pectorali uniradiata; 2.° cauda inferne appendiculata; 3.° numero radiorum pinnarum.

Strabon (Geogr., Lib. XVII, Cap. I, p. 824) dit que les Crocodiles du Nil fuient devant le poisson Chœrus (Silurus?) dont ils redoutent les rayons épineux. Ce passage rappelle l'observation rapportée par M. de Humboldt, d'après le récit des pêcheurs américains.

B. ore edentulo.

5. *Doras niger*, corpore nudo lævi, scutellis trigonis in utroque latere 24.

Caput magnum elongatum, antice acutum, clypeatum. Labia crassa, carnosa. Cirri sex, duo ad rictum; quatuor æquales brevissimi, in maxilla inferiore. Scutella lateralia, quorum priora quatuor, inermia, cætera triangularia, aculeata. Pinna adiposa porrecta, angustata.

D. 7, P. 9. V. 7. A. 9. C. 18.

6. *Doras Oxyrhynchus*, corpore nudo lævi, scutellis minimis in utroque latere 34.

Caput compressum, vertice convexum, antice acutissimum. Cirri ut in specie præcedente. Scutella lateralia parva, imbricata. Pinna adiposa minima, caudam versus sita.

D. 6. P. 11. V. 7. A. 6. C. 20.

Il est probable que le nombre des espèces de ce genre augmentera considérablement lorsque des naturalistes instruits auront pénétré dans ce dédale de rivières que renferme la partie orientale de l'Amérique du Sud.—*Valenciennes.*]

LE POISSON MOXARA D'ACAPULCO.

SMARIS LINEATUS, *albus, dorso virescente, zonis 8-9 longitudinalibus pictus.*

Le Moxara d'Acapulco. Pl. XLVI, f. 2 (à peu près ⅓ de la grandeur naturelle.)

« *Moxara*, corpore compresso, latissimo, albo, zonis 8-9 olivaceis picto, dorso virescente, abdomine argenteo. Linea lateralis curva, viridis. Caput parvum, subtruncatum, labiis retractilibus. Os parvum. Dentes setacei, minutissimi, vix conspicui. Opercula triangularia squamis magnis, laxis tecta. Oculi maximi, iridibus flavis. Membrana branchiostega radiis 5. Pinna dorsalis 19-radiata, a medio dorso ad caudam usque protensa, radiis primis 9 aculeatis. Pinnæ pectorales ventralibus majores, oblongæ, radiis 16. Pinnæ ventrales minutæ, radiis 6, radio primo valido pungenti. Pinna analis ab ano ad caudam excurrens, 12 radiata, radiis 3 aculeatis (primo minuto, secundo pollicari, validissimo, falcato). Cauda bifurca radiis 26. Pinna analis ab ano sat remota. »

« Les nageoires ventrales un peu en arrière des pectorales. Longueur, 9 pouces 3 lignes; largeur, 4 pouces. Les nageoires dorsales et anales sortent comme d'une fente formée par de grandes écailles. La base des rayons est cachée dans cette fente. Narines doubles, très-rapprochées. Le *Moxara* que j'ai dessiné à Acapulco, lors de mon retour du Pérou, a un goût excellent; il est extrêmement recherché. On le pêche dans la Laguna de Colluco, que l'on m'a assuré être d'eau douce. Peu éloigné des côtes, ce lac a peut-être des eaux un peu saumâtres.

· [En consultant les manuscrits et les dessins de Commerson, M. de Lacépède
a trouvé parmi les matériaux de ce célèbre voyageur la figure d'une
espèce d'Acanthopterygien dont la dorsale s'étend sur toute la longueur du
corps, et dont la bouche est remarquable par l'alongement qu'elle peut prendre
à cause de l'extrême longueur des pédicules des intermaxillaires. Cette espèce
a été décrite sous le nom de *Labre long-museau.* Dans les manuscrits de
Commerson, elle est désignée « comme un Spare, appelé *Breton* par les
créoles de l'Ile-de-France. » M. de Lacépède a publié la description très-
exacte du voyageur françois dans sa monographie des Spares, et a nommé
l'espèce nouvelle *Spare Breton.* Il est donc évident que le *Labre long-
museau* et le *Spare Breton* ne sont qu'une même espèce. M. Cuvier a reconnu
et indiqué cette identité dans son ouvrage [1]. Commerson, qui avoit d'abord
vu ce poisson à l'Ile-de-France, le retrouva dans les mers de l'Inde, entre les
Moluques et la Nouvelle-Guinée. Nous en possédons dans le Muséum d'histoire naturelle des individus rapportés du Brésil par M. Delalande. Il paroît
que la même espèce de poisson voyageur se pêche près des côtes de la mer du
Sud (dans des mares d'eau saumâtre?), où M. de Humboldt l'a observé à Acapulco. Il est impossible de n'être pas frappé de la concordance qui existe entre
la description du *Breton,* faite par Commerson, et celle du *Moxara,* tracée par
M. de Humboldt. Même forme générale de corps, même nombre de rayons à
chaque nageoire, même disposition dans la grandeur et la grosseur de chacun
d'eux, même couleur argentée, même nombre de lignes olivâtres sur les
côtés. Après de tels rapports, quels doutes pourroit-on élever sur l'identité
du *Labre long-museau,* du *Spare Breton* et du *Moxara?* Ce poisson, que
M. Cuvier place dans son genre Smaris, a, comme toutes les espèces de ce
genre, une bouche très-protractile. Ses dents en velours sont disposées
de la même manière; mais la forme plus haute du corps et la position un peu
différente des nageoires ventrales lui donnent un *habitus* assez distinct. On
en conserve plusieurs variétés dans le cabinet du Muséum d'histoire naturelle.
On pourra peut-être un jour considérer ces variétés comme des espèces distinctes, lorsqu'on aura eu occasion d'examiner un grand nombre d'individus.
Elles formeront, avec le *Smaris rayé,* un nouveau groupe parmi les Picarels.
Comme le Smaris, dont je viens de rectifier la synonymie, se trouve répandu
sur les points les plus éloignés du globe, je pense qu'il seroit convenable de ne

---

[1] *Règne animal,* Tom. II, p. 270, note.

pas lui laisser un nom spécifique qui indique une localité particulière. Le nom de *long-museau* ne doit pas non plus lui être donné, puisque cette épithète convient à toutes les espèces du même genre. Je propose de le caractériser comme il suit :

Smaris lineatus, corpore latissimo, ex viridi argenteo, lineis 9-12 fusco-olivaceis longitudinaliter ornato.

Labre long-museau. Lac. Tom. III, Pl. XIX, fig. 1.
Spare Breton. Lac., Tom. IV, p. 134.

M. de Humboldt, en décrivant ce poisson, n'a pas reconnu le genre auquel il appartient : mais la grande conformité des caractères qu'il indique avec ceux que présentent les individus que nous conservons dans le cabinet, prouve que le journal zoologique dont nous publions des fragmens a été rédigé avec beaucoup de soin. Il sera important de vérifier si la Laguna de Colluca ne communique pas avec la mer.—*Valenciennes*.]

LE POISSON ROYAL DE LIMA.

ATHERINA REGIA, *virescens, fascia laterali argentea cærulescente, pinnis omnibus punctatis.*

Le Pexerey de Lima.

« Atherina corpore virescente, oblongo-lanceolata, laxe squamoso, longitudinaliter vittato, linea laterali latiuscula argentea, cærulescente, recta. Squamæ ovatæ, cæruleo-punctatæ. Caput subdepressum, vertice plano squamoso. Rostrum obtusum, ore protractili. Dentes plures minuti ad marginem maxillæ utriusque; in lingua nulli. Lingua brevis, libera. Membrana branchiostega radiis sex. Pinnæ dorsales duæ, prior minima librans, radiis laxis 5; secunda lumbaris rad. 9-10. Pinnæ pectorales rad. 14. Pinnæ ventrales minutæ, rad. 5. Pinna analis magna, rad. 15. Anus fere in medio corpore. Pinna caudalis bifida, rad. 20. Radii omnes cæruleo-punctati. Oculi magni nigri. »

Les plus grands individus ont 8 pouces de longueur, mais généralement le poisson n'excède pas 5 à 6 pouces. Largeur, 1 ⅕ pouces. Le *Pexerey*, célèbre dans tous les pays limitrophes du Pérou, paroît propre à l'hémisphère austral. On le trouve surtout dans l'Océan-Pacifique, près du Callao de Lima où j'en ai fait la description; mais il manque près de Truxillo et au sud de Lima. Je ne connois aucun poisson dont la chair soit plus délicieuse : aussi en consomme-t-on, dans la capitale du Pérou, journellement, une immense quantité. L'Atherina regia diffère par le nombre relatif des rayons dans les nageoires pectorales et ventrales de l'Hepsetus, du Menidia et du Sihama. Les caractères que Linné a tirés de la seule nageoire anale me paroissent extrêmement vagues.

J'engage les naturalistes voyageurs qui visiteront les pays que j'ai parcourus, de fixer leur attention aux bords de l'Orénoque sur les poissons *Cachama*, *Morocotto*, *Pajara*, *Dorado*, *Curbinata* (dont les concrétions cérébrales sont célèbres parmi les colons, sous le nom de *piedras de Curbinata*), *Bagre listado*, *armado*, et *amarillo* ou *pintado*, *Valenton* ou *Laulàu* qui pèse souvent 40 livres, *Rayas* (Raies) *Inaturi et Pari*, *Vaipu* que les créoles appellent *Guavina*, *Duro* ou *Conchudo*, *Camara* ou Anguille du Meta, *Sardina brava*, et *Caparro*[1]. Près des côtes de Cumana, les poissons *Cuna*, *Rabirubio*, *Cachicato*, *Corocoro* et *Picua* méritent une attention particulière. Voici quelques notes que j'ai prises sur les espèces pélagiques :

« *Cuna*, ex ordine Thoracicorum. (Labrus?) Corpus oblongum, viride cinerascens. Linea lateralis subincurva. Caput et opercula squamis minutis tecta. Os exiguum, labro superiore duplicato, retractili. Dentes acutissimi, setacei, conferti. Lingua brevis, tenuis. Operculum triangulare. Præoperculum rotundatum integerrimum. Pinna dorsalis totum dorsum tegens radiis 27, quorum primores 10 validi aculeati, ramento nigro filiformi aucti. Pinnæ pectorales ovatæ rad. 15. Pinnæ ventrales acutæ rad. 6. Pinna analis rad. 13, quorum 2 primores aculeati. Cauda integra radiis 18. Longueur 11 pouces, largeur 3 ½ pouces. La lèvre supérieure double et protractile. Les opercules, et non les nageoires, sont couvertes d'écailles. Le *Cuna* est recherché par les pêcheurs de Cumana. On en consomme une prodigieuse quantité. »

« *Rabirubio*, ex ordine Thoracicorum. Corpus valde compressum, cinereum, zonis aureis et ex cinereo rubescentibus longitudinaliter pictum. Caput et opercula squamis minutis tecta. Dentes setacei, acuti. Operculum triangulare. Præoperculum serratum, aculeatum. Oculi magis approximati ut in *Cuna*. Pinna dorsalis rad. 22, quorum 12 primores aculeati, absque ramento filiformi. Pinna pectoralis rad. 14. Pinna ventralis rad. 6, quorum radius primus spinosus. Pinna analis rad. 22, quorum 3 aculeati. Pinna caudalis sinuata, subquadrifida rad. 20. Linea lateralis subarcuata. Longueur 7 ½ poll., largeur 2 ⅝ pouces. La langue plus charnue que dans le *Cuna*. La nageoire dorsale bigarrée et brillante d'un vif éclat. »

« *Cachicato*, ex ordine Thoracicorum. Opercula et præopercula squamis vestita, integerrima, rotundata. Os minimum. Labia duplicata protractilia. Dentes anteriores plures setacei, conferti : laterales duplici ordine dispositi, majores, truncati, sublobati, latiusculi. Pinna dorsalis rad. 24, quorum 12 aculeati. Pinna pectoralis rad. 12. Pinna ventralis rad. 6. Pinna analis rad. 13, quorum 3 aculeati. Cauda bifida rad. 24. Corpus compressum, dorso fere carinato, argenteum. Linea lateralis incurva, flavescens. Longueur 8 pouces, largeur 3 ½ pouces. Côtes de Cumana. La bouche du *Cachicato* est beau-

---

[1] *Gili*, Tom. II, p. 74-83. *Gumilla*, Tom. II, p. 236-274. Le *Caparro* que j'ai décrit est un poisson abdominal, dépourvu de dents, à larges écailles argentées et verdâtres semblables aux écailles des Cyprins. (Corpus oblongum compressum, pedale. Pinna dorsalis ibrans, antice ossiculis duobus spiniformibus aucta. Cauda bifurca.) Les deux petits rayons épineux de la dorsale sont dirigés horizontalement et placés l'un à côté de l'autre, ayant les pointes tournées vers la tête du poisson.

coup plus petite que celles du *Cuna* et du *Rabirubio*. Outre les petites dents qui ressemblent aux poils d'une brosse, il y a dans les deux mâchoires deux rangées latérales de dents beaucoup plus fortes et tronquées à l'extrémité. »

« *Corocoro*, ex ordine Thoracicorum. (Serranus ?) Corpus oblongum, ex viridi fuscescens, squamarum centro argenteo albo, pinnis olivaceis. Operculum integerrimum, rotundatum. Præopercula serrato-aculeata. Pinna dorsalo rad. 28, quorum 12 aculeati. Pinna pectoralis rad. 15. Pinna ventralis rad. 6. Pinna analis rad. 12, quorum 3 aculeati. Cauda bifurca rad. 16. Longueur 7 pouces, largeur 2 ½ pouces. »

« *Petoto*, ex ord. Thoracicorum. Corpus compressum oblongum, ex argenteo flavescens, zonis viridibus 7 transversim pictum. D. 39. P. 14. V. 6. A. 7. C. 28. Operculum integerrimum, orbiculatum. Præoperculum denticulatum. Cauda integra. La nageoire dorsale est presque divisée en deux ; les premiers 9 rayons sont osseux et piquans, comme aussi le premier rayon de la nageoire anale. Longueur 9 pouces, largeur 2 ½ pouces. »

« *Picua*, ex ordine Abdominalium. Maxillæ dentibus setiformibus simplici ordine instructæ. Corpus supra olivaceum, subtus argenteum ; caput depressum ; os parvum, labium inferius superiore ¼ longius. Linea lateralis recta. Pinnæ dorsales duæ, priori 5-radiata pungente, secunda 10-radiata, submutica. Pinna pectoralis rad. 18 ; P. ventralis rad. 6 ; P. analis rad. 6 ; P. caudalis bifida, rad. 16. (Longueur 14 pouces, largeur 2 ½ pouces). »

« *Chapin* (Ostracion quadricornis) trigonus, olivaceus, dorso punctis atris, capite striis transversalibus cæruleis notatis. Spinæ duæ pone oculos, horizontales, duæ anum versus. Oculi nigri, maximi. Os dentibus 10. Abdomen planum, album. Dorsum carinatum. Cauda nuda, scutelli rudimento osseo orbiculato notata. D. 9. P. 11. A. 10. C. 10. Longueur 16 pouces, largeur 6 pouces. On mange ce poisson à Cumana. Il nous a blessé quelquefois en nous baignant. Tout le corps de l'Ostracion est marqué de figures hexagones. Le petit écusson qui se trouve à la base de la queue a 3 lignes de large. Ce caractère, négligé jusqu'ici, se retrouve dans plusieurs espèces d'Ostracion. (*Willughby Hist pisc.* Tab I. fig. 14 *bona. Bloch tab.* 134 *mala*).

Dans la mer du Sud, pendant la traversée du Pérou au Mexique, j'ai pris des notes très-détaillées sur les poissons que les matelots ont pêchés à la ligne :

« Coryphæna (appelée par les marins espagnols *Dorada manchada*) capite obovato, antice truncato ; corpore oblongo compresso, argenteo, cæruleo-punctato ; pinna dorsali virescente, mixto aureo ; pinna anali rubescente, maculis cæruleis variegata. Iris flava. Labia zona cærulea marginata, dentibus acutis minutis, lingua libera. Membrana branchiostega radiis 5 laxis. Caput et opercula squamis tecta. Pinna dorsalis a capite ad caudam excurrens, radiis 56. Pinna pectoralis ovata, minuta, rigida, crassa, radiis 26. Pinna ventralis, pectorali major, radiis 32. Pinna analis ab ano ad caudam protensa, radiis 23, primordialibus longioribus. Cauda bifurca, crassa. Les rayons de la nageoire caudale sont minces et couverts d'une peau épaisse, de sorte que je n'ai pu en déterminer le nombre avec précision. Il m'a paru au-dessus de 18. La tête a une espèce de crête osseuse plus élevée dans le poisson mâle que dans le poisson femelle. Plusieurs caractères, et surtout le grand nombre de rayons dans la nageoire ventrale, distinguent cette Dorade du Coryphæna Hippuris et du C. Equiselis. Elle a été prise lat. 2° 27′ bor., long. 87° 50′. à l'ouest de Paris. Nous avons fait l'observation curieuse que ce poisson, qui pesoit 28 livres, et dont l'estomac étoit rempli de Trigla volitans, changeoit de couleur en mourant de 10 en 10 secondes. Les petites taches du corps restoient bleues; mais la nageoire dorsale, naturellement verte, devint d'abord rouge, puis jaune, et à la fin d'un beau bleu d'indigo. Longueur du corps, 58 pouces; largeur de la tête à la partie tronquée, 11 pouces. Le cœur est extrêmement petit pour un poisson connu par son extrême voracité; il n'a que 15 lignes de long. C'est, je crois, la seule espèce de Coryphène décrite dont la nageoire ventrale a plus de rayons que la nageoire pectorale. Sa chair est d'un goût exquis. »

« *Variletta.* (Scomber.) Corpus compressum, læve, oblongum, dorsum versus cæruleum mixto auro, abdomine albidiore, fasciis quatuor abdominalibus argenteo-splendentibus longitudinaliter ornato. Caput magnum, os retractile. Oculi maximi, fusco-cærulei. Dentes plurimi setacei in utroque labio. Lingua apice libera, carnosa, ovata. Membrana branchiostega radiis 7. Pinna dorsalis prima in fossa dorsali recondenda, radiis laxis subpungentibus 15. Pinna dorsalis secunda, rigida, in fossa haud recondenda, radiis 8. Pinnæ spuriæ dorsales 8 versus caudam sitæ, minutæ, distantes, triangulares, adiposæ. Pinna pectoralis rad. 32. Pinna ventralis radiis inæqualibus 32, quorum 25 minores majoribus 7 intermixti. Pinna analis rad..... Pinnæ anales spuriæ 9, minutæ, triangulares, adiposæ. Cauda bifurca rad. 16. Pinnæ omnes obscure olivaceæ. Corpus caudam versus utrinque carinatum, linea laterali in membranulam adiposam dilatata. Longueur du corps, 4 pieds 3 pouces; largeur au milieu du corps, 10 pouces. Une carène saillante à chaque côté de la queue. Le corps nu (sans écailles?) Nous l'avons pêché lat. 2° 12′ bor., long. 86° 8′. La *Variletta* se trouve par bandes avec l'*Albacora*. Elle est peu estimée, sa chair étant insipide et extrêmement molle. »

« *Albacora.* (Scomber.) Caput et totum corpus squamis tectum. Membrana branchiostega rad. 7. Dorsum cæruleo-nigrescens, lateribus virescentibus, abdomine argenteo, zonis 20-22 transversalibus, parallelis, cæruleis picto. Linea lateralis postice carinata, carina membranacea. Fossula dorsalis pro receptione pinnæ dorsalis primæ, quæ radios exhibet 14. Pinna dorsalis secunda rad. 7. Pinnulæ spuriæ adiposæ 9. Pinna pectoralis rad. 32. Pinna ventralis rad. 6. Pinna analis rad. 5. Cauda bifida rad. 18. Cette espèce, de 2 pieds et demi de long, est remarquable par le nombre de rayons qu'offre sa nageoire anale ; lat. 3° 55′ bor. à l'est de l'île des Cocos, dans des parages où la mer du Sud est extrêmement poissonneuse. On pourroit y faire une pêche de thon très-considérable. Les matelots espagnols croient que la chair de l'*Albacora*, exposée aux rayons de la lune, donne des éruptions dartreuses. »

Près d'Acapulco, port occidental du Mexique, un petit poisson, d'un aspect triste et dont le corps est enduit de mucosité, contribue à l'insalubrité du climat. Il habite par milliers la *Sienega del Castillo;* et, lorsque cette mare se dessèche, le poisson périt et répand des miasmes dans l'atmosphère que l'on regarde comme une des causes principales des fièvres putrides et bilieuses qui règnent tous les ans sur ces côtes [1]. Les Indiens appellent cette espèce d'Acanthopterygiens *Popoyote* ou *Ajolote.* Le dernier nom indique une analogie apparente avec le fameux *Ajolotl* du lac de Mexico, dont la peau est également muqueuse, et que M. Cuvier regarde comme la larve d'une grande Salamandre aquatique.

« *Popoyote*, ex ordine Thoracicorum, Lin. Squamæ laxæ, totum caput et opercula tegentes. Caput latum, depressum. Membrana branchyostega radiis 5. Corpus oblongum, compressum, olivaceo-fuscum, maculis et striis aureis et cæruleis transverse pictum. Pinna dorsalis duplex; prior minuta in fossa semi-recondenda, rad. 7; secunda magna rad. 9. Pinna pectoralis rad. 12. Pinna ventralis rad. 5. Cauda rotundata rad. 16. (Long. 4 pollicaris.) » An Eleotris, Gron.?

Je terminerai la partie descriptive de ce mémoire par quelques observations éparses qui pourront guider les voyageurs dans leurs recherches de zoologie.

La Torpille électrique des côtes de Cumana (*Temblador de agua salada*, très-différent du Gymnote ou *Temblador de agua dulce*), ressemble plus au Torpedo Galvanii qu'au Torpedo Narke (*voyez* ma *Relat. hist.*, T, II, p. 174). Dans les Torpilles le rapprochement du cerveau, des branchies, des organes électriques et du cœur me paroît un phénomène très-remarquable. De même que dans l'homme une énorme quantité de sang artériel est désoxidé par les fonctions (intellectuelles?) du cerveau; de même ici l'oxigène, soustrait par les branchies à l'eau aérée, semble contribuer dans les cylindres de l'organe électrique à la formation de ce fluide mystérieux, qui est la cause première de tout mouvement musculaire, et qui, dans quelques animaux, se fait sentir au-dehors par des explosions instantanées, mais toujours volontaires. Je possède deux dessins de cerveaux de Torpille, dont j'ai fait l'un à Cumana en 1800, l'autre à Civita-Vecchia en 1805, et qui offrent des différences frappantes dans le nombre des tubercules médullaires placés à la file les uns des autres. On compte six de ces tubercules dans la Torpille de Cumana; le premier, le troisième et le quatrième sont simples; les autres trois sont doubles

[1] *Voyez* mon *Essai polit. sur le Royaume de la Nouvelle-Espagne*, Tom. II, p. 758.

(*gemina*). Le cerveau ne remplit, comme c'est le cas dans la plupart des poissons, que le tiers de la boîte osseuse du crâne. Les deux derniers tubercules du cerveau, ceux qui tiennent à la moelle alongée, sont d'un jaune d'œuf très-intense. Ce phénomène s'est présenté dans trois individus que j'ai disséqués, le reste du cerveau étant blanc argenté. (*Voy.* plus haut, T. I, pag. 53). Quant aux Gymnotes, comparez ma *Relat. hist.*, T. II, p. 177-190, et, plus haut, T. I, p. 49-91. D'après les belles découvertes de MM. Oerstedt, Ampère et Arago, sur l'identité des actions électriques et magnétiques, l'influence des Gymnotes sur des aimans et sur des courans voltaïques circulaires mérite d'être examinée de nouveau. Je persiste à croire que c'est par les poissons électriques que l'on découvrira un jour le mystère du mouvement musculaire des animaux et de la décharge du nerf dans le muscle. Malgré la facilité des communications avec les côtes de Cayenne, de Surinam et de Venezuela, j'ai fait pendant dix ans des vœux infructueux pour que l'on transporte de nouveau des Gymnotes vivans et bien vigoureux dans une des grandes capitales de l'Europe. Enfin nous en possédons un à Paris.

Outre le Lamantin ou *Manati* (dont le nom dérive de la langue d'Haïti et non de l'espagnol, *Relat. hist.*, Tom. II, p. 226), l'Orénoque nourrit un autre *Cétacé d'eau douce* de la famille des *Souffleurs*. C'est le *Tonina* de l'Orénoque, qui ressemble au Marsouin [1] commun (Delphinus Phocæna) et que nous avons rencontré dans les forêts inondées de l'Atabapo, dans le centre de l'Amérique méridionale, à 320 lieues des côtes. *Voyez* sur ces animaux ma *Relation historique*, Tom. II, pag. 201, 202, 222, 228, 406. On ne saurait être assez attentif à ces formes pélagiques qui se retrouvent dans les grandes rivières de l'Amérique et de l'Asie. Le Gangé [2] et l'Orénoque ont de véritables Dauphins; les lacs du Canada et les rivières de la Guyane ont de véritables Raies d'eau douce. Les Indiens Maypures appellent ces dernières Inaturi. J'ai vu, dans les *Llanos* de Caracas et sur les bords de l'Orénoque, des indigènes blessés par l'aiguillon dentelé de ces poissons que le missionnaire Gili a déjà très-bien décrits dans son *Saggio di Storia americana*, Tom. I, pag. 81. Il ne faut pas confondre les marsouins communs ou les poissons de mer, qui remontent les fleuves et finissent par y rester habituellement (comme le Pleuronectes flesus dans la Loire, près d'Orléans), avec les espèces de Cétacés et de poissons à forme pélagique, propres aux grandes rivières des deux continens.

Dans l'archipel d'îlots (*Jardin de la Reyna*), qui s'étend au sud de l'île de Cuba et dans lequel nous avons passé plusieurs jours, on ne connoît plus cette manière extraordinaire de pêcher qui a été décrite par Pierre Martyr d'Anghiera: «Non aliter ac nos canibus gallicis per æquora campi lepores insectamur, incolæ venatorio pisce pisces alios capiebant. Pisces incolæ *guaicanum*, nostri *Reversum* appellant, quia versus venatur. Corpus ejus anguillæ grandiori persimile, sed habens in occipite pellem tenuissimam, in modum magnæ crumenæ. Hunc vinctum tenent in navis sponda funiculo, neque patitur ullo pacto aeris aspectum. Viso autem aliquo pisce grandi aut testudine, piscem solvunt: ille sagitta velocius testudinem, qua extra conchyle partem aliquam eductam teneat, adoritur; pelleque illa crumenaria injecta, prædam ita tenaciter apprehendit, quod exsolvere ipsam eo vivo nulla vis sufficiat, nisi extra aquæ marginem paulatim glomerato funiculo extrahatur; viso enim aeris fulgore, statim prædam deserit.» Telle est la description de la pêche que virent les compagnons de Colomb, en 1493. Les Américains avoient donc des *poissons pêcheurs*, comme les Chinois se servent encore de Cormorans ou *d'oiseaux pêcheurs* qu'ils forcent, en leur plaçant des anneaux au col, à ne point avaler leur proie. (*Petri Martyris Oceanica,*

---

[1] Cochon (Souin) de mer (*swine*, συνίχ, et d'autres affinités étymologiques), *Tripartitum*, p. 152.

[2] Delphinus Gangeticus. (Roxburg dans les *Asiat. Researches*, Vol. VII, p. 170.) J'avois cru reconnoître dans les κῆτη dont parle Cratère, en décrivant l'expédition d'Alexandre (*Strabo, Lib. XV, p. 702, trad. de Letronne,* Tôm. V, p. 47), ces énormes cétacés souffleurs du Gange; mais le mot κῆτος est en général appliqué à tous les *monstres marins*, même aux Phoques. *Homer. Odyss.* IV, 443, 446.

1532. Dec. I, p. 9. Voyez aussi *Gomara, Hist. de las Indias*, 1553, fol. XIV; et *Herera*, Dec. I, Lib. II, Chap. XIII, p. 55.) Ce *Reves* ou poisson pêcheur est, à n'en pas douter, une espèce d'Echeneis, et à cause de sa grandeur plutôt E. Naucrates que E. Remora (qui arrête, en espagnol *que detiene, que hace morar*). Commerson a entendu parler de cette même pêche sur les côtes de Mozambique[1]. (*Lacepède, Hist. nat. des poissons*, T. III, p. 164.) Le *pellis crumenaria*, dont parle Anghiera, est sans doute le bord dilaté du disque. Herera ajoute que l'on prenoit des Requins (Tiburones) par le petit poisson *Reves*, à la queue duquel on fixoit une corde de deux cents brasses. On sait que l'Echeneis s'attache de préférence aux Requins qui, à leur tour, sont précédés par le pilote (Gasterosteus ductor). Lorsqu'on réfléchit à la force musculaire des Squales, on a de la peine à croire au succès de cette pêche. C'est à tort (*Memorial litterario*, 1803, n. 28, p. 37) qu'on croit que les Requins ont le sens de l'odorat très-foible, et que pour cela ils se laissent guider par les Gasterostes. Nous avons eu beaucoup de preuves de l'odorat très-fin des Squales pendant notre navigation du Pérou au Mexique. L'Echeneis Remora de la mer du Sud que nous avons soumis au galvanisme n'avoit constamment que dix-huit rayons aux nageoires dorsales, pectorales, anales et caudales, au lieu de vingt à vingt-deux. (Br. 8, D. 18, P. 18, V. 4, A. 18, C. 18, Lames au disque, 18.)

[Le travail que j'ai fait sur le genre Pœcilie et sur ceux qui l'avoisinent étoit imprimé, lorsque nous avons reçu le *Journal de l'académie des sciences de Philadelphie*, dans lequel M. Lesueur a publié les descriptions et les figures de trois espèces de poissons des eaux douces de la Louisiane. Deux de ces espèces sont nouvelles; et la troisième est décrite et figurée dans mon mémoire, d'après un individu de la collection du muséum d'histoire naturelle, dont on ignoroit la patrie.

La première espèce de M. Lesueur[2] est le type d'un genre nouveau qu'il nomme *Molienesia*. Ce genre est caractérisé par la position remarquable de la nageoire anale entre les ventrales, immédiatement sous l'origine de la dorsale. Les dents sont disposées comme celles des Fundules; le nombre des rayons branchiostèges est de quatre ou cinq : on sait que les espèces du genre Fundule en ont quatre seulement. D'après ces rapports, on voit que c'est entre les genres Lebias et Fundule que doit être placé le *Molienesia*. M. Lesueur n'en connoît qu'une espèce, qu'il nomme *Molienesia latipinna*; elle est représentée Pl. III du Journal. Ce petit poisson est très-commun dans les mares d'eau douce près de la Nouvelle-Orléans.

La seconde espèce a été rapportée au genre Pœcilie, sous le nom de *Pœcilia multilineata*; elle est figurée *loc. cit.* Pl. I. Les caractères spécifiques de ce petit poisson, qui habite les eaux douces de la Floride orientale, le font connoître pour une espèce nouvelle et distincte de toutes celles que j'ai décrites. Il est cependant à regretter que M. Lesueur n'ait pas indiqué positivement le nombre des rayons de la membrane des branchies. Si ce nombre, sur lequel reposent en partie les caractères que M. Cuvier a pris pour base de ses déterminations, est cinq, cette espèce est une Pœcilie. La description des dents porte à le croire; car elles sont exactement indiquées comme celles de toutes les espèces de ce genre. Si le nombre des rayons branchiostèges est quatre, ce poisson doit être placé dans le genre Fundule. Peut-être à cause de ses dents est-il le type d'un nouveau genre?

La troisième espèce décrite par M. Lesueur est un Lebias; le caractère si remarquable des dents, donné par M. Cuvier, ne laisse aucun doute sur les poissons que l'on doit rapporter à ce genre. Le

---

[1] Il est bien remarquable de trouver les mêmes artifices de pêche et de chasse employés par des peuples qui n'ont probablement jamais eu de communication entre eux. Des hommes, dont la tête étoit couverte de grandes calebasses, prenoient des canards en se cachant sous l'eau et en saisissant les pieds des oiseaux dans les lacs de Mexico, de l'île Saint-Dominique et de l'Égypte. (*Petr. Mart. Dec. III, Lib. X, p.* 68.)

[2] *Journ. of the acad. of nat. scien. of Philad.*, Tom. II, cahier de janvier 1821, p. 2 et suiv.

Lebias ellipsoidea (*loc. cit. pl. 11, fig. 1-3*) est la même espèce que celle que j'ai nommée plus haut Lebias rhomboidalis; elle vit dans les eaux douces de l'est de la Floride.—*Valenciennes.*]

DE LA RESPIRATION ET DE LA VESSIE AÉRIENNE
DES POISSONS [1].

La respiration des animaux qui vivent nabituellement sous l'eau appartient aux problèmes les plus intéressans de la physiologie. On a reconnu l'appareil respiratoire, désigné sous le nom de branchies, non seulement dans les animaux vertébrés, mais encore dans les mollusques céphalopodes et acéphales, dans les gastéropodes non pulmonés, dans les crustacés (les écrevisses, les isopodes, les monocles), dans plusieurs annélides (les néréides, les serpules, les sabelles). Il paroît même, d'après les recherches de M. Cuvier, que les petits tubes charnus que l'on voit sortir sous l'eau, en forme de houppe, autour des épines des astéries, servent à pomper l'eau, et qu'ils font partie des organes de la respiration des zoophytes échinodermes. Les jeunes reptiles batraciens, avant leur métamorphose, respirent par des branchies libres qui ne sont pas persistantes. Dans une seule famille on trouve deux genres, la sirène bipède et le protée qui, en vrais amphibies, sont pendant toute leur vie munis à la fois de branchies et de poumons.

Des huit classes d'animaux à vertèbres et d'animaux invertébrés dans lesquels les anatomistes ont reconnu des vaisseaux, il y en a par conséquent six qui ont des appareils respiratoires propres à mettre l'eau en contact avec le sang veineux. Si, d'un côté, les animaux dont le volume est plus considérable, les pachydermes et les mammifères cétacés, sont *aériens* et respirent par des poumons; d'un autre côté, les animaux qui respirent par l'intermède de l'eau, sont les plus nombreux, et surtout les plus variés, soit dans leur forme extérieure, soit dans le type de leur organisation interne.

Plus grand est le rôle que jouent dans l'économie de la nature les animaux aquatiques dépourvus de poumons, et plus il est important d'examiner avec

---

[1] Je consigne ici le travail chimique que j'ai fait au laboratoire de l'École polytechnique conjointement avec M. Provençal (aujourd'hui professeur à l'école de médecine de Montpellier). Ce mémoire a paru dans le II.ᵉ volume des *Mémoires de la Société d'Arcueil*, mais il est resté à peu près inconnu aux naturalistes qui s'occupent plus particulièrement de la physiologie des animaux. J'ai ajouté quelques résultats tirés des belles expériences de M. Gay-Lussac sur la respiration, qui n'ont point été publiées jusqu'ici.

soin quel est le mode d'action chimique qu'exerce l'eau sur le sang veineux dans les branchies des poissons, des mollusques, des vers marins et des crustacés astacoïdes.

Depuis que Boyle et Mairan ont reconnu la dissolution de l'air dans l'eau, les physiologistes ont considéré cet air dissous comme l'agent principal dans la respiration des poissons. Cette opinion a été générale jusqu'à l'époque de la brillante découverte de la décomposition de l'eau. Dès-lors plusieurs naturalistes ont avancé que les branchies avoient la faculté de séparer les deux principes constituans de ce liquide. L'abondance de matière huileuse et adipeuse trouvée dans quelques familles de poissons leur a même paru une preuve directe de la décomposition de l'eau dans l'acte de la respiration. D'autres physiciens ont cru que les poissons, munis à la fois de branchies et de vessies natatoires, respiroient d'une double manière, en décomposant l'eau dans les branchies et en s'appropriant l'air dissous dans l'eau par la voie du système vasculaire dont les dernières ramifications s'épanouissent sur la vessie aérienne.

Les expériences de Priestley et de Spallanzani ont affoibli ces hypothèses fondées sur l'idée d'une décomposition de l'eau dans les organes respiratoires. Le travail du célèbre physicien italien est le plus étendu que l'on ait jusqu'à ce jour sur cet objet important. Spallanzani observa que les poissons, exposés à l'air, absorbent de l'oxigène et produisent de l'acide carbonique. Il trouva qu'une couche de gaz oxigène, couvrant la surface de l'eau dans laquelle vivoient des tanches, diminua sensiblement en volume; que les poissons meurent après quelques heures, si l'eau n'est pas en contact avec l'air extérieur, et que de l'air atmosphérique placé au-dessus d'un petit volume d'eau de rivière reposant sur du mercure, et contenant des poissons vivans, est peu à peu dépourvu de son oxigène. Il remarqua aussi qu'une tanche, renfermée dans un flacon rempli d'eau distillée, périt au bout de dix-huit heures, tandis qu'une autre, renfermée dans un flacon rempli d'eau commune, n'expira qu'après trente heures. Il conclut de ces expériences faites dans l'eau de chaux, que les tanches produisent de l'acide carbonique, non seulement par l'action de leurs branchies, mais par toute la surface de leur corps [1].

Dans le cours de ce travail sur la respiration des poissons, Spallanzani ne retira jamais, par l'ébullition, l'air contenu dans l'eau sur laquelle les branchies avoient agi. Il ne put, par conséquent, pas examiner le changement que ce

____

[1] *Rapport de l'air avec les êtres organisés, par Jean Senebier*, Tom. I, p. 130-187.

mélange gazeux avoit éprouvé. Il n'aborda pas cette question importante, savoir si les poissons, outre l'oxigène, absorbent aussi de l'azote dissous dans l'eau.

M. Sylvestre a fait plusieurs expériences qui tendent à prouver que les poissons respirent l'air contenu dans l'eau, et qu'ils viennent, lorsqu'ils le peuvent, respirer l'air atmosphérique à sa surface. Les résultats de ces dernières expériences sont consignés dans le premier volume du *Bulletin de la Société philomatique*, p. 17, et dans les *Leçons d'anatomie comparée de Cuvier*. M. Sylvestre a observé que des poissons vivent très-peu de temps dans des récipiens qui sont entièrement remplis d'eau, plus long-temps lorsqu'une couche d'air atmosphérique couvre l'eau, encore plus long-temps lorsque l'air atmosphérique est remplacé par du gaz oxigène. Il a reconnu que l'eau dans laquelle les poissons avoient respiré contenoit beaucoup moins d'air que la même eau qui n'avoit pas servi à cet usage, et que les poissons périssent au bout de très-peu de temps, si, par un diaphragme placé très-près de la surface de l'eau, on les empêche d'y prendre l'air atmosphérique.

Les observations que nous venons de rapporter, surtout le travail étendu de Spallanzani, n'ont pas laissé de répandre du jour sur la respiration des animaux munis de branchies. Il restoit cependant un grand nombre de questions importantes à résoudre. Le savant physicien de Pavie avoit fait ses recherches à une époque où l'on ne connoissoit pas, à sept centièmes près, la quantité d'oxigène contenue dans l'atmosphère; il ignoroit les moyens d'évaluer de très-petites quantités d'hydrogène dans l'azote, et d'azote dans l'hydrogène; il employa une méthode eudiométrique très-imparfaite; il ne tenta pas d'examiner la nature de l'air contenu dans l'eau qui renferme des poissons vivans; il ne put déterminer rigoureusement les changemens de proportions que subissent, par l'action vitale des branchies, des mélanges gazeux d'azote et d'oxigène ou d'azote, d'oxigène et d'hydrogène absorbés par de l'eau distillée.

Ces considérations nous ont engagés, M. Provençal et moi, à nous livrer à des recherches étendues sur la respiration des poissons et sur la vessie natatoire qui est contenue dans leur cavité abdominale. Nous ne nous sommes pas flattés de l'espoir de faire des découvertes importantes sur des objets qui ont déjà fixé l'attention de plusieurs physiciens, mais nous avons pensé que notre travail seroit encore utile aux progrès de la physiologie, lors même que nous ne parviendrions qu'à un petit nombre de résultats certains, liés entre eux et fondés sur les méthodes que présente l'état actuel de la chimie pneumatique. Nous nous sommes occupés de ces recherches, dans le Laboratoire de l'Ecole polytechnique, pendant l'espace de sept mois, et nous nous bornons à réunir dans ce mémoire les faits principaux que nous croyons suffisamment éclaircis.

Nous considérerons d'abord les poissons dans leur état naturel, respirant dans l'eau de rivière, et nous examinerons l'action des branchies sur l'eau ambiante, imprégnée d'oxigène et d'azote, d'acide carbonique ou d'un mélange d'hydrogène et d'oxigène; nous traiterons dans la suite des changemens que produisent les poissons sur différens fluides aériformes dans lesquels on les plonge; nous rapporterons à la fin de ce mémoire quelques expériences chimiques et physiologiques, tentées sur l'organe que les naturalistes désignent sous le nom de vessie natatoire, organe dont l'usage est très-problématique.

L'exactitude d'un travail sur la respiration dépend en grande partie de l'exactitude des méthodes eudiométriques employées pour reconnoître la nature des mélanges gazeux, soumis à l'action pulmonaire. Pour éviter des détails minutieux et pour ne pas répéter le type uniforme des calculs eudiométriques, nous observerons ici que toutes nos expériences ont été faites dans l'eudiomètre de Volta, en suivant la méthode et les règles prescrites dans le mémoire [1] qu'on nous (M. de Humboldt) a publié conjointement avec M. Gay-Lussac. Chaque expérience a été répétée trois fois; on n'a regardé comme exactes que celles dont les écarts n'excédoient pas cinq ou six millièmes. On n'a jamais négligé d'évaluer la petite quantité d'oxigène qui se trouve accidentellement dans le gaz hydrogène employé pour l'analyse de l'air. On a aussi déterminé rigoureusement l'azote contenu dans ce même gaz employé, chaque fois qu'il s'agissoit de découvrir de l'hydrogène dans un mélange d'azote et d'oxigène. Ce n'est que vers la fin de notre travail que nous avons souvent analysé les gaz obtenus par deux méthodes différentes, savoir par le gaz hydrogène et par le gaz nitreux. Ce dernier a été employé d'après le procédé eudiométrique indiqué par M. Gay-Lussac [2], procédé qui réunit l'exactitude à la plus grande simplicité, et par lequel on reconnoît la quantité d'oxigène contenue dans un mélange gazeux, presque aussi promptement que l'on en détermine la température.

Pour apprécier les changemens que les poissons produisent, par leur respiration, sur l'eau dans laquelle ils sont plongés, il a été indispensable d'évaluer, plus exactement qu'on ne l'a fait jusqu'ici, la quantité et la nature de l'air contenu dans un volume donné d'eau de rivière. Sans cette évaluation, il auroit

---

[1] *Journal de Physique*, Tom. LX, p. 145.

[2] *Mémoires d'Arcueil*, Tom. II, p. 235.

été impossible d'apprécier l'effet qui doit être attribué à l'action vitale des organes respiratoires des animaux.

On a mesuré, par le poids de l'eau distillée, la capacité de trois ballons de différente grandeur. Le premier A contenoit 2582 grammes, le second B 2378 gr., le troisième C 857 gr. L'air retiré par l'ébullition a été constamment mesuré dans un tube gradué, dont 300 divisions représentent un poids d'eau distillée de 40,730 gr. Ces déterminations ont été faites, au moyen d'une balance de Fortin, à une température de 10° centigrades. Or, en exprimant les volumes en centimètres cubes, nous avons trouvé, par dix expériences réunies dans le tableau suivant, que l'eau de la Seine contient 0,0275, ou un peu moins d'un trente-sixième de son volume en air dissous. L'accord qu'offrent ces expériences est si remarquable que, dans les trois mois de février, de mars et d'avril, les plus grands écarts n'ont pas excédé deux millièmes du volume total de l'eau.

BALLONS.	VOLUME EXPRIMÉ en centimètres cubes.		VOLUME D'AIR contenu dans 100 parties d'eau de rivière.	OXIGÈNE contenu dans l'air retiré de l'eau.
	EAU employée.	AIR obtenu.		
A	2582,70	72,65	0,0281	0,309
A	2582,70	69,72	0,0270	0,313
B	2378,22	64,59	0,0272	0,314
B	2378,22	66,13	0,0279	0,311
B	2378,22	62,94	0,0264	0,311
C	857,62	23,88	0,0278	0,309
B	2378,22	65,86	0,0277	0,307
A	2582,70	74,21	0,0287	0,306
B	2378,22	63,26	0,0266	0,311
B	2378,22	67,26	0,0283	0,314

En retirant l'air de l'eau par l'ébullition, il faut faire passer les vapeurs ou à travers du mercure ou à travers de l'eau distillée récemment bouillie. Car, en remplissant d'eau aérée la cloche dans laquelle on reçoit l'air, les vapeurs qui se dégagent privent cette dernière eau d'une partie de son air dissous; de sorte que, dans ce cas, on obtient plus d'air, et un air moins riche en oxigène que celui que fournit réellement le volume d'eau contenu dans le ballon.

Il faut aussi éviter que l'eau qui se condense dans la cloche remplie de mercure n'absorbe pas de nouveau une partie de l'air dégagé. On pourroit être tenté de laisser l'air, pendant plusieurs jours, en contact avec la couche d'eau qui repose sur le mercure. On pourroit croire que cette eau reprend exactement la même quantité d'air qu'elle a donnée; et qu'en défalquant le volume de cette eau, fournie par les vapeurs condensées du volume total du ballon, on obtiendroit, pour résidu, l'air appartenant au volume de l'eau resté dans le ballon. Mais cette supposition n'est point exacte. L'eau privée d'air ne reprend le mélange gazeux dont on vient de la priver, que lorsque sa surface est baignée par un courant d'air atmosphérique qui se renouvelle à chaque instant. Elle ne se chargera (et l'expérience directe nous l'a prouvé) ni du même volume d'air ni d'un air qui a les mêmes proportions d'oxigène et d'azote, si l'absorption se fait sous une cloche sans contact de l'air atmosphérique libre. La nature du mélange gazeux que contiennent les eaux est modifiée par les plus légers changemens du fluide aériforme ambiant. C'est cette circonstance qui rend impraticable une méthode proposée par quelques chimistes, savoir celle de déterminer la quantité d'air contenue dans l'eau, en observant dans des vases fermés la diminution de volume qu'éprouve l'air atmosphérique mis en contact avec de l'eau récemment distillée. Dans ce procédé, d'après les calculs de M. Dalton, l'eau ne reprend que 0,019 de son volume total [1].

La nature de l'air contenu dans l'eau de nos rivières est aussi constante que la proportion des élémens qui constituent l'air atmosphérique. Aussi ces deux phénomènes sont dépendans l'un de l'autre; et si la quantité d'oxigène contenue dans l'air atmosphérique éprouvoit des changemens de quelques millièmes, la pureté de l'air dissous dans l'eau seroit fonction de la *pureté moyenne* de l'atmosphère, à peu près comme la température des lieux souterrains de peu de profondeur, celle des eaux des puits, et, dans la région équinoxiale, la température de la mer dépendent de la température moyenne appartenant à telle ou telle latitude. Dans toutes nos expériences, pendant l'espace de plusieurs mois, par des temps secs ou pendant la fonte des neiges et des glaces, l'air retiré par l'ébullition de l'eau de Seine n'a varié que de 0,309 à 0,314 d'oxigène. Ces résultats sont conformes aux expériences que nous avons faites, M. Gay-Lussac et moi, sur la pureté de l'air contenu dans l'eau distillée, dans la glace, dans l'eau de pluie et

---

[1] Dans la 5.ᵉ éd. du *Système de Chimie de Thomson*, Tom. III, p. 236, l'air contenu dans l'eau est encore évalué à 0,0357, au lieu de 0,0275 que nous avons trouvés, M. Provençal et moi.

dans la neige fondue. On pourroit être surpris, au premier abord, de la quantité d'acide carbonique retirée de l'eau de rivière. Elle va souvent jusqu'à 0,06, quelquefois jusqu'à 0,11 du volume de l'air retiré; mais cet air n'étant qu'un trente-sixième du volume de l'eau, l'acide carbonique n'est au plus qu'un trois-centième de ce dernier volume. Il provient moins de la décomposition de quelques atomes de carbonate de chaux et de magnésie, que de la décomposition de la matière extractive, qui s'annonce par l'écume que l'on observe, pendant la distillation, dans l'eau qui passe avec l'air. Cette matière extractive et muci-lagineuse, due au *détritus* des corps organisés, joue peut-être un rôle important dans l'économie des poissons et des mollusques que l'on croit vivre sans nourriture solide dans l'eau des rivières ou dans celle de l'Océan.

Ayant déterminé la quantité et la nature de l'air contenu dans un volume d'eau connu, il nous a été facile de trouver, par une voie directe, les changemens que les poissons produisent dans le mélange gazeux dissous dans l'eau de rivière. Nous avons rempli de cette eau des cloches, dans lesquelles étoient renfermés des poissons. Nous avons choisi les individus les plus vigoureux. On a eu soin de ne pas les laisser périr dans les cloches, de peur qu'ils n'agissent sur l'eau, après leur mort, bien autrement qu'ils n'agissoient pendant leur vie. L'eau qui remplissoit entièrement les cloches a été préservée du contact de l'air extérieur par une couche de mercure. Le mercure n'a généralement pas touché le corps des tanches. D'ailleurs, ces animaux en introduisent dans leur bouche de petites quantités, sans en éprouver aucun effet nuisible. Des expériences directes nous ont prouvé que les poissons vivent pendant huit à dix heures, reposant sur du mercure et ayant les branchies à demi-plongées dans ce métal.

On a laissé agir les poissons sur l'eau pendant plusieurs heures. Quelquefois on a placé jusqu'à sept tanches ensemble sous des cloches très-petites. On les a retirées quand elles donnoient des marques de souffrances qui faisoient craindre l'approche de la mort. L'eau dans laquelle les poissons avoient respiré a été tout de suite renfermée dans des ballons pour en retirer l'air. Nous avons évité, autant que possible, en transvasant cette eau, le contact de l'air extérieur, quoique nous nous fussions assurés, par des expériences qui seront détaillées plus bas, que l'eau ne reprend que très-lentement l'oxigène que les poissons lui ont enlevé.

La nature du mélange gazeux retiré par l'ébullition de l'eau mise en expérience dépend naturellement du volume des cloches, du nombre des poissons qui y ont respiré, du degré de leur force vitale et de la durée du contact de leurs branchies avec l'eau. Une seule tanche, placée dans un volume d'eau de près de 2400 centimètres cubes, s'est approprié, en dix-sept heures, tout l'oxigène dissous, moins deux centièmes, du volume de l'air retiré. Dans d'autres expériences, cet air a été réduit à sept, à neuf ou treize centièmes d'oxigène. Nous avons réuni dans un même tableau les résultats d'une partie de nos expériences.

La première colonne de ce tableau indique la quantité d'oxigène, d'azote et d'acide carbonique trouvée dans un volume d'eau de rivière égal à celui dans lequel les poissons ont respiré.

La seconde colonne représente les résultats de l'analyse de l'air retiré par l'ébullition de l'eau qui a été mise en contact avec les poissons.

La troisième colonne donne la différence de volume d'air contenu dans l'eau de rivière, avant que les poissons y aient été placés, et du volume d'air retiré de cette eau après qu'elle a été soumise à l'action des organes respiratoires des tanches.

Les quatrième et cinquième colonnes indiquent l'oxigène et l'azote que les poissons ont absorbés, et l'acide carbonique qu'ils ont produit.

Les sixième et septième colonnes contiennent les proportions qui résultent de chaque expérience entre les quantités d'oxigène et d'azote absorbés, et d'acide carbonique produit par l'acte de la respiration.

La quantité d'air que l'on retire par l'ébullition de l'eau dans laquelle les poissons ont vécu, ne sert pas à mesurer l'action plus ou moins grande que ces animaux ont exercée sur le liquide ambiant. L'intensité de cette action vitale n'est pas en raison inverse du volume de l'air qui reste dissous dans l'eau. Si l'azote n'étoit pas absorbé par les poissons, et si l'oxigène disparu étoit représenté en entier par l'acide carbonique produit, on retireroit par l'ébullition exactement la même quantité d'air de l'eau de rivière pure, que de celle dans laquelle les poissons ont été renfermés. Mais nous verrons bientôt que l'absorption de l'oxigène et de l'azote n'est masquée qu'en partie, et très-foiblement, par l'acide carbonique qu'expirent les poissons.

Pour ne point fatiguer le lecteur par le détail d'un grand nombre de calculs uniformes, je me bornerai à exposer dans un seul exemple la marche que nous avons constamment suivie. Le 7 mars, on a placé sept tanches sous une cloche remplie d'eau de rivière. La cloche contenoit plus de 4000 centimètres cubes. Les poissons y ont respiré pendant huit heures et demie. On a rempli de cette eau, sur laquelle les poissons avoient agi, un ballon dont le volume étoit de 2582 centimètres cubes. L'air retiré par l'ébullition et mesuré à la température de dix degrés centigrades a été de 453 parties. Un volume d'eau de rivière pure auroit fourni 524 parties d'air, ou 71 parties de plus que l'eau qui avoit servi aux poissons. Les 453 parties lavées avec de l'eau de chaux ont été réduites à 300, ce qui a indiqué 153 parties d'acide carbonique. On a déterminé l'oxigène du résidu de l'air par l'eudiomètre à gaz hydrogène et par le gaz nitreux dans l'appareil de M. Gay-Lussac. Trois expériences ont donné les résultats suivans :

$$\left.\begin{array}{l} 0,036 \\ 0,037 \\ 0,031 \end{array}\right\} \text{oxigène.}$$

Les 453 parties d'air retiré de l'eau qui a été en contact avec les organes respiratoires des poissons contenoient par conséquent

$$10,5 \ \text{oxigène.}$$
$$289,5 \ \text{azote.}$$
$$153,0 \ \text{acide carbonique.}$$

Or, nos expériences antérieures nous avoient appris qu'un volume d'eau de Seine pure de 2582 centimètres cubes contient en gaz dissous :

$$155,9 \ \text{oxigène.}$$
$$347,1 \ \text{azote.}$$
$$21,0 \ \text{acide carbonique.}$$
$$\overline{524,0}$$

Par conséquent les sept tanches ont absorbé en huit heures de temps 145,4 d'oxigène, 57,6 d'azote, et elles ont produit, dans le même espace de temps, 132 d'acide carbonique. Il en résulte que, par la respiration des poissons soumis à cette expérience, le volume de l'oxigène absorbé excédoit de deux tiers le volume de l'azote disparu, et que plus d'un huitième du premier n'avoit pas été converti en acide carbonique. L'oxigène absorbé étoit à l'azote absorbé $= 100 : 40.$, et à l'acide carbonique produit $= 100 : 91.$

NATURE des GAZ.	AIR avant l'expérience.	AIR après l'expérience.	Différence	LES POISSONS ONT		OXIGÈNE absorbé à l'azote absorbé.	OXIGÈNE absorbé à l'acide carbon. produit.	REMARQUES.
				Absorbé.	Produit.			
Total.........	175,0	135,1	39,9					Le 28 février. Trois tanches pendant 5 heures 15 minutes de temps. Ballon C.
Oxigène.....	52,1	5,6	....	46,5	....	100:43		
Azote.......	115,9	95,8	....	20,1	....			
Acide carbon..	7,0	33,7	....	....	26,7	....	100:57	
Total........	524,0	404,4	119,6					Le 3 mars. 7 tanches pendant 6 heures de temps. Ballon A.
Oxigène.....	155,9	44,0	....	111,9	....	100:87		
Azote.......	347,1	249,5	....	97,6	....			
Acide carbon..	21,0	110,9	....	....	89,9	....	100:80	
Total........	524,0	453,0	71,0					Le 7 mars. 7 tanches pendant 8 heures de temps. Ballon A.
Oxigène.....	155,9	10,5	....	145,4	....	100:40		
Azote.......	347,1	289,5	....	57,6	....			
Acide carbon..	21,0	153,0	....	....	132,0	....	100:91	
Total........	483,0	345,5	137,5					Le 11 mars. 1 tanche pendant 17 heures de temps. Ballon B.
Oxigène.....	143,7	4,2	....	139,5	....	100:19		
Azote.......	320,0	294,1	....	25,9	....			
Acide carbon..	19,3	47,2	....	....	27,9	....	100:20	
Total........	483,0	408,0	75,0					Le 24 fév. 3 tanches pendant 7 heures de temps. Ballon B.
Oxigène.....	143,7	62,6	....	81,1	....	100:43		
Azote.......	320,0	285,4	....	34,6	....			
Acide carbon..	19,3	60,0	....	....	40,7	....	100:50	
Total........	483,0	398,6	84,4					Le 14 fév. 3 tanches pendant 5 heures de temps. Ballon B.
Oxigène.....	143,7	40,0	....	103,7	....	100:71		
Azote.......	320,0	246,6	....	73,4	....			
Acide carbon..	19,3	112,0	....	....	92,7	....	100:89	
Total........	483,0	372,5	110,5					Le 20 fév. 2 tanches pendant 7 heures de temps. Ballon B.
Oxigène.....	143,7	37,8	....	105,9	....	100:63		
Azote.......	320,0	252,9	....	67,1	....			
Acide carbon..	19,3	81,8	....	....	62,5	....	100:59	

Malgré les différences apparentes que présentent les nombres réunis dans le tableau précédent, toutes nos expériences conduisent aux mêmes résultats généraux. Les poissons qui habitent les rivières se trouvent, sous le rapport de l'oxigène contenu dans le liquide ambiant, dans la même situation qu'un animal respirant dans un mélange gazeux, qui contient moins d'un centième d'oxigène; car l'air dissous dans l'eau ne s'élève qu'à $\frac{27}{1000}$ du volume de ce liquide, et $\frac{51}{100}$ de l'air dissous sont de l'oxigène pur. La foible condensation de l'oxigène contenu dans l'eau qui traverse les feuillets des branchies pourroit faire supposer peu d'énergie dans les organes respiratoires des poissons; on pourroit regarder la respiration de ces animaux comme peu importante pour la conservation de leur vie. Mais un très-grand nombre de phénomènes prouve, au contraire, que les poissons souffrent par la moindre suspension de leur respiration. Ils donnent des marques sensibles de malaise et d'angoisses lorsqu'ils se trouvent plusieurs enfermés dans un volume d'eau peu considérable, et privé du contact de l'air extérieur. Ces souffrances semblent dues bien plus à la diminution rapide qu'éprouve l'oxigène dissous, qu'à l'acide carbonique produit. Sans doute ce dernier acide (comme nous le prouverons plus bas) agit fortement sur le système nerveux des poissons, soit qu'ils le respirent à l'état élastique, soit que leurs branchies touchent l'eau chargée d'acide carbonique; mais ces effets funestes ne sont bien marqués que lorsque l'eau contient plus d'un huitième de son volume en acide carbonique. Or un grand nombre de poissons, que l'on renferme sous des cloches étroites remplies d'eau et sans contact avec l'air, ne donnent à cette eau tout au plus qu'un centième de son volume d'acide carbonique. Le plus souvent le dégagement de cet acide est bien au-dessous de la quantité que nous venons d'indiquer. Une tanche, par exemple, a été retirée d'un volume d'eau de 2400 centimètres cubes; la quantité d'acide carbonique, dont cette eau se trouvoit chargée à la fin de l'expérience, ne s'élevoit pas à deux millièmes du volume total. Par conséquent, l'état asthénique ne pouvoit être attribué qu'à la petite quantité d'oxigène qui étoit restée dissoute dans l'eau. En effet, cette quantité n'étoit qu'un cinq-millième du volume total du liquide; nous avons vu respirer des poissons, mais très-difficilement, dans des eaux dans lesquelles la densité de l'oxigène dissous étoit moindre encore. Ils s'y trouvoient dans un état de langueur extrême, mais le mouvement régulier de leurs opercules et de leur membrane branchyostège annonçoit que, malgré leur foiblesse, ils savoient encore soustraire de l'oxigène à l'eau. Alors ce dernier liquide pouvoit être comparé à une atmosphère qui ne contiendroit que 0,0002 d'oxigène. Cette considération prouve l'admirable perfection des organes respiratoires des poissons. C'est par les nombreuses ramifications de l'artère pulmonaire que leur sang entre dans le contact le plus intime avec l'eau qui, par le jeu des muscles, est chassée à travers les feuillets des branchies.

Nous citerons une expérience qui, plus que toute autre, paroît prouver que les poissons souffrent dans l'eau où ils ont respiré long-temps, moins par l'accumulation de l'acide carbonique produit que par le manque d'oxigène nécessaire aux fonctions animales. Spallanzani avoit déjà observé que des tanches placées sous des flacons renversés et pleins d'eau distillée périssent dans un espace de temps d'un tiers plus court que celui dans lequel elles se trouvent suffoquées dans de l'eau commune ou aérée. Les poissons vécurent jusqu'à dix-huit heures dans de l'eau bouillie ; mais cette circonstance seule nous prouve que le célèbre physicien italien n'a pas employé assez de précaution pour priver l'eau de tout l'air qu'elle contenoit.

Ce soin est d'autant plus important que l'eau exerce une action très-inégale sur l'oxigène et sur l'azote qu'elle dissout. Retenant le premier avec beaucoup plus de force que le dernier, la densité de l'oxigène contenu dans l'eau ne diminue pas en raison du volume de l'air chassé, soit par l'ébullition, soit par la dissolution d'un sel, soit enfin par un prompt refroidissement. Il est probable que les derniers atomes d'air que l'eau abandonne sont de l'oxigène presque pur, et c'est à cause de cette grande affinité de l'eau pour l'oxigène que, quelquefois, dans des eaux que l'on croit avoir privées de tout air, les poissons trouvent encore l'élément qui est indispensablement nécessaire pour la conservation de leur vie.

Dans le cours de nos expériences nous avons soigneusement distingué les eaux qui étoient entièrement privées d'air de celles auxquelles les branchies des poissons enlevoient encore de très-petites quantités d'oxigène. Ce n'est qu'en faisant bouillir de l'eau fraîchement distillée dans des matras dont l'ouverture plonge dans un vase rempli d'eau bouillante, ce n'est qu'en empêchant que l'air pût s'introduire dans le col du matras renversé sur du mercure que nous avons obtenu de l'eau tellement privée d'air après son refroidissement, qu'elle agissoit comme un fluide délétère sur les poissons. On a fait passer dans cette eau distillée, à travers le mercure, de petits poissons rouges (*Cyprinus auratus*), qui sont extrêmement vivaces : dans quelques individus, l'effet de l'eau distillée a été des plus frappans. Après quatre à cinq minutes de temps, ils sont tombés de côté ; après dix minutes, ils se sont douloureusement agités. Ce mouvement convulsif a été suivi d'une prostration totale des forces. Après vingt minutes, les petits poissons ont été trouvés au fond de la cloche presque sans mouvement, et comme s'ils alloient mourir. Ils sont revenus à la vie en les plongeant dans de l'eau de rivière, ou en introduisant une petite portion de cette eau sous la cloche. D'autres individus de la même espèce ont paru pouvoir suspendre leur respiration plus long-temps. Ils n'ont souffert qu'après une heure et dix minutes de temps : on les a trouvés presque morts après une heure et quarante minutes. Une petite anguille, extrêmement vivace, a expiré, au bout de deux heures un quart, dans de l'eau soigneusement distillée. Elle a eu de fortes convulsions avant d'expirer. Ces effets de l'eau distillée sont d'autant plus remarquables, que les souffrances des poissons paroissent commencer bien plus lentement, lorsqu'on les place sur du mercure dans un gaz azote tellement pur, que les expériences eudiométriques n'y font pas connoître un millième d'oxigène.

Nous n'insistons pas davantage sur ces différences que présente l'action des fluides irrespirables liquides ou gazeux, il reste encore à faire plusieurs expériences sur cet objet délicat. Nous rappellerons seulement ici que déjà la distribution anatomique des vaisseaux prouve que la suspension de la respiration est plus dangereuse pour les poissons que pour les reptiles. Les premiers ont une *circulation double*, comme les mammifères et les oiseaux. Tout le sang veineux qui retourne au tronc artériel doit passer par les branchies qui sont l'organe pulmonaire des poissons. Au contraire, dans les batraciens et dans les autres reptiles *aériens*, la circulation pulmonaire n'est qu'une fraction plus ou moins considérable de la grande. Par conséquent les animaux de cette dernière classe, même à l'époque où ils ne sont pas dans un état léthargique, peuvent exister long-temps privés du contact de l'air.

Nous venons de voir que la quantité d'oxigène absorbée par les poissons est très-petite, qu'ils respirent encore dans une eau qui ne contient que 0,0002 de son volume en oxigène dissous, et que, malgré la foiblesse et la lenteur de cette respiration, l'action non interrompue des organes respiratoires est indispensablement nécessaire pour la conservation de leur vie. Maintenant, d'après l'examen rigoureux que nous avons fait des mélanges gazeux, trouvés dans l'eau qui a été en contact avec les branchies des tanches, il nous sera facile de déterminer, pour chaque poisson, quelles sont les quantités d'oxigène et d'azote absorbées, ou d'acide carbonique produit dans une heure de temps. Nous réunissons ces nombres dans le tableau suivant :

ÉPOQUES.	OXIGÈNE de l'air retiré de l'eau après l'expérience.	NOMBRE des tanches qui ont vécu dans l'eau.	HEURES que l'expérience a duré.	ABSORPTION dans une heure de temps; centimètres cubes. en oxigène.	en azote.	ACIDE carbonique produit.	GRANDEUR des ballons.
28 février...	0,056	3	5 $\frac{1}{4}$	0,401	0,174	0,230	C
3 mars....	0,151	7	6	0,362	0,315	0,291	A
7 mars....	0,034	7	8 $\frac{1}{2}$	0,352	0,139	0,303	A
11 mars....	0,017	1	17	1,114	0,207	0,223	B
24 février...	0,178	3	7 $\frac{1}{2}$	0,489	0,201	0,246	B
14 février...	0,141	3	5	0,942	0,664	0,840	B
20 février...	0,130	2	7	1,016	0,651	0,606	B

Ces résultats offriront plus d'intérêt encore lorsqu'on pourra les comparer avec les quantités d'oxigène absorbé, dans un même espace de temps, par des animaux de classes différentes. Nous avons commencé à nous occuper d'une série d'expériences propres à déterminer les volumes d'oxigène absorbé par les plus petits mammifères, par les oiseaux, par les reptiles et les poissons. Nous nous sommes proposés de comparer les résultats obtenus au poids de l'animal, au volume de son cœur et au nombre des contractions de cet organe. Il nous a paru qu'un travail de ce genre pouvoit devenir intéressant par-là même que les analyses de l'air qui en sont la base principale seront toutes faites d'après une méthode uniforme et certaine. Suivant le tableau que nous venons de présenter, une tanche n'épuiseroit un mètre cube d'eau de rivière que dans l'espace de vingt-un mois. Lavoisier a trouvé qu'un homme consume l'oxigène contenu dans un mètre cube d'air atmosphérique dans l'espace de six heures. Par conséquent un homme absorbe dans le même temps 50,000 fois plus d'oxigène qu'une tanche.

L'oxigène que les poissons enlèvent à l'eau n'est jamais entièrement représenté par la quantité d'acide carbonique produit; on observe que ce dernier ne s'élève au plus qu'aux quatre cinquièmes du premier. Souvent l'oxigène consumé est le double de l'acide carbonique formé. Ce phénomène indique une différence frappante entre la respiration des poissons et celle des mammifères.

Que devient cette grande quantité d'oxigène absorbée et non reproduite dans l'acide carbonique dégagé? Les poissons plongés dans l'eau, respirant au moyen de l'eau qui traverse leurs branchies, produisent-ils de l'eau eux-mêmes? Nous ne pouvons résoudre ce problème important. En réfléchissant sur la désoxigénation d'une grande masse de sang [1] dans le cerveau des mammifères, et sur les rapports qui se manifestent dans toutes les classes d'animaux entre le système nerveux et le système vasculaire, on seroit tenté de croire que la grande irritabilité des poissons, la vivacité de leurs mouvemens, et l'énorme force musculaire qu'ils déploient dans un fluide, qui leur offre beaucoup de résistance, dépendent en partie de l'accumulation d'un principe qui vivifie les fonctions vitales des êtres organisés.

Une autre différence importante qu'offrent les poissons et les mammifères dans leur respiration se trouve dans l'absorption de l'azote. Cette absorption est à celle de l'oxigène comme 1:2, quelquefois comme 5:4. Elle est si considérable que, pour l'attribuer à de simples erreurs d'expérience, il faudroit supposer qu'on se fût trompé de 60, quelquefois de plus de 100 parties de l'échelle eudiométrique, tandis que les résultats obtenus s'accordent généralement à deux ou trois parties. On connoît la quantité d'azote qui est dissoute dans un volume donné d'eau de rivière, et cependant le volume total de l'air retiré par l'ébullition de cette même quantité d'eau sur laquelle les poissons ont agi, est (après l'avoir mis en contact avec l'eau de chaux) souvent plus petit que l'azote préexistant. En retranchant de ce volume (privé de son acide carbonique) l'oxigène que les poissons n'ont pas consumé, on aura isolément la petite partie d'azote qui est restée dans l'eau. Priestley, Davy, Henderson et Thomson ont cru aussi observer une absorption d'azote dans la respiration des animaux à sang chaux. Mais les expériences de MM. Allen et Pepys, et celles que M. Berthollet a faites en se servant de son manomètre et de l'eudiomètre à gaz hydrogène, sont contraires à l'idée d'une absorption d'azote dans la respiration des mammifères [2]. Nous ne l'avons pas non plus observé dans nos expériences sur les grenouilles que nous avons fait mourir dans des volumes d'air atmosphérique exactement mesurés et contenus dans des flacons bouchés à l'émeri. Les grenouilles y ont vécu tantôt quatre, tantôt six jours. Elles ont réduit un volume d'air de 212 centimètres cubes à 202; et, pendant ce temps, l'acide carbonique produit a été de plus d'un tiers moindre que l'oxigène

---

[1] *Recueil d'Observations de zoologie et d'anatomie comparée*, Tom. I, p. 65.

[2] *Voyez*, à la suite de ce mémoire, les résultats les plus récens du travail de M. Gay-Lussac.

absorbé. Les résultats de deux expériences ont été si uniformes que, dans l'une l'air restant contenoit 0,039 ; dans l'autre 0,033 d'oxigène. En supposant que l'absorption de l'oxigène eût été proportionnelle au temps, ce qui n'est pas tout-à-fait probable dans un animal qui meurt asphyxié, chaque grenouille avoit consumé, dans une heure, 0,23 centimètres cubes, ce qui est deux tiers de moins qu'une tanche. Cette différence entre un batracien (malade) et un autre animal vertébré, muni de branchies, est un phénomène physiologique très-curieux et dans lequel se manifeste encore la grande activité des organes respiratoires des poissons.

Dans les animaux à sang chaud, la respiration tend à augmenter les proportions de l'azote, parce qu'elle enlève au corps de l'hydrogène et du carbone. L'accumulation absolue de l'azote n'y est peut-être due qu'à la nutrition. Dans les poissons, au contraire, qui peuvent être soumis à un jeûne prolongé, la masse de l'azote augmente par la respiration même. Aussi la chair musculaire des poissons est singulièrement putrescible ; elle manifeste, pour ainsi dire, le plus haut degré d'animalisation, et fournit, en se décomposant, une grande quantité d'ammoniaque.

Ce sont principalement les expériences faites avec des eaux privées d'air, et artificiellement imprégnées d'hydrogène et d'oxigène, qui prouvent que l'absorption de l'azote dans la respiration des poissons, loin d'être accidentelle, tient réellement à une assimilation organique. Nous avons mis de l'eau récemment bouillie en contact avec des mélanges de deux cents parties d'hydrogène et de cent parties d'oxigène. La présence du dernier gaz détermine alors une forte absorption de l'hydrogène qui, par lui-même, ne manifeste que peu d'affinité pour l'eau. Les poissons placés dans un liquide qui contenoit de l'oxigène, de l'hydrogène et de l'azote, parurent souffrans dès qu'ils furent placés sous la cloche qui étoit renversée sur du mercure. On les retira presque morts après trois heures de temps; on distilla deux portions d'un volume égal de l'eau imprégnée d'hydrogène : l'air retiré de la portion qui avoit été conservée donna sensiblement la même quantité d'hydrogène que l'air fourni par l'eau dans laquelle les poissons avoient respiré. Ces animaux avoient consumé une grande quantité d'oxigène en le séparant de l'hydrogène dissous. Les organes doués de vitalité n'exercent pas d'action sur des élémens qui ne doivent pas être assimilés. Il n'en est pas des animaux comme des plantes qui entraînent par l'ascension de leur sève plusieurs sels accidentellement mêlés au sol dans lequel leurs racines sont fixées.

Des eaux que nous avons chargées d'acide carbonique jusqu'à saturation ont

agi comme un poison actif sur les tanches et les poissons rouges. Les premières
y sont mortes en peu de minutes dans un état convulsif. L'action du chlore
est à peine plus prompte que celle de l'acide carbonique : ces deux substances
doivent être considérées comme agissant plus directement sur le système nerveux. D'ailleurs l'acide carbonique, en se combinant avec l'eau, n'en chasse
pas tout l'oxigène. Nous avons examiné le mélange d'oxigène et d'azote que
contiennent les eaux chargées de leur volume d'acide carbonique. La proportion de ce mélange obtenu par l'ébullition, étoit de 3o d'oxigène à 7o
d'azote ; mais le volume total des deux gaz n'étoit que le tiers de celui que
l'on retire ordinairement de l'eau de rivière.

Les poissons ne respirent-ils que par leurs branchies, ou le corps et la queue
de ces animaux ont-ils aussi la propriété d'absorber l'oxigène et l'azote, et de
produire de l'acide carbonique ? Après plusieurs tentatives infructueuses, nous
avons réussi à résoudre cette question d'une manière qui ne laisse aucun doute.
On a fait passer la tête de tanches très-vivaces dans des colliers de liége doublés
en toile cirée. Le poisson a été placé dans un vase cylindrique, de manière que
le collier en formoit le couvercle, et que la tête n'étoit point en contact avec
l'eau de Seine contenue dans le vase ; le tout a été mastiqué par dehors. Pour
être plus sûr que l'eau du baquet, dans lequel a été plongé l'appareil, ne
communiquoit pas à travers la toile cirée ou par les pores du bouchon
de liége avec l'eau qui entouroit le corps de la tanche, le bouchon a été
couvert intérieurement d'une couche de mercure de sept ou huit millimètres de
haut que l'on a fait entrer d'avance dans le vase cylindrique renversé. Malgré leur
position gênée, les tanches ont vécu dans cet état pendant cinq heures ; on
les a retirées peu souffrantes ; on a distillé de suite l'eau que renfermoit le vase,
et l'on a comparé l'air obtenu à celui donné par l'eau du grand baquet dans lequel
se trouvoit la tête du poisson. Nous avons répété cette expérience intéressante
plus de quatre fois ; elle prouve que le corps des tanches agit sur l'eau comme les
branchies, et que la différence ne consiste que dans l'énergie de l'action vitale, et
surtout dans la proportion des quantités d'oxigène et d'azote absorbés et d'acide
carbonique produit. Nous n'ignorons pas que Spallanzani avoit déjà annoncé
que les poissons respirent par les écailles, mais son assertion ne se fondoit sur
aucune expérience précise ou analogue à celle que nous venons de décrire. Il
s'étoit contenté de placer le corps des tanches dans de l'eau de chaux, qui les
met dans un état maladif, ou d'examiner l'action qu'exerce la peau de poissons
récemment morts sur le gaz oxigène.

D'après toutes les expériences que nous avons réunies dans ce mémoire, il est presque superflu de parler de celles dans lesquelles des poissons ont été placés sous des cloches dans de très-petites quantités d'eau de rivière, entre une couche de mercure et une couche d'air exactement mesuré. Les poissons enlèvent l'oxigène à l'eau, celle-ci l'enlève à son tour à l'air qui couvre la surface de l'eau. Mais, comme l'état primitif de saturation ne se rétablit pas complétement, les poissons viennent à la surface pour y respirer l'air élastique.

La même chose arrive lorsque de grands poissons sont forcés de vivre dans des vases qui ne contiennent que très-peu d'eau. Il est certain que leurs branchies sont plus propres à séparer l'oxigène dissous dans l'eau qu'à soustraire l'oxigène à l'air. Cependant les poissons aiment mieux élever la tête au-dessus de l'eau que de respirer dans un liquide qui est presque privé d'oxigène, et qui retient, avec une certaine force, les dernières portions de cet élément. Si l'air atmosphérique rendoit promptement à l'eau ce que les poissons lui enlèvent par leur respiration, il ne seroit pas nécessaire de leur donner de temps en temps de l'eau sur laquelle les branchies n'ont pas encore agi. Nous avons examiné, à différentes reprises, ces eaux contenues dans des vases couverts. Deux tanches ont vécu pendant vingt-trois heures dans un volume d'eau de Seine de près de cinq mille centimètres cubes. On les a retirées très-affoiblies. L'air qu'a donné cette eau étoit réduit à 0,073 d'oxigène, et il contenoit 0,11 d'acide carbonique.

Les diaphragmes placés dans des vases ouverts à dix centimètres au-dessous de la surface de l'eau, ne font souffrir les poissons que parce qu'ils les empêchent de venir respirer l'air élastique, et de chercher dans l'atmosphère ce qu'ils ne trouvent presque plus dans l'eau qui les entoure. En effet, les couches d'eau supérieures, celles qui sont le plus voisines de l'air, reprennent plus promptement l'oxigène perdu que les couches inférieures. Par conséquent, le poisson se trouve déjà mieux lorsque, sans élever la bouche au-dessus de l'eau, il s'approche de cette région dans laquelle pénètre l'oxigène de l'atmosphère.

Nous avons cru devoir faire des expériences directes sur la propagation progressive de l'oxigène et de l'azote atmosphérique dans l'eau récemment privée d'air. Nous avons observé que ces élémens passent assez lentement d'une molécule d'eau à une autre. De grandes masses d'eau bouillies sont restées exposées à l'air libre pendant deux jours dans des matras de plus d'un mètre de hauteur, et dont l'ouverture étoit très-étroite. Nous avons enlevé, par un siphon, les couches d'eau supérieures et inférieures. Les dernières ont constamment donné moins d'air, et un air moins pur que les premières. En répétant cette expérience avec un triple mélange de gaz, on remarquera sans doute que chaque base descend avec une vitesse qui lui est propre, et qui dépend de son affinité pour l'eau.

C'est un privilége que la nature a accordé à la plupart des animaux munis de branchies, de pouvoir respirer à la fois dans l'eau et dans l'air. Ils ne suspendent pas leur respiration lorsque, sortant de l'eau, on les expose à l'air. Ils absorbent l'oxigène gazeux comme fait un reptile muni de poumons. Il est connu que l'on engraisse des carpes en les nourrissant suspendus dans l'air, et en leur mouillant de temps en temps les ouïes avec de la mousse humide pour empêcher qu'elles ne se dessèchent.

Nous avons examiné l'action des différens gaz sur les poissons. Ces expériences ont été faites avec le barbeau (*Cyprinus barbus*); la tanche (*C. tinca*); le goujon (*C. gobio*); l'anguille (*Muræna anguilla*); et le petit poisson rouge (*C. auratus*). Les poissons placés dans l'air atmosphérique ou dans le gaz oxigène écartent leurs opercules bien plus que dans l'eau. Ils se trouvent dans l'air atmosphérique, entourés d'un fluide dans lequel l'oxigène est vingt fois plus condensé que dans l'eau. Ils absorbent, en temps égal, tout autant d'oxigène de l'air que de l'eau. Cependant ce mode de respiration doit fatiguer des organes destinés à s'approprier de l'oxigène qui n'est pas à l'état élastique. On pourroit croire que les poissons périssent dans l'air, parce qu'en dégageant du calorique, ils échauffent leur sang. Si cet échauffement du sang étoit la suite de leur respiration dans l'air, ils devroient mourir bien plus promptement dans le gaz oxigène que dans un mélange gazeux de 90 parties d'azote, et de 10 d'oxigène. Cependant nos expériences nous ont prouvé le contraire. Les poissons devroient fermer leurs opercules au lieu de les écarter avec force, s'ils sentoient que l'absorption de l'air augmente leur température. Nous avons introduit des thermomètres dans l'intérieur des poissons qui respiroient dans l'eau, dans l'oxigène, dans l'air atmosphérique et dans l'azote pur, sans apercevoir que la température de ces animaux différât sensiblement de celle des milieux ambians. Des tanches qui ont respiré pendant vingt-quatre ou vingt-cinq heures dans le gaz oxigène n'ont pas eu l'air de souffrir beaucoup; et cependant, en répétant les expériences de Broussonnet sur l'effet de l'eau chaude sur les poissons, nous avons observé qu'un changement rapide de 5 à 6 degrés centigrades met ces animaux dans un état convulsif.

Les tanches, par leur corps seul, n'agissent pas sensiblement sur l'air atmosphérique ou sur le gaz oxigène. Nous avons adapté des colliers de liége au col des poissons. L'appareil a été le même que celui décrit plus haut. La queue de la tanche et son corps se trouvoient dans l'air, la tête plongeoit dans l'eau. Nous nous sommes assurés qu'il n'y avoit pas d'absorption d'oxigène lorsqu'il n'existoit aucune communication entre l'air et l'eau.

Nous ne rapporterons qu'une expérience du grand nombre que nous avons faite sur les gaz. Une tanche, par la respiration de ses branchies, a réduit en dix-neuf heures et demie de temps un volume d'air atmosphérique de 133,9 centimètres cubes à 122,9. Ce résidu, après avoir été lavé avec de l'eau de chaux, contenoit 0,132 d'oxigène. Par conséquent, la tanche, dans une heure de temps, avoit absorbé 0,52 centimètres cubes d'oxigène. Dans deux expériences faites sur le gaz oxigène, l'absorption a été dans l'une de 0,54, dans l'autre de 0,40 centimètres cubes par heure [1].

Les poissons, comme nous l'avons observé plus haut, expirent en peu de minutes dans du gaz acide carbonique. Ils souffrent plus dans l'hydrogène que dans l'azote. Ils sont dans un état de mort apparente si on les y enferme pendant quatre ou cinq heures. On remarque généralement que, dans les gaz azote et hydrogène, ils ferment leurs opercules comme pour garantir leurs branchies du contact de ces deux gaz. Un azote qui ne contenoit pas un millième d'oxigène est resté pur, quoique des poissons rouges y aient séjourné long-temps. On trouve quelquefois un peu d'acide carbonique dans l'azote et dans l'hydrogène employés. Comme ces gaz étoient purs, il faut supposer que cet acide carbonique est sorti de l'intérieur du poisson, peut-être de sa vessie natatoire.

M. Biot a fait l'observation intéressante que les poissons de mer qui habitent de grandes profondeurs ont plus d'oxigène dans leurs vessies natatoires que les poissons qui vivent à la surface. Il a vu dans les premiers cette quantité d'oxigène s'élever à 0,87. En examinant de nouveau l'air contenu dans la vessie des poissons de rivières, nous avons trouvé que la nature de cet air est très-variable dans la même espèce. Les différences n'ont pas paru dépendre des saisons et de la température des eaux. On n'a jamais trouvé moins d'un centième d'oxigène. Les anguilles dont la vessie natatoire est pourvue d'un corps glanduleux, ne donnent généralement que très-peu d'air, et cet air ne contient que 0,013 à 0,024 d'oxigène. Le terme moyen d'un grand

---

[1] Depuis que j'ai publié ce mémoire conjointement avec M. Provençal (en 1809), quelques expériences faites sur la respiration aérienne des Monocles (Crustacés branchiopodes) dont les lames branchiales sont attachées aux pieds, m'ont fait croire que les Monocles et les poissons placés dans l'air n'en respirent pas moins par l'eau, c'est-à-dire par l'intermède d'une lame d'eau très-mince qui humecte leurs ouïes. *Voyez* ma *Relat. hist.*, Tom. II, p. 178.

nombre d'expériences faites sur les carpes a été de 0,071 d'oxigène, 0,052 d'acide carbonique, et 0,877 d'azote. La vessie d'une carpe qui pèse 2 kilogrammes contient un volume d'air de 103 centimètres cubes. Elle renferme, par conséquent, une quantité d'oxigène qui pourroit servir à la respiration de ce poisson pendant l'espace de huit à dix heures. Nous avons trouvé des carpes dans lesquelles la pureté de l'air de la vessie s'élevoit à 0,107 d'oxigène.

On a fait respirer des tanches non seulement dans du gaz hydrogène, mais aussi dans des eaux chargées d'un mélange d'hydrogène et d'oxigène. Pas un atome d'hydrogène n'est entré dans la vessie natatoire des poissons soumis à ces expériences. Il a paru que l'oxigène augmentoit un peu dans la vessie des tanches renfermées dans du gaz oxigène; on y a trouvé 0,125 d'oxigène, tandis que plusieurs autres vessies de tanches donnoient constamment 0,092 et 0,096. Comme il est impossible de faire deux expériences sur le même individu avant et après son contact avec le gaz oxigène, les résultats restent incertains. On a enlevé, par une incision latérale, la vessie natatoire à plusieurs tanches. Elles ont vécu dans cet état pendant trois jours; elles ont pu s'élever à la surface de l'eau. Quelques-unes ont nagé dans toutes les directions, sans que l'équilibre de leur corps ait paru dérangé. Une d'elles a paru si peu souffrante, qu'il eût été difficile de la distinguer des tanches qui n'avoient point été opérées. Cependant le plus grand nombre est resté au fond du vase, souffrant et penché vers le côté.

Il nous a paru important de vérifier, par une expérience directe, si les tanches, auxquelles on a enlevé la vessie natatoire depuis trois jours, respiroient de la même manière que celles qui en sont pourvues. Une de ces tanches opérées resta pendant six heures et demie dans un volume d'air atmosphérique d'environ 700 centimètres cubes. Le résidu ne contenoit que 0,10 d'oxigène. On n'y trouva que 0,02 d'acide carbonique. Cette expérience prouve directement que, sans la présence de la vessie natatoire, les poissons absorbent de l'oxigène, et que ce sont leurs branchies qui ont la double propriété de soustraire à l'eau l'oxigène dissous et d'assimiler l'oxigène contenu dans un mélange aériforme. On a placé deux autres tanches sans vessie dans un volume d'eau de 857 centimètres cubes; elles y ont respiré pendant deux heures et demie. Le tableau suivant paroît prouver que l'extirpation de la vessie a altéré les fonctions des branchies. L'absorption de l'oxigène et de l'azote a été très-considérable, mais la production de l'acide carbonique a été nulle.

Air contenu dans l'eau.

Avant l'expérience.		Après l'expérience.	
Total................	175	Total................	107
Oxigène............	52	Oxigène............	15
Azote..............	116	Azote..............	86
Acide carbonique.......	7	Acide carbonique...........	7

Dans cette expérience, l'oxigène absorbé a été à l'azote absorbé comme 100:62. Les poissons auxquels on a extirpé la vessie n'ont pas produit un centième d'acide carbonique. Ce phénomène est-il l'effet de l'absence d'un organe, ou ne doit-il être attribué qu'à l'état de foiblesse dans lequel se trouvoient les poissons? Une grande analogie s'observe entre les poumons du Protée et la vessie natatoire des poissons; mais de simples analogies de forme ne peuvent pas nous guider dans des recherches dans lesquelles chaque assertion doit être soumise à l'expérience.

Expériences faites par M. Gay-Lussac sur la respiration de l'homme et de quelques animaux à sang chaud.

Comme les expériences de M. de Humboldt sur la respiration des Crocodiles et des poissons (deux classes de Vertébrés à sang froid) indiquent une absorption d'oxigène non représenté par l'acide carbonique expiré, ce savant m'a prié de lui communiquer le résultat des expériences [1] que j'ai faites en 1811 sur la respiration des Vertébrés à sang chaud, sur l'homme, les Cobayes et les oiseaux. Voici les résultats les plus importans que j'ai obtenus et qui serviront à résoudre la question de savoir s'il y a perte d'oxigène et si la quantité d'azote est diminuée par l'acte de la respiration?

En laissant des verdiers [2] dans de l'air atmosphérique, sur du mercure, jusqu'à leur mort, l'acide carbonique produit est à l'oxigène manquant :: 75,3:24,7.

---

[1] Ces expériences, déjà citées dans le Traité de Physiologie de M. Magendie, sont restées inédites; cependant les résultats principaux ont été communiqués en 1811 à l'Académie des sciences.

[2] Loxia chloris. La température des verdiers et des pierrots est de 43°,5 cent. Température de la bouche de l'homme 37°,0.

On voit l'air diminuer de volume pendant la respiration; et, dans des expériences faites avec soin, j'ai trouvé 1.° que la diminution du volume de l'air est égale à l'oxigène qui a disparu; 2.° qu'il n'y a eu ni dégagement ni absorption d'azote.

Les verdiers sont morts lorsqu'ils avoient formé de 10 à 11,5 d'acide carbonique, et qu'il ne restoit dans l'air que 8 à 6 centièmes d'oxigène. Mais, en enlevant, par le moyen de la potasse, l'acide carbonique à mesure qu'il étoit produit, il ne restoit que 3 à 4 d'oxigène lorsqu'ils sont morts.

Dans deux expériences, avec deux oiseaux différens, placés alternativement dans l'oxigène et l'air atmosphérique, et sans les laisser souffrir, j'ai trouvé qu'ils convertissoient la même quantité d'oxigène en acide carbonique. Avec des lapins et des cochons d'Inde, l'acide carbonique produit est à l'oxigène manquant :: 72,1:27,9. J'entends par *oxigène manquant* celui qui a disparu sans être représenté par l'acide carbonique, et qui se trouve ou combiné avec l'hydrogène pour former de l'eau, ou absorbé par le sang artériel.

J'ai recherché avec soin dans plusieurs expériences, dont une a été faite en présence de M. Dulong, s'il y avoit de l'oxide de carbone dans l'air expiré; mais je n'ai pu en découvrir la plus légère trace.

Dans l'air respiré librement par moi, l'acide carbonique étoit à l'oxigène manquant :: 70,3:29,7. Je n'ai pas trouvé de différence sensible avant et après le repas.

L'air expiré librement contenoit généralement, chez plusieurs individus, 4,3 d'acide carbonique. Les variations étoient très-petites.

Les dernières portions d'air expiré contiennent 6 d'acide carbonique. Elles varient de 5,5 à 7,2.

Dans l'air respiré à plusieurs reprises, au moyen d'une vessie, l'acide carbonique étoit à l'oxigène manquant :: 69,3:30,7.

Explication des Planches qui appartiennent au mémoire de MM. de Humboldt et Valenciennes : Pl. xlv, fig. 1. Pœcilia bogotensis (p. 154). Fig. 2. Curimatus Amazonum (p. 165). Fig. 3. Cichla orinocensis (p. 167). Pl. xlvi, fig. 1. Pimelodus Zungaro (p. 170). Fig. 2. Smaris lineatus (p. 185). Pl. xlvii, fig. 1. Serrasalmo Cariba (p. 173). Fig. 2. Myletes Paco (p. 175). Pl. xlviii, fig. 1. Erythrinus Guavina (p. 179). Fig. 2. Doras Crocodili (p. 181). Pl. li, fig. 1. Pœcilia surinamensis (p. 158). Fig. 2. 5. 6. Pœcilia unimaculata, ses dents et ses branchies (p. 128). Fig. 3. 7. Lebias rhumboidalis, et ses dents (p. 160). Fig. 4. Lebias fasciata (p. 160). Pl. lii, fig. 1. 4. 5. Fundulus fasciatus, ses dents et ses branchies (p. 162). Fig. 2. Fundulus brasiliensis (p. 163). Fig. 3. 7. Cyprinodon flavulus, ses dents et ses branchies (p. 164).

COQUILLES MARINES BIVALVES

DE L'AMÉRIQUE ÉQUINOXIALE,

RECUEILLIES PENDANT LE VOYAGE

DE MM. DE HUMBOLDT ET BONPLAND,

ET DÉCRITES

PAR A. VALENCIENNES.

En suivant la méthode établie par M. de Lamarck, dans son Histoire naturelle des animaux sans vertèbres [1], les espèces qui habitent les coquilles bivalves appartiennent à une classe particulière que ce savant a nommée *Conchifères*. M. Cuvier [2] a également indiqué cette coupe, qui, dans son ouvrage, forme la quatrième classe des Mollusques, celle des Acéphales. Les *Conchifères* sont caractérisés et distingués des Mollusques de M. de Lamarck par l'absence de la tête et des yeux : ils ont une bouche nue, privée de parties dures et cachée entre les lames du manteau qui soutiennent les branchies. Ce manteau ample enveloppe le corps de ces animaux ; leurs parties molles sont le plus généralement protégées et recouvertes par une coquille à deux valves, réunies entre elles par un ligament de matière cornée et élastique. Tous les Conchifères sont aquatiques. Aucun d'eux ne pourroit vivre habituellement dans l'air. Le plus grand nombre habite les eaux de la mer, un très-petit nombre se trouve dans les eaux douces [3]. Cette différence est même très-frappante ; car je ne connois aucun genre de l'ordre des Monomyaires dont toutes les espèces vivent dans les

---

[1] *Lam.* Hist. nat. des an. sans vert., Vol. V. Les *Conchifères* sont divisés en deux ordres : les *Dimyaires* et les *Monomyaires*. Les familles naturelles du premier ordre sont : les Tubicolées, les Pholadaires, les Solenacées, les Myaires, les Mactracées, les Corbulées, les Lithophages, les Nymphacées, les Conques, les Cardiacées, les Arcacées, les Trigonées, les Nayades, les Camacées ; celles du second ordre sont : les Benitiers, les Mytilacées, les Malléacées, les Pectinides, les Ostracées, les Rudistes, les Branchiopodes.

[2] Cuvier, *Reg. anim.*, Tom. II.

[3] Lam., *loc. cit.*

eaux douces [1]. Dans l'ordre des Dimyaires, trois genres de la famille des Conches comprennent des animaux fluviatiles ; savoir : les Cyclades, les Cyrènes, les Galathées. Dans ce même ordre, la famille des Nayades habite les eaux douces : il en est peut-être de même de celle des Trigonées, car je soupçonne que la Trigonie, portée de Timor par M. Péron, dans l'état frais, et déposée au Muséum d'histoire naturelle de Paris, est une coquille fluviatile. En comptant numériquement les genres qui composent la classe des Conchifères, on trouve neuf formes génériques de coquilles fluviatiles, et trente-six formes de coquilles marines. Depuis plusieurs années, les grands lacs de l'Amérique septentrionale ont été examinés avec soin par des voyageurs habiles ; le résultat de leurs recherches a fait connoître un assez grand nombre d'espèces nouvelles (Unio, Cyclas), mais on n'a trouvé aucune forme qui ait obligé les naturalistes à établir de nouveaux genres. On peut facilement faire cette comparaison, en examinant la belle collection de Coquilles de M. de Lamarck et celle de M. de Ferussac, qui publie sur les coquilles fluviatiles le plus grand ouvrage qu'on ait entrepris jusqu'ici.

Les coquilles si variées dans leurs formes, et parées le plus souvent des couleurs les plus vives, deviennent d'une haute importance pour l'étude du naturaliste, lorsqu'il sait appliquer à leur examen les méthodes qui sont suivies maintenant dans ce genre de recherches. En effet, chaque variation dans la forme générale de la coquille, dans les dents, dans le nombre des attaches musculaires et dans les impressions, soit du manteau, soit des tubes qui apportent l'eau et la nourriture, annonce un changement de formes analogues dans l'animal. Ces différentes formes sont indiquées pour ainsi dire dans leurs rapports les unes avec les autres, de sorte que ces restes calcaires et inanimés nous offrent l'idée exacte de l'animal qui les a habités. C'est ainsi que, dans l'étude des mammifères, un observateur habile devine, par l'examen des dents, à quel ordre, à quelle famille et à quel genre l'espèce fossile doit appartenir.

Les Conchifères que MM. de Humboldt et Bonpland ont rapportées du Nou-

---

[1] Je dois à M. de Ferussac l'avantage de citer le premier un fait très-intéressant pour la géographie des animaux. Ce savant possède, dans sa belle et nombreuse collection, une espèce fluviatile du genre Moule (Mytilus, Lin.) qui se trouve dans le Danube, à Pest. Il croit aussi, d'après Schrœter, qu'une petite espèce du genre Corbule (Corbula, Lam.) vit dans les rivières de la Chine. D'après cette observation, les genres Mytilus et Corbula offrent l'exemple rare et presque unique d'un Conchifère dont les espèces appartiennent à la fois à l'Océan et à la partie des fleuves qui est le plus éloignée de leur embouchure. Cette circonstance ajoute aux difficultés que trouvent quelquefois les géognostes de distinguer les formations purement marines des formations d'eau douce.

veau-Continent et dont je vais donner la description dans ce mémoire, sont marines : trois d'entre elles sont nouvelles ; et la quatrième, quoique déjà mentionnée par les auteurs, n'est encore qu'imparfaitement connue et mal figurée.

VÉNUS.

La première espèce que je décris appartient au genre *Vénus*. Ce genre, tel que l'a caractérisé M. de Lamarck, comprend les espèces de Conchifères, dont la coquille porte trois dents cardinales sur chaque valve. Ces animaux vivent particulièrement dans les mers des tropiques et des régions équatoriales de l'hémisphère du Sud. Sur 89 espèces connues, 35 seulement sont de l'hémisphère boréal. Dans cet hémisphère, le nombre des espèces est moindre près de l'équateur que dans la zone tempérée. Les Vénus avancent au nord jusque vers le 55° ou le 60°. Telle est, par exemple, le *Vénus islandica* Lin., que le capitaine Parry a trouvé (conjointement avec des coraux ?) près de l'île Melville par les 75° de latitude boréale ; je crois aussi que l'on trouve dans la baie d'Hudson le *Vénus mercenaria* Lin. Une distribution géographique différente a lieu dans l'hémisphère austral où le plus grand nombre des espèces se trouve dans les mers équatoriales de l'archipel de l'Inde.

L'espèce nouvelle dont je m'occupe appartient à la division des *Vénus à bord interne des valves crénelé ou dentelé*, et plus spécialement à la première section, à *stries lamelleuses.* Je la désignerai sous le nom de

VÉNUS CERCLÉE. Pl. xlviii, fig. 1. *a*, *b*, *c*.

Venus succincta *testa rotundata crassa, albido-straminea, sulcis transversis et longitudinalibus sese invicem decussantibus ornata ; vulva magna valde impressa ; ano magno cordato ; natibus recurvis fuscis.*

Habitat ad litus Oceani Pacifici, prope Acapulco Mexicanorum.

Cette coquille, remarquable par l'élégance de sa forme, est une des mieux caractérisées de ce genre. Elle est épaisse, un peu convexe, arrondie et comme tronquée au bord supérieur du côté antérieur. Sous un épiderme mince, d'un fauve pâle mêlé de rougeâtre, elle offre, à l'extérieur, une couleur blanche lavée d'une légère teinte-bleue. Cette couleur se rembrunit à mesure que l'on s'élève vers les crochets qui sont presque noirs.

Les lames transversales qui tracent sur la surface les sillons dont cette coquille est ornée sont noueuses, comme cordelées. Arrondies à leur bord supérieur, elles se recourbent vers la partie inférieure de la coquille. Ces lames diminuent de largeur sur le côté antérieur où elles laissent leurs traces sur la moitié inférieure seulement, la supérieure ne montrant plus que les stries d'accroissement que l'on aperçoit aussi au fond de chacun des sillons. Ceux-ci sont plus larges inférieurement que supérieurement à cause de l'augmentation du nombre des lames sur cette partie de la coquille.

Les sillons longitudinaux sont petits et nombreux sur le côté postérieur. Au-dessus des deux tiers inférieurs, on ne peut plus les apercevoir à cause de la fréquence des lames transverses. Sur le milieu, les sillons deviennent plus larges, moins profonds; et, sur le côté antérieur, on ne les voit plus que sur la partie bombée des crochets.

Le corcelet est très-grand et très-enfoncé, avec les deux côtés en pente très-oblique : celui de droite est gris, très-finement strié transversalement; le gauche recouvre un peu le droit; il est blanc comme la coquille; ses stries sont transversales, grosses, et ont l'apparence de petites rides. Le ligament, d'un brun ferrugineux, occupe la moitié de la longueur du corcelet.

La lunule est grande et en cœur. Elle est sillonnée dans le même sens et dans la même direction que la coquille entière.

Les crochets sont élevés, bombés, éloignés l'un de l'autre. Ils se recourbent en dessous sur la lunule.

A l'intérieur, le disque d'un blanc mat est tacheté de points verruqueux, arrondis, comme ferrugineux, dont le centre est blanc; ils sont disposés irrégulièrement sur les deux valves, et en plus grand nombre sur le côté postérieur.

Le limbe est lisse, d'un beau blanc de lait, et il offre, sur le côté antérieur, une tache violette plus marquée sur la valve gauche que sur la droite.

Le bord supérieur est dentelé, l'antérieur ainsi que le postérieur sont lisses. Celui de la lunule est pourpre, et est très-finement strié.

Cette coquille a 0^{m},049 de large.

DONAX.

Le genre Donax, dans lequel on doit classer la seconde espèce nouvelle qui fait l'objet de ce mémoire, est, par la forme tronquée des coquilles qui s'y rapportent, un des plus remarquables de la classe des Conchifères. Cette forme paroît propre aux régions des tropiques de l'hémisphère austral. En effet, de vingt-deux espèces connues dans ce genre, trois se trouvent dans les mers d'Europe, et cinq aux Antilles et à Cayenne; les autres espèces vivent dans les mers australes, principalement dans la mer des Indes, près des Moluques.

La jolie espèce de Donace que je vais décrire a les plus grands rapports avec la Donace denticulée (*Donax denticulata* Lin). Dans chacune des deux espèces, le bord des valves de la coquille est profondément dentelé; et, à l'extérieur, il y a les mêmes sillons longitudinaux, mais l'espèce nouvelle diffère de la première par l'absence de rides transversales sur le corcelet; je la nomme

DONACE RAYONNÉE, Pl. L, fig. 3, *a*, *b*, *c*, et fig. 4.

Donax radiata *testa convexa, anterius obtusissima, subviolaceo-albida; striis transversis exilissimis; sulcis longitudinalibus radiantibus, impressis.*

    (*a*) Varietas *testa albida, radiis subviolaceo-flavis picta.*

    (*b*) Varietas *testa zonis violaceis circumcincta.*

Habitat in Oceano Pacifico ad Americæ calidioris litora.

La forme générale de cette coquille est triangulaire, elle est assez élevée et bombée vers les crochets; les stries tranversales très-fines que l'on y aperçoit correspondent aux stries d'accroissement; les sillons longitudinaux sont étroits, profonds et partent tous du crochet en rayonnant comme d'un centre commun. Les arêtes de chacune des côtes qui séparent ces sillons sont violettes, ce qui fait paroître le fond blanc de la coquille comme lavé d'une teinte violette.

La variété (*a*) présente, sur le côté postérieur, trois à quatre rayons inégalement larges, d'une couleur violette un peu mêlée de jaune; le côté antérieur ainsi que l'espace qui sépare les rayons entre eux sont d'un blanc plus pur que dans la variété (*b*); les bords antérieur et supérieur sont dentelés, le bord postérieur est lisse; ils sont l'un et l'autre colorés en violet : une tache de cette même couleur existe intérieurement au fond de la coquille sous le crochet; le limbe est blanc, de même que l'intérieur de la coquille.

La variété (*b*) est colorée à l'extérieur par une teinte violette plus également lavée; la partie bombée, près du crochet, est plus pâle que la partie supérieure : vers celle-ci, la coquille présente quatre à cinq zones transversales violettes; ces zones sont plus étroites et plus pâles que la bande qui colore le bord supérieur et antérieur de la coquille; les deux angles externes sont plus foncés que la partie moyenne de ce bord; à l'intérieur, la coquille est luisante, blanche, avec deux taches violettes vers la partie antérieure.

Dans les deux variétés de cette espèce, les crochets sont élevés et violets; le ligament est petit, sa couleur est celle de la corne; la lunule est longue, assez étroite, un peu enfoncée, et aussi de couleur cornée. Cette coquille a, $0^m,031$ de large.

TELLINA.

La troisième espèce que je vais faire connoître est du genre Telline et de la petite famille des Tellines orbiculaires et roses, qui couvrent en abondance les rivages sablonneux de nos mers septentrionales. Cette nouvelle espèce avoisine tellement celle qui est décrite par Maton et Lamarck, sous le nom de *Tellina solidula*, que j'ai long-temps hésité à l'en distinguer, et que je croyois devoir la regarder comme une simple variété; mais l'épaisseur moindre des valves, l'angle plus aigu du côté antérieur, et la dépression plus grande des deux valves réunies m'ont paru des caractères suffisans pour distinguer cette petite espèce de Telline, que je nomme

TELLINE PÉTALE. Pl. xlviii, fig. 2. *a*, *b*.

Tellina petalum *testa elliptico-trigona, depressa, fragili, anterius angulata, albida, ad nates rosea.*

Habitat in Mare Pacifico, prope portum Acapulco Mexicanorum.

Cette petite coquille, mince et déprimée, est arrondie au côté postérieur, tandis que l'antérieur est terminé par un angle assez aigu. Les seules stries qu'offre sa surface externe sont toutes parallèles au bord supérieur de la coquille, et ne sont autres que ses accroissemens successifs. Sa couleur est rose vers les crochets, ensuite d'un blanc jaunâtre, cette bande étant coupée dans son milieu par une autre bande rose très-étroite; à l'intérieur, la coquille est lisse de couleur rose; le ligament est petit, court, de couleur cornée. Long. $0^m,016$; larg. $0^m,012$.

MYTILUS.

Le genre Moule (Mytilus, Lam.), bien différent maintenant de celui qui a été établi par Linné, est du nombre des Conchifères dont les formes sont presque exclusivement équatoriales. En effet, M. de Lamarck a décrit 34 espèces de coquilles réunies dans ce genre, dont huit seulement habitent nos mers, les 26 autres vivent entre les tropiques, ou très-près des tropiques. On les trouve à la fois à la partie méridionale de la Nouvelle-Hollande et près de Timor, ainsi que le prouvent les espèces rapportées de ces mers par M. Péron.

La coquille que je vais décrire a déjà été connue de Linné, mais les descriptions courtes et les figures inexactes et en noir qui en ont été données rendent nécessaire une description plus détaillée et une figure plus soignée. Les auteurs l'ont désignée sous le nom de

MOULE EN SABOT. Pl. xlix, fig. 1, *a*, *b*, *c*.

Mytilus ungulatus *testa lata subcurvata violacea; cuticula nigra, cardine terminali dentato; natibus distantibus.*

Mytilus ungulatus, Lin.

Gualt., Tab. lxli, fig. E.

Chem. Conch., Tom. VIII, Tab. lxxxv, fig. 756.

Encyclop., Pl. ccxv, fig. 1, *a*, *b*, *c*.

Habitat ad litora Maris Pacifici prope *la Concepcion de Chile* et portum Aricæ Peruvianorum.

Cette grande et belle coquille des côtes du Pérou et du Chili est remarquable par sa forme triangulaire qui approche un peu de celle du sabot des Ruminans. De là vient le nom qui lui a été donné par Linné.

Son test est très-épais, surtout le long du bord postérieur. Dans les endroits où l'épiderme dépasse le bord de la coquille, il est transparent et d'une couleur verte assez foncée; mais, fixé sur la coquille, il se montre d'un noir terne.

La coquille n'offre à l'extérieur aucune strie longitudinale, et les stries transversales parallèles au bord du test sont extrêmement fines, et produites par l'accroissement successif de l'animal.

Le côté antérieur, mince et légèrement convexe, porte sur toute sa longueur un ligament noir et très-épais.

Le côté postérieur, très-épais, est droit et laisse une ouverture assez grande pour le passage du byssus.

Le côté supérieur est le plus mince et deux fois sinué.

Les crochets sont divergens, pointus et terminés par un petit talon. C'est sur ce talon que sont placées les deux dents obtuses mentionnées dans la phrase caractéristique.

A l'extérieur, la coquille est violette. A l'intérieur, elle est lisse : le fond en est blanc, avec des taches irisées qui sont plus sensibles vers la partie supérieure du côté antérieur. Le limbe est également blanc sur la partie inférieure des deux côtés antérieur et postérieur; mais toute la partie supérieure est bleue, nuancée de violet; cette couleur étant plus forte principalement sous l'impression musculaire, qui a la forme échancrée d'un cœur.

Cette coquille a 0^m,166 de long., et 0^m,094 dans sa plus grande largeur.

Je suppose, dans le cours de ce mémoire, comme l'ont fait toujours Linné, Chemnitz et M. de Lamarck, que la coquille est appuyée sur les crochets, et que la lunule est tournée vers l'observateur. Le côté antérieur est donc constamment celui sur lequel est situé le ligament. Comme l'animal, appuyé sur la partie du bord qui est diamétralement opposée aux crochets, marche de manière que la lunule se porte la première en avant, MM. Cuvier et De Blainville nomment postérieur le côté que nous nommons antérieur, et inférieur le côté que nous appelons supérieur.

<p style="text-align:center">~~~~~~~~~~~~~~</p>

EXPLICATION DES PLANCHES.

Pl. xlviii, fig. 1. (*a. b. c.*) Venus succincta.

              fig. 2. (*a. b.*) Tellina petalum.

Pl. xlix, 1. (*a. b. c.*) Mytilus ungulatus.

Pl. l, fig. 3 (*a. b. c.*) et fig. 4. Donax radiata.

COQUILLES FLUVIATILES BIVALVES

DU NOUVEAU-CONTINENT,

RECUEILLIES PENDANT LE VOYAGE

DE MM. DE HUMBOLDT ET BONPLAND,

ET DÉCRITES

PAR A. VALENCIENNES.

J'ai fait connoître, dans le Mémoire précédent, les coquilles bivalves marines que MM. de Humboldt et Bonpland ont rapportées de leur voyage aux régions équinoxiales du Nouveau-Continent. Pour terminer la publication des nouvelles espèces de Conchyfères, dont ces voyageurs ont enrichi la Conchyologie, il me reste à décrire celles qui habitent les eaux douces et qui appartiennent à la famille des Nayades.

Le nombre des espèces que l'on rapporte à cette famille est trois fois plus nombreux que celui des autres Acéphales également fluviatiles qui composent la première division des Conques.

Ces deux familles comprennent peu de formes génériques : les Conques fluviatiles sont divisées en trois genres, les Cyclades, les Cyrènes et les Galathées, dans lesquels on réunit vingt-trois espèces.

Les Cyclades et les Cyrènes, à l'exception d'un petit nombre, se trouvent dans les contrées chaudes de l'ancien continent. Les fleuves de la Perse et les eaux douces des Moluques sont peuplés par ces conchyfères, dont la coquille, le plus souvent verdâtre, ne brille pas de couleurs très-vives. On ne connoît encore qu'une seule Cyrène des eaux douces de l'Amérique septentrionale : elle a été trouvée par M. Bosc dans les rivières de la Caroline.

La famille des Nayades, beaucoup plus considérable que celle des Conques, est presque toute américaine. On y compte jusqu'à présent trois fois plus d'espèces qu'en Europe, et ce nombre est double de celui des espèces connues qui vivent sous l'équateur,

M. de Lamarck divise cette famille en quatre genres : les deux espèces d'Hyrie connues viennent de Ceylan, et donnent les perles qui brillent du plus bel orient. Le genre Iridine ne compte qu'une seule espèce, que M. Caillaud a trouvée dans le Nil, auprès du site de l'ancien Méroë, où cette coquille paroît abondante. Les espèces des genres Mulette (*Unio*) et Anodonte (*Anodonta*) sont beaucoup plus nombreuses, et c'est particulièrement en Amérique que vivent la plupart des Mulettes qu'on a jusqu'à présent décrites.

MM. de Humboldt et Bonpland ont découvert deux espèces nouvelles du genre Anodonte; ils ont rapporté, des États-Unis, une Mulette qui est dans la collection du Muséum, et que M. de Lamarck a nommée *Unio ovalis.*

Nous en publions une belle figure, et une description plus détaillée que celle qui a été donnée par M. de Lamarck dans son *Species.* Nous offrirons aussi la figure de plusieurs espèces remarquables par leur forme, et qui n'ont pas encore été décrites. Nous profiterons de cette occasion pour distinguer d'une manière exacte les deux espèces de Mulettes que M. de Lamarck a confondues sous le nom d'*Unio peruviana.*

Ce travail ne paroîtra point déplacé ici, car les coquilles qui en font l'objet se trouvent dans les contrées parcourues par M. de Humboldt.

Commençons par décrire la Mulette rapportée des rives du Potomak, près de Washington, et que les conchyologistes nomment

MULETTE OVALE. Pl. L, fig. 1, *a*, *b*, *c*.

UNIO OVATA, *testa inæquilatera, transversa, elliptica, subconvexa, ad latus anticum hiante, albo flavicante; striis transversis, obsoletis, fissuris variis, interruptis, divaricatis.*
Lam. Syst. anim. sans vert., Tom. VI, p. 75, n° 23.

Cette coquille est une des plus minces parmi celles de ce genre; elle est voisine de l'*Unio cariosa, Lam.* Sa couleur extérieure est jaunâtre. Sa surface est assez lisse; car les seules stries transversales que l'on y découvre sont celles qui marquent les accroissemens successifs du test, et ces stries sont peu sensibles. Sur le côté antérieur, il y a un assez grand nombre de fissures divergentes. Les crochets sont dépouillés, lisses et peu bombés. Le ligament est noir, épais et convexe.

Le bord antérieur s'avance un peu, et forme un angle obtus à l'extrémité du côté antérieur; de ce côté, les deux bords ne se touchent pas, etlac oquille est sensiblement bâillante. Le bord supérieur est légèrement sinueux; le posté-rieur est arrondi. A l'intérieur, cette coquille est blanche, à reflets irisés et nacrés. L'impression musculaire postérieure est très-forte.

Il y a deux dents cardinales sur la valve gauche. La postérieure est la plus grande et la plus rugueuse. Une seule dent cardinale existe sur la valve droite : elle est très-fortement dentelée. Il y a en outre une longue dent la-térale qui est reçue dans une fossette correspondante de l'autre valve.

Les dimensions de cette Mulette sont, en largeur, de 2 pouces 10 lignes; en hauteur, de 1 pouce 9 lignes; et, en épaisseur, de 1 pouce 2 lignes.

Elle vit dans les eaux douces, près de Washington.

MULETTE DE DOMBEY. Pl. LIII, fig. 1. *a*, *b*.

Dombey avoit rapporté du Pérou une grande et belle Mulette, dont une valve se trouve maintenant dans la collection du Muséum d'histoire naturelle.

Depuis on a trouvé dans les lacs de l'Amérique septentrionale une autre espèce très-voisine de la précédente, et qui, sans aucun doute, a été gravée dans l'*Encyclopédie*, Pl. 248.

Cette Mulette de l'Amérique septentrionale est devenue, dans l'ouvrage de M. de Lamarck, *Unio peruviana*, et ce savant n'a pas fait mention de la coquille que Dombey nous a rapportée.

M. de Humboldt a cru devoir donner une figure de chacune de ces espèces de l'Amérique; et je pense que, pour éviter à l'avenir toute confusion, il faut effacer dans le *Species* le nom d'Unio peruviana; car il n'a pas été appliqué à l'espèce qui vit dans les eaux de cette région du globe.

Je commencerai par décrire la Mulette que Dombey nous a fait connoître et que je nomme

Unio dombeyana *testa transversa, perinæquilatera, crassa, latere postico brevissimo, antico lato, infra emarginato; rugis raris obsoletis.*

La forme de cette Mulette est ovale; sa hauteur est près des deux tiers de sa longueur; son épaisseur a plus des deux tiers de la hauteur. La région la plus bombée est celle du côté antérieur en avant des crochets. La pente vers le bord inférieur est très-inclinée et concave; elle est, au contraire, douce vers le bord supérieur. Les stries d'accroissement sont fortes, nombreuses, et serrées sous un épiderme assez épais. Le côté postérieur est lisse; l'antérieur porte quelques plis irréguliers et rares, dont les côtes sont mousses et arrondies. Le bord postérieur est arrondi, ainsi que le bord supérieur qui offre un sinus assez profond vers son extrémité antérieure; le bord postérieur descend verticalement dans sa plus grande partie; inférieurement il se porte en arrière vers le crochet, où il est échancré en arc. Le bord inférieur est presque droit; près de l'extrémité du ligament, on voit une forte échancrure.

Les crochets sont très-profondément et très-largement écorchés. Le ligament est gros, épais, noir, et occupe presque toute la longueur du bord inférieur. Les dents cardinales sont grosses, obtuses et rugueuses; les dents latérales sont assez élevées et striées finement et verticalement.

L'impression musculaire postérieure est grande, large, profonde, fortement rugueuse; elle doit donner attache à un muscle puissant; au-devant d'elle est une petite impression musculaire qui reçoit un faisceau de fibres distinctes. L'impression antérieure est large, mais peu profonde.

L'intérieur de la coquille est hérissé de plusieurs tubercules inégalement disposés, et qui ressemblent un peu à des perles naissantes. Il y a en outre trois côtes peu élevées, larges et arrondies, dont la plus saillante monte obliquement de la dent cardinale vers le bord supérieur.

Le limbe de la coquille est large, lisse dans toute son étendue; il n'a qu'un sillon linéaire peu profond dirigé obliquement de l'angle antérieur de l'impression musculaire la plus marquée vers le côté antérieur de la coquille.

L'épiderme de cette Mulette est noirâtre avec des teintes grises jaunâtres vers le haut. Les crochets, dans leur partie écorchée, montre quelques reflets nacrés blancs, ou jaunes, à reflets bronzés.

En dedans, la coquille est du plus beau pourpre bronzé à reflets verdâtres disposés dans le fond par grandes taches, et à reflets irisés vers la partie antérieure; elle est à peu près de la même couleur que la Mulette pourprée. Le ligament est noir. Cette belle coquille a quatre pouces de large, et deux pouces neuf lignes de haut.

Voilà les caractères de l'espèce du Pérou bien établis; je vais maintenant faire connoître ceux de la Mulette des États-Unis dont le Muséum a reçu de beaux exemplaires par les soins de MM. Milbert, Lesueur et Rafinesque.

M. Rafinesque a fait un travail assez considérable sur les Unio de l'Amérique-Septentrionale ; il les a divisés en plusieurs genres ; ses caractères sont pris dans la forme de la coquille. Je pense que, dans la formation des genres, l'on doit suivre les préceptes que M. de Lamarck nous a tracés, et que les caractères génériques doivent être pris dans la charnière de la coquille bivalve, et non pas dans les formes variées dont la nature s'est plue à diversifier nos genres les plus naturels. Le genre Unio en est un exemple. Nombreux en espèces, il est bien caractérisé par le nombre et la position des dents cardinales et latérales ; mais si l'on veut faire des coupes génériques en considérant en outre la forme générale de la coquille, ou même la forme particulière des dents de chaque espèce, je ne crois pas que l'on puisse jamais trouver des caractères suffisans et assez précis pour établir une méthode plus facile. M. Rafinesque faisoit de la coquille que je vais décrire son genre *Proptera* ; je la nommerai

MULETTE ONDULEUSE. Pl. LIV, fig. 3. *a*, *b*.

UNIO UNDULATA, *testa subrotunda, subcrassa, latere antico, recto, haud sinuato, extus rugis pluribus, magnis, undatis.*

Encycl. Pl. CCXLVIII, fig. 1.

Proptera undulosa, Rafinesque.

Habitat in fluvio Ohio.

Cette coquille est très-facile à distinguer de la précédente par sa forme et par ses couleurs.

Elle est plus arrondie ; sa hauteur fait les trois quarts de sa largeur ; elle est aussi beaucoup plus mince ; son épaisseur est le tiers de la hauteur.

Les stries d'accroissement de la surface externe sont grosses et très-nombreuses. Il n'y en a pas de longitudinales.

Sur le côté antérieur, on voit de nombreuses rides grosses et flexueuses : les inférieures sont plus courtes et plus petites que les supérieures. On n'en voit aucune sur l'autre côté. La coquille est peu bombée, et ses crochets sont très-peu écorchés. Le bord supérieur, droit, mince et tranchant, s'unit au postérieur en suivant une ligne courbe. Le bord antérieur descend obliquement et en arrière sur l'inférieur.

Il est très-mince, et festonné par un grand nombre de plis qui correspondent aux rides nombreuses qui sillonnent la surface externe de la coquille.

Il n'a pas d'ailleurs d'échancrures, comme nous en avons remarqué sur la Mulette de Dombey.

Les dents cardinales de la valve gauche sont presque égales entre elles, et chacune est plus petite que l'une des dents de la Mulette du Pérou. La fossette qui les sépare est plus profonde et aussi fortement rugueuse. Les dents sont très-chargées de rugosités.

Des deux dents cardinales de la valve droite, l'antérieure seule est grosse et rugueuse; elle est reçue dans la fossette qui sépare les deux dents cardinales de la valve gauche.

La dent latérale de la valve droite est mince et tranchante. Sa hauteur est plus grande et plus rugueuse que celle de la Mulette du Pérou. Sur la valve gauche, cette dent est reçue dans une fossette qui est creusée entre deux dents latérales parallèles, un peu moins hautes que la dent unique de la valve droite.

Le ligament est fort, bombé. Il occupe toute la longueur du bord inférieur; sa couleur est noire.

L'impression musculaire postérieure est profondément marquée, et sa surface est aussi très-rugueuse. En avant de cette impression, on voit l'attache d'un faisceau de fibres musculaires séparés du muscle propre. Ce faisceau est plus gros dans cette espèce que dans celle que nous avons précédemment décrite. Le muscle adducteur antérieur est aussi beaucoup plus gros; car l'impression musculaire est plus grande, mais elle est moins marquée.

L'intérieur de la coquille n'est pas très-creux; la surface du côté antérieur est chargée de rides peu profondes qui correspondent à celles du côté externe, mais les traces sont en moindre nombre. La surface du côté postérieur est lisse.

Le limbe est large, lisse; le sillon, qui est sur le côté postérieur, est peu marqué.

Cette Mulette est verdâtre; en dehors, salie de gris; en dedans, elle est peu brillante; tout le fond est blanc, avec quelques reflets irisés sur le côté antérieur, principalement sur le limbe.

L'individu que je décris a trois pouces six lignes de largeur, deux pouces neuf lignes de hauteur, et seulement un pouce trois lignes d'épaisseur.

MULETTE VERRUQUEUSE.

Nous avons reçu au cabinet du Roi une autre Mulette remarquable par sa forme arrondie, et par les nombreux tubercules dont sa surface est couverte. M. Rafinesque l'a envoyée comme le type d'un nouveau genre qu'il nomme *Rotundaria*. Les dents de la charnière sont disposées exactement comme celles des Mulettes. Ainsi nous croyons devoir laisser cette coquille dans le genre Unio; et, en donnant la description et la figure de cette espèce remarquable, nous aurons encore occasion d'en séparer deux qui ont été confondues en une seule : elles viennent de l'Ohio. Je laisserai à l'une d'elles le nom sous lequel M. Rafinesque nous a envoyé les deux espèces, et je la caractériserai par la diagnose suivante.

Unio verrucosa, *testa subæquilatera, rotundata, postice crassa, extus ex flavo viridescente, intus alba; verrucis crebris, magnis, subrotundis, elevatis.*

Pl. LIII, fig. 2.

Le test de cette Mulette peu bombée n'est épais qu'au côté postérieur; l'antérieur est mince. La coquille est arrondie, de sorte que la hauteur égale la largeur; son épaisseur est les deux tiers de la hauteur.

Sur la surface externe, il n'y a pas de stries longitudinales; les transversales sont formées par les accroissemens du test. La partie supérieure du milieu de la coquille et tout le côté antérieur sont couverts de grosses verrues irrégulièrement arrondies; on en remarque trois ou quatre qui sont alongées transversalement. Les tubercules du côté antérieur sont plus petits et moins nombreux que ceux qui sont sur le milieu de la valve. Le côté postérieur et la région des crochets sont lisses. Les crochets sont écorchés.

Le bord supérieur et le bord postérieur sont arrondis. L'antérieur est droit; et, vers le bas sous la dent latérale, il y a une forte échancrure.

La dent cardinale de la valve droite est grosse, obtuse, peu élevée, et il y a de chaque côté de la base deux petites fossettes pour recevoir les dents de l'autre valve. Les fossettes et les dents ne sont pas rugueuses. La dent cardinale est courte, épaisse et finement grenue.

L'impression musculaire antérieure est profonde et presque entièrement lisse;

au-devant d'elle, il y en a une autre petite, lisse et très-profonde. L'impression musculaire antérieure est moins marquée; sa figure est la moitié d'un ovale. Le ligament n'est pas très-fort.

La surface interne de la coquille est tout-à-fait lisse et polie.

La couleur du dehors est d'un vert jaunâtre uni, et n'offre aucune trace de rayons. Le dedans de la coquille est d'un beau blanc nacré à reflets irisés.

L'individu qui a servi à faire cette description a un pouce neuf lignes de hauteur et de largeur, et un pouce deux lignes d'épaisseur.

Passons maintenant à la description de la seconde espèce que je nomme

MULETTE TUBERCULEUSE.

Unio tuberculosa, *testa subæquilatera, rotundata, postice subcrassa, extus fusco-viridescente, postice subradiata, intus purpurea; tuberculis raris, parvis, sparsis.*

Cette coquille diffère de la précédente par les formes, et surtout par ses couleurs.

Bien quelle soit arrondie, le diamètre transversal est un peu plus grand que le vertical; l'épaisseur de la coquille ne diffère pas de celle de l'*Unio verrucosa.* Les côtés antérieurs et postérieurs sont lisses et unis. Il n'y a plus que quelques tubercules très-petits sur le haut de la région moyenne de la coquille.

Le bord supérieur et le bord postérieur sont plus arrondis; l'antérieur est légèrement concave.

La dent cardinale de la valve droite est plus petite et plus pointue.

La surface de l'attache musculaire est plus rugueuse.

A l'extérieur, la couleur est verte assez foncée, et on voit sur le côté postérieur les traces de plusieurs rayons longitudinaux et jaunâtres.

En dedans, cette coquille est pourpre à reflets un peu bronzés; le bord supérieur est blanchâtre.

Les individus que j'ai vus sont petits; la hauteur de l'un d'eux est de onze lignes; sa largeur est de treize, et son épaisseur est de sept.

Nous possédons une espèce qui n'a pas encore été décrite, et que nous devons à M. Lesueur, l'ami et le compagnon de Péron. Elle vit aux environs de Philadelphie, et elle ressemble à notre Mulette de la Seine (*Unio pictorum, Lam.*); mais l'angle antérieur de la nouvelle espèce est plus alongé,

ce qui la fait aisément distinguer. A cause de cette forme alongée, je propose
de la nommer

MULETTE A BEC. Pl. LIII, fig. 3.

UNIO ROSTRATA *testa perinœquilatera, transversa; latere antico in ros-*
trum producto, postico brevi rotundato; ex corneo fusca, antice radiis
viridibus obsoletis. Nob.

Habitat in aquis dulcibus Philadelphiæ vicinis.

Cette Mulette est très-alongée ; sa hauteur est contenue deux fois et demie
dans la largeur. Elle est comprimée, car son épaisseur ne fait que la moitié
de la hauteur. Outre les stries d'accroissement, il y en a quelques-unes transversales, très-fines, qui forment une suite de petits chevrons interrompus
sur le bord supérieur de chaque valve. Le côté antérieur est très-alongé ;
l'angle de l'extrémité est tronqué ; mais si les deux côtés étoient prolongés,
cet angle seroit très-aigu. La coquille est relevée depuis les crochets jusqu'à
l'angle antérieur par une arête mousse ; elle s'amincit rapidement vers le bord
qui donne attache au ligament, et elle bâille à l'extrémité.

Le bord supérieur est légèrement convexe dans sa partie moyenne ; il s'abaisse
subitement avant d'atteindre l'angle de la coquille. Le bord antérieur est très-
oblique et droit. Le postérieur est arrondi.

Les dents cardinales sont minces et comprimées comme toutes celles des
Mulettes très-alongées.

La couleur est brune, cornée, offrant quelques zones jaunes plus foncées les
unes que les autres. Sur l'arête du côté antérieur, il y a six à sept lignes longitudinales et obliques d'un vert rembruni.

En dedans, la coquille est blanche, à reflets jaunes et irisés.

La hauteur est d'un peu plus de treize lignes ; la largeur est de deux pouces
huit lignes, et l'épaisseur est de six lignes.

MULETTE NAVIFORME. Pl. LIII, fig. 4.

Une belle espèce d'Unio, dont on n'a pas encore donné de figures en Europe,
est celle qui va faire le sujet de cet article. M. Michaud, si connu par son
Traité sur les arbres des forêts de l'Amérique septentrionale, a donné au
Muséum d'histoire naturelle cette coquille, que l'on prendroit au premier

aspect pour une Arche, tant elle en a la forme. M. Delamarck lui a donné l'épithète de *naviforme*, et l'a caractérisée ainsi :

Unio naviformis, *testa transversim oblonga, recta; anterius angulata, compressa, subemarginata sulcis transversis latis, lateris antici undulatis.*
Lam. An. Sans. Vert., Tom. VI, p. 75, n° 20.
An Unio cylindricus? Encyl. am. Conch. Pl. iv, fig. 3.
Habitat in fluvio Ohio.

Je n'aurai que peu de choses à dire de cette coquille, si bien caractérisée par le savant qui l'a fait connoître.

Elle est très-renflée ; son épaisseur diffère d'un cinquième de sa hauteur, qui n'est pas tout-à-fait la moitié de la largeur.

Sur un fond d'un roux-brun très-vif, on voit un grand nombre de taches triangulaires noires qui deviennent des lignes étroites et parallèles près du bord supérieur.

A l'intérieur, cette coquille est blanche ; elle a près de trois pouces de largeur.

MULETTE DROITE, Pl. liv, fig. 1.

Une belle Mulette, qui nous vient du Lac Erié et des chutes de l'Ohio, est celle que M. de Lamarck a nommée

Unio recta *testa inæquilatera, transversim elongata angusta, convexa, anterius subangulata latere antico striis longitudinalibus obliquis obsoletis.*
Lam. An. Sans. Vert., Tom., VI, p. 74, n° 19.
Habitat in Americæ Septentrionalis lacubus.

La Mulette droite est alongée et remarquable par l'épaisseur du test du côté postérieur.

Son épaisseur fait les deux tiers de la hauteur, qui est contenue près de trois fois dans la largeur. Les stries longitudinales et obliques du côté antérieur sont très-peu marquées, on ne les voit que sous certains reflets de lumière.

Le muscle adducteur postérieur est divisé en quatre faisceaux, dont un très-gros a laissé une impression lisse et profonde; deux autres impressions petites sont sous la dent cardinale, et une quatrième, plus séparée des trois autres, est placée obliquement et en avant de la plus grande.

Les crochets sont écorchés et blancs. Le reste de la coquille est en-dessus d'un vert brunâtre assez foncé, traversé par plusieurs zones brunes presque noires.

En dedans, le fond est bronzé brillant, à reflets pourprés; le bord est blanc, nacré, à reflets irisés.

La longueur de l'individu que j'ai décrit est de quatre pouces six lignes, et sa hauteur est d'un pouce sept lignes.

MULETTE BAILLANTE, Pl. LIV, fig. 2, *a*, *b*.

Enfin, je termine par faire connoître une Mulette qui vit dans les eaux douces des environs de Philadelphie, et qui est plus bâillante aux deux extrémités que toutes ses congénères. Nous devons cette belle espèce au zèle de M. Lesueur; je la nomme

UNIO HIANS, *testa gibba, ovata, sublevis, nigra lateribus hiantibus.*

La hauteur de cet Unio est contenue une fois et demie dans la largeur; son épaisseur est les trois quarts de la hauteur.

La surface externe est traversée par des rides parallèles nombreuses à arêtes mousses; on ne voit aucunes stries longitudinales.

Les crochets sont très-peu écorchés.

La dent cardinale est haute et dentelée en dedans; sous cette dent, le test est très-épais; il devient ensuite très-mince.

Le fond de la coquille est lisse, ainsi que le limbe, qui est large.

La couleur est noire en dessus; en dedans elle est blanche sur toute la partie postérieure. Le côté antérieur est bleuâtre, à reflets irisés très-brillans.

Cette Mulette a deux pouces quatre lignes de large, et un pouce six lignes de haut.

ANODONTES.

On ne connoît qu'un petit nombre d'Anodontes. Ces coquilles habitent dans les mêmes lieux que les Unio, et elles sont distribuées sur le globe à peu près dans les mêmes rapports. Très-peu d'espèces vivent entre les tropiques, les autres sous des zones tempérées.

MM. de Humboldt et Bonpland en ont découvert deux que les naturalistes ne connoissent pas encore.

La première que je ferai connoître vient des eaux douces des environs d'Acapulco, sur les côtes occidentales du Mexique; c'est une grande et belle coquille que je nomme

ANODONTE GLAUQUE. Pl. L, fig. 2.

ANODONTA GLAUCA *testa, oblongo-elliptica, fragilissima, alba, epidermide tenui, glauço, radiato striis transversis, ad latus anticum eminentioribus, longitudinalibus exilissimis natibus maculatis.*

Habitat in America calidiori, ad portum Acapulco Mexicanorum.

Cette coquille, dont le test est mince et transparent, est ovale. Sa hauteur est contenue une fois et trois quarts dans la largeur. Son épaisseur est une fois et trois quarts dans la hauteur. Les stries d'accroissement ne sont un peu marquées que sur le côté antérieur. Le bord supérieur est arrondi, et il se réunit au bord inférieur en faisant un angle peu ouvert avec le bord inférieur, qui porte une échancrure très-profonde vers son extrémité antérieure; le ligament est mince et court.

Les crochets sont bombés et saillans; le limbe est large, et son bord est flexueux.

La couleur de l'épiderme est d'un vert glauque avec quelques rayons verts plus foncés. En dedans elle est blanche, nacrée et irisée. Sous les crochets, il y a une tache pourprée dont on voit la trace au-dehors.

Cette coquille a trois pouces neuf lignes de large et deux pouces quatre lignes de haut.

Je nomme la seconde

ANODONTE POURPRE. Pl. XLVIII bis, fig. 3, *a, b.*

ANODONTA PURPUREA, *testa transversa, elliptica, transversim striata extus fusca, intus purpurea latere antico compresso truncato, natibus decorticatis purpurescentibus.*

Habitat in insulis Philippinarum.

Cette espèce, qui a été communiquée à M. de Humboldt par M. de Caravajal [1], ancien membre de la Real Audiencia de Manille, est très-remarquable par l'épaississement du bord inférieur sous les crochets. Ce bord, un peu

---

[1] *Essai pol. sur la Nouv. Esp.*, Tom. I, p. 182.

relevé, semble montrer un commencement de dents, et conduire ainsi vers la charnière des Mulettes.

La coquille est elliptique et arrondie aux deux extrémités; elle est fortement striée en dessus par les restes des accroissemens. Il n'y a pas de stries longitudinales.

. Vers le milieu du bord supérieur il y a un sinus peu profond; en dedans, le test est lisse.

A l'extérieur, la couleur est brune, cornée; à l'intérieur, elle est pourpre.

La largeur est de deux pouces deux lignes, et la hauteur est d'un pouce trois lignes.

COQUILLES UNIVALVES

TERRESTRES ET FLUVIATILES,

RAPPORTÉES

Par MM. A. DE HUMBOLDT ET A. BONPLAND,

ET DÉCRITES

Par A. VALENCIENNES.

Une des branches de la Zoologie, qui a reçu l'impulsion la plus vive pendant le quart de siècle qui vient de s'écouler, est celle qui comprend les animaux que les conchyologistes réunissent sous le nom de Mollusques terrestres et fluviatiles.

Que l'on compare le petit nombre d'espèces décrites dans les auteurs qui nous ont précédés, à celui que l'on trouve dans les ouvrages de MM. Schreiber et Schröter en Allemagne, de Dillwyn en Angleterre, et surtout dans celui que publie en France M. de Ferrussac, ouvrage aussi remarquable par l'instruction qu'on y puise que par la grande beauté des gravures, et l'on sera surpris du grand nombre d'espèces nouvelles qui ont été découvertes et rassemblées dans nos collections, pendant ces derniers temps. C'est principalement la nécessité de distinguer les coquilles marines des coquilles fluviatiles, qui a forcé les conchyologistes de porter leur attention sur cette partie de la science, et qu'ils ont excité tous les voyageurs à s'occuper d'une classe d'animaux qui vivent dans les lieux sombres et ombragés, et qui, en général, n'attirent pas les yeux par l'éclat de leurs couleurs.

Sensibles à tous les genres de beauté que leur présentoient les régions équinoxiales de l'Amérique, MM. de Humboldt et Bonpland ont deviné en quelque sorte les besoins des naturalistes; et, dans un temps où les voyageurs négligeoient encore d'étudier les Mollusques terrestres, ils ont rapporté de belles coquilles univalves qui sont encore très-rares, et que je vais faire connoître successivement.

HÉLICE.

Les coquilles qui font le sujet de ce mémoire appartiennent, pour la plupart, à la famille des Colimacées. Les animaux que l'on y rapporte sont très-répandus sur toute la surface du globe, et paroissent, en comptant seulement les espèces mentionnées par M. de Lamarck, à peu près un tiers plus nombreux dans les régions équinoxiales que dans les zones hors des tropiques. Les différens genres de Colimacées se représentent en quelque sorte les uns les autres dans les différens continens. Ainsi, les Hélices qui se trouvent en abondance dans tous les lieux que l'on a visités, sont moins communes en Amérique que partout ailleurs, où les Bulimes, les Agathines et les Hélicines les remplacent; les Auricules sont plus abondantes dans l'Inde que dans aucune contrée du globe.

La partie de l'Afrique qui a été parcourue jusqu'ici des deux côtés du grand désert de Sahara, n'offre pas de grands pays boisés et humides; elle ne nourrit aussi qu'un très-petit nombre de Colimacées. Il faut espérer que les bords du lac Tchad et les rives du Shary enrichiront un jour la Conchyologie.

De tous les genres de Colimacées, celui des Hélices est le plus nombreux en espèces, et il est répandu sur toute la surface du globe.

Le midi de l'Europe en nourrit à proportion le plus grand nombre.

En Amérique, on en connoît beaucoup plus dans les îles que sur le continent.

Nous verrons plus loin que c'est précisément le contraire pour le genre Bulime.

HÉLICE DE BONPLAND. Pl. lvi, fig. 3, *a*, *b*.

La première espèce d'Hélice dont je dois parler ici a été trouvée dans l'île de Cuba; elle est voisine de celle que M. de Ferrussac a figurée Pl. xliii, fig. 1-5, mais la position de la dent du bord gauche la fait aisément reconnoître. M. Bonpland l'avoit communiquée à M. de Lamarck, qui l'a nommée

Hélix Bonplandii *testa subglobosa, squalide alba, anfractibus transversim striatis, striis tenuissimis, labro expanso sinistro infra dentato.*

Helix Bonplandii, Lam. An. Sans. Vert, Tom. VI, p. 72, n° 26.

Cette coquille est globuleuse, un peu plus large que haute. Toute la surface, excepté la partie inférieure du dernier tour qui est lisse, est chargée de stries fines, verticales et parallèles.

La lèvre est grosse, lisse et peu réfléchie en dehors, en sorte que les mots *margine reflexo*, qui terminent la phrase de M. de Lamarck, disent un peu trop : il faut aussi retrancher de la phrase de M. de Lamarck l'épithète *subperforata*. J'ai sous les yeux quatre individus que M. Bonpland avait conservés, et ils n'offrent aucune trace d'ombilique.

Vers le bas du bord gauche il y a une dent assez haute ; cette dent est, au contraire, vers le haut du même bord, dans l'hélice à lèvres blanches, (Helix albilabris Ferr.) Le test est blanc-sale, recouvert d'un épiderme verdâtre ; la lèvre est d'un beau blanc.

La largeur du plus grand individu que je décris est d'un pouce trois lignes.

HELICE OEUF. Pl. LVII, fig. 1, *a*, *b*.

M. Pablo Ruiz de la Bastida, lieutenant-colonel au corps des ingénieurs à Manille, qui s'est occupé, avec un zèle digne de la reconnoissance des naturalistes, de recueillir les coquilles des Philippines, a bien voulu donner à M. de Humboldt cette belle et grande Hélice qui a la plus grande ressemblance avec l'*Helix cornu giganteum* ; elle en approche en effet par la taille, par la forme ovale et par la légèreté du test ; mais la bouche est moins grande, et le nombre des tours de spire est plus considérable. A cause de la légèreté de cette coquille, qui est blanche et ovoïde, j'ai cru pouvoir la nommer

Helix ovum *testa magna, elliptica, subconvexa, subperforata, levi, alba, apice subflava, zonis nullis.*

La spire est composée de cinq tours qui s'enroulent régulièrement autour de l'axe. La bouche a un peu plus de largeur que de hauteur, et cette ouverture comprend la moitié de la largeur de toute la coquille ; tandis que, dans l'*Helix cornu giganteum*, l'ouverture égale près des deux tiers de la largeur du test. Le bord de la columelle se réfléchit en formant un ombilic étroit derrière la columelle; la lèvre est arrondie, mais elle n'est pas très-épaisse, et elle ne se réfléchit pas en dehors. Les stries d'accroissement sont très-fortement marquées, il n'y en a pas d'autres sur la coquille. Le sommet de la spire de cette Hélice est jaunâtre; cette teinte s'étend en diminuant de force jusque sur le bord spiral de l'avant-dernier tour, où elle s'éteint tout-à-fait. Le reste du dernier tour et tout l'intérieur est d'un beau blanc pur, sans taches ni bandes.

Cette coquille a près de quatre pouces de large, deux et un quart d'épaisseur; sa hauteur est d'un peu plus d'un pouce et demi.

HELICE PAPILIONACÉE. Pl. lvi, fig. 6, *a*, *b*.

Le même naturaliste a également donné à M. de Humboldt une autre Hélice des Philippines, que je n'ai pas trouvée dans les auteurs qui ont écrit sur la conchyologie. Ses couleurs rousses, disposées sur un fond blanc, rappellent les ailes de certains phalènes, en sorte que je l'ai nommée

Helix papilionacea, *testa discoidea, subdepressa, late umbilicata, albida, rufo variagata zonis tribus fuscescentibus, labro subdentato, reflexo, ad columellam connexo.* Nob.

Cette coquille est discoïde; son ombilic grand, sa bouche ouverte en travers; les deux lèvres se rapprochent sur l'avant-dernier tour; le bourrelet du bord supérieur est plus relevé et plus épais que celui de la lèvre inférieure, et offre un léger renflement que l'on pourroit regarder comme une petite dent.

La coquille, vue par le sommet de la spire, montre des tours à peu près égaux, de sorte que la spire s'élargit régulièrement; c'est près de la lèvre que le profil du dernier tour s'éloigne subitement de l'axe de la coquille; les stries d'accroissement sont fines et égales.

Le fond de la couleur de cette coquille est blanc, et flambé irrégulièrement de roussâtre. Sur le dernier tour, on voit quatre lignes longitudinales parallèles, à égales distances l'une de l'autre, à peu près de la même couleur que celle des flammes: sur les autres tours, on ne voit plus qu'un seul cordon. Cette Hélice a dix lignes de diamètre et cinq de hauteur.

HELICE STOLEPHORE. Pl. LVI, fig. 4, *a*, *b*.

Je trouve, dans les notes qui accompagnent cette coquille, qu'elle est fluviatile de la Nouvelle-Espagne : elle a été donnée à MM. de Humboldt et Bonpland par M. Caravajal. Cette indication de coquille fluviatile me fait croire que l'animal doit différer des Hélices, et que, quand il sera connu, il deviendra le type d'un nouveau genre ; d'un autre côté, en examinant bien cette coquille, je lui trouve toute la conformation des Hélices, et elle est certainement très-voisine de l'*Helix Cepa*. Ces considérations m'ont déterminé à décrire cette coquille comme une Hélice, en attendant que l'animal, ainsi que ses habitudes, soient connus, et que les idées des naturalistes puissent être fixées sur ses rapports naturels ; je la nomme

HELIX STOLEPHORA, *testa orbiculata, depressa, perforata, lævi, ultimo anfractu subcarinato, ad apicem flava, infra alba, ad carinam ex rubro fusca.*

Cette belle coquille a la forme de l'Helix algira Lin. ; mais son test est beaucoup plus solide. La spire est très-surbaissée, et est composée de cinq tours. Sur le milieu du dernier tour, il y a une carène mousse qui s'engage dans la spire du tour précédent. Le reste de la coquille est lisse.

L'ouverture de la bouche est grande et elliptique. La lèvre est tranchante ; mais la coquille ne me paroît pas adulte.

Cette Hélice offre une teinte jaune-rougeâtre sur les premiers tours : elle s'éclaircit et devient un peu rougeâtre sur le dernier tour au-dessus de la carène, qui est brune mêlée de pourpre, et qui forme une large bandelette sur le pourtour de la coquille. Cette teinte devient violette en s'étendant sur le dernier tour qui finit par être blanc, ainsi que l'intérieur de la coquille. Elle a deux pouces de large.

BULIMES.

Les Bulimes sont des Hélices dont le tortillon s'élève en s'enroulant en spirale. Cette différence influe sur la forme de la bouche, et rend facile la distinction de ces deux genres. Les Bulimes ont le diamètre vertical de la bouche plus grand que le diamètre horizontal; le contraire a lieu dans les Colimacées que l'on doit rapporter au genre Helix.

Les coquilles de ce genre paroissent propres aux contrées équinoxiales. L'on trouve, entre les tropiques, le plus grand nombre d'espèces, et elles y atteignent la plus grande taille. C'est en Amérique que l'on en a recueilli le plus. Les îles de l'Atlantique en nourrissent peu d'espèces. Les Moluques en ont un tiers de moins que le continent d'Amérique. De même que les Hélices, la plupart des Bulimes ont la lèvre épaisse et réfléchie, quand l'animal a acquis tout son développement; mais il y en a un assez grand nombre qui paroissent n'avoir jamais de bourrelet, et qui sont aux Bulimes ce qu'étoient les Hélicelles aux Hélices. M. de Lamarck avoit, dans son prodrome du cours d'Histoire naturelle, établi une division dans le genre Bulime qu'il nommoit *Bulimopsis*. Depuis, dans son Histoire des animaux sans vertèbres, il a supprimé ces deux genres, Hélicelles et Bulimopsis. Je conviens qu'il étoit quelquefois difficile de rapporter à l'un de ces deux genres les Hélices ou les Bulimes à lèvres tranchantes que l'on pouvoit examiner : une objection qu'on lui faisoit est que l'on pouvoit, par exemple, placer, dans le genre des Hélicelles, une jeune Hélice. Je crois cette objection mal fondée, parce que l'on peut distinguer le bord tranchant d'une coquille qui ne doit plus grandir de celle qui n'a pas encore atteint son développement. L'épaisseur du test; la plus grande facilité à compter les stries d'accroissement, ne laissent aucun doute pour décider si la coquille est adulte. Si la coquille est jeune, le conchyologiste doit douter ainsi qu'il arrive dans toutes les classes de la zoologie. On ne doit jamais comparer entre eux que des animaux adultes pour porter un jugement satisfaisant sur leurs rapports naturels. En réunissant dans un même genre les coquilles à lèvres tranchantes et à lèvres réfléchies, on compose des genres dont les caractères ne sont pas nets et tranchés, parce qu'ils réunissent des animaux qui ne forment pas un groupe naturel, bien qu'ils soient voisins les uns des autres. Je crois, d'ailleurs, que ce changement constant de forme doit être en rapport avec des habitudes différentes chez ces Mollusques dont le collier a aussi une disposition différente.

Cependant je n'ai que trop peu d'espèces à faire connoître pour changer la méthode suivie par l'illustre conchyologiste qui m'a servi de maître; je ferai deux sections, en décrivant dans l'une les Bulimes à bord réfléchi et dans l'autre les Bulimes à lèvres tranchantes.

A. BULIMES *à bord réfléchi.*

La première espèce est nouvelle; je la nomme

BULIME PHASIANELLE. Pl. LV, fig. 4, *a*, *b*.

Bulimus phasianella, testa ovata, conica, ex viridescente fusca, guttis crebris inspersa, ultimo et pene ultimo anfractu transversim striato, margine levi reflexo violaceo. Nob.

Ce Bulime a six tours de spire dont le dernier est globuleux, et de près du double plus haut et plus grand que les cinq autres.

Les stries d'accroissement sont larges, parallèles à la bouche, fortement tracées, surtout vers le haut de chaque tour de spire. Les trois premiers tours sont lisses, sans stries, et la pointe de la coquille est mousse.

L'ouverture de la bouche est un ovale assez alongé, dont le diamètre longitudinal a près de deux fois la longueur du diamètre transversal. Elle est lisse en dedans; la columelle est courte et lisse. Il n'y a point d'ombilic. Le fond de la couleur du Bulime phasianelle est mêlé de verdâtre et de roussâtre; les deux derniers tours sont mouchetés de nombreuses taches linéaires transversales rousses; sur le cinquième tour de spire, il y a une ou deux bandes longitudinales rousses; sur le quatrième tour, il y a sept à huit de ces bandes, mais on ne voit plus de petites mouches; et enfin les trois premiers tours sont blancs, sans taches. L'épiderme est très-mince, lisse, luisant, et sa couleur d'un gris-verdâtre; en dedans, la bouche est blanche, teinte de violet: cette couleur devient plus foncée sur la lèvre et sur la columelle que dans le fond de la bouche. Longueur, 26 lignes.

Cette belle espèce habite la Nouvelle-Espagne.

BULIME METAFORME.

Le second Bulime que je décris a été figuré par M. de Ferrussac, mais il n'en a pas encore publié la description. Ce savant ne connoissoit pas exactement la patrie de cette espèce, et il l'indique avec doute comme une espèce américaine. Le nôtre a été rapporté des Philippines par M. le lieutenant-colonel Pablo Ruiz de la Bastida qui l'a donné à M. de Humboldt. Je le caractérise ainsi:

Bulimus metaformis, *testa conica, solida, abbreviata, lævi, albida sub epidermide ex viridescente flavo; spira ad columellam ex perpureo fusca.*

Helix (cochlostyla) *metaformis.* Ferrus., Hist. Moll., Pl. cviii, fig. 2.

Ce Bulime, dont la spire se compose de cinq tours, est remarquable par la grosseur de son sommet qui est obtus. Sa hauteur n'est que d'un cinquième plus grande que la largeur du dernier tour, dont la hauteur surpasse de très-peu celle de tous les autres : il n'y a d'autres stries sur sa surface que les accroissemens rapprochés de la coquille.

L'ouverture de la bouche est aussi large que haute : le bourrelet qui la borde s'élargit et s'épaissit beaucoup vers la columelle. La couleur de la coquille est blanchâtre ; mais elle paroît le plus souvent d'un jaune olivâtre pâle, à cause de la couleur de l'épiderme épais qui la recouvre : vers la pointe, elle prend une teinte rougeâtre. Le bourrelet et le dedans de la bouche sont d'un beau blanc pur et luisant ; un trait brun-pourpré sépare le bord columellaire de la coquille qui n'a pas d'ombilic.

Hauteur, quinze lignes.

Largeur, douze lignes.

Habite aux Philippines.

B. BULIMES *à lèvres tranchantes.*

Les espèces dont il nous reste à parler n'ont pas la lèvre réfléchie ; elles ressemblent d'ailleurs aux autres Bulimes, et elles lient les espèces de ce genre avec celles qui composent le genre Agathine.

BULIME ONDÉ. Pl. lv, fig. 1, *a, b.*

Un de nos Bulimes avoit été connu par Gmelin et par Muller. Ces auteurs en faisoient un Bumis, genre qui ne comprend plus que des coquilles marines. Gmelin l'avoit rangé parmi les Bulla. C'est Bruguières qui l'a placé dans le genre des Bulimes.

Bulimus undatus, *testa ovata, subconica, glabra, tenui, albida, striis fuscis longitudinalibus undatis ornata, tribus transversis cincta, labro acuto ad marginem fusco, columella fusca.*

Buccinum zebra Mull., Verm., pag. 138, n° 331.

Bulla zebra Gmel.

Bulimus undatus Brug., Dict. n° 38. Lam. VI, pag. 118.

Helix (Cochlostyle aplostome) *undata* Ferrus., Hist. de Moll., Pl. cxiv, fig. 5-8. Pl. cxv.

Les couleurs de ce Bulime varient considérablement. Il m'a paru que les individus qui ont servi de modèles aux figures données par M. de Ferrussac, n'avoient pas la lèvre aussi noire que ceux que MM. de Humboldt et Bonpland ont rapportés; voilà pourquoi nous en avons reproduit une nouvelle figure.

Cette coquille est régulièrement conique; sa plus grande largeur n'égale pas la moitié de sa hauteur : la hauteur du dernier tour mesure à peu près la moitié de celle de la coquille; celle du second tour en est à peu près le tiers. La pointe est mousse et obtuse. Les stries longitudinales sont fines, parallèles entre elles, et se composent des stries d'accroissement.

L'ouverture de la bouche est plus haute que large; le bord columellaire est même un peu réfléchi en dehors; le bord libre est mince et tranchant. L'avant-dernier tour ne fait pas une grande saillie dans l'ouverture de la bouche. Il n'y a pas d'ombilic.

Ce Bulime offre, sur un fond blanchâtre, des flammes longitudinales ondulées d'un brun-roussâtre très-vif.

Sur le dernier tour, on voit les traces de trois rubans transversaux et articulés, parallèles entre eux, d'un brun-roussâtre, un peu plus foncé que les flammes longitudinales.

Sur l'avant-dernier, on voit les traces de deux rubans seulement : la pointe est noirâtre.

MM. de Humboldt et Bonpland ont trouvé cette coquille au Mexique. Elle a près de deux pouces de haut et un de large.

BULIME A LÈVRES NOIRES. Pl. lv, fig. 3, *a*, *b*.

Bulimus melanocheilus *testa ovata, conica, glabra, lævi, alba, fasciis tribus flavis, striis undatis nullis.*

C'est une espèce très-voisine de la précédente : la coquille est un peu plus raccourcie; aussi la hauteur n'est pas à beaucoup près le double de la largeur.

Elle forme un cône plus pointu que le précédent. La hauteur du dernier est égale à la largeur de la coquille; celle de l'avant-dernier tour est le tiers de celle du dernier. La surface est lisse, et on voit à peine les stries longitudinales d'accroissement.

L'ouverture de la bouche est oblongue; le bord columellaire est légèrement réfléchi en dehors : le bord libre est mince et tranchant.

Il n'y a pas d'ombilic.

Cette coquille est blanche. Sur le dernier tour, il y a deux raies assez larges, transverses, jaunâtres, dont l'une passe presque par le milieu de ce tour; l'autre passe très-près de la base.

Près de la spire, on voit les traces de deux cordons articulés, composés de taches roussâtres. Ces deux cordons sont très-marqués sur l'avant-dernier tour.

Le sommet de la columelle est roussâtre, ainsi que l'intérieur de l'avant-dernier tour. Toute la lèvre est marquée d'une large bande noire à reflets bleuâtres. La pointe est marron foncé.

Sur l'avant-dernier tour, au-dessus de l'insertion de la lèvre, on voit une ligne longitudinale, bleuâtre, très-foncée, qui est la trace d'une ancienne ouverture de la coquille.

Cette coquille mince et légère vient de la Nouvelle-Espagne. Elle a dix-neuf lignes de hauteur et onze de largeur.

BULIME A BANDELETTES. Pl. LVI, fig. 1, *a*, *b*.

Cet élégant Bulime avoit été communiqué, par M. Bonpland, à M. de Lamarck qui l'a nommé

BULIMUS MEXICANUS, *testa acuminata, tenui, pellucida, alba, fusco zonata, zonis vel fasciis subinterruptis ; labro acuto.*

Bulimus mexicanus, Lam., Anim. sans vert., VI, p. 123.

Helix (Cochlogène) *Vittata*, Daud. Moll., p. 58, n° 397.

Cette coquille, mince et légère, est peinte de couleurs tranchées et agréablement disposées. Sa forme est celle d'un cône alongé, dont la hauteur est, à peu de chose près, double de la largeur. Le dernier tour est aussi large que haut; je compte six tours des spires : il n'y a pas de stries longitudinales; mais les verticales sont fortement marquées et assez distantes l'une de l'autre.

L'ouverture de la bouche est assez étroite; sa largeur est presque la moitié de sa hauteur. Le bord libre et tranchant se réfléchit en dehors sur la columelle et forme un ombilic assez grand.

Les individus que j'ai vus sont adultes; je fais cette remarque, parce que je crois devoir rectifier l'épithète de *subreflexo* dont M. de Lamarck s'est servi en parlant du bord de ce Bulime.

Sur un fond blanc et pur, assez brillant, on voit, sur le haut du dernier tour, trois raies longitudinales parallèles, écartées, brunes : elles sont bordées en dessous par une autre raie aussi large, de couleur jaune. Un cordon jaune isolé règne le long du haut de ce tour : on ne voit plus que ce cordon sur les autres tours ; les inférieurs sont cachés par l'enroulement des autres tours de manière à ne plus laisser voir qu'un simple trait brun le long de la spire.

Hauteur, treize lignes.

Largeur, sept lignes.

Habite au Mexique.

AGATHINE.

Les Agathines, comme les Bulimes, vivent presque toutes entre les tropiques ; elles y sont même plus abondantes à proportion.

Sur dix-neuf espèces mentionnées par M. de Lamarck, on sait que douze se trouvent dans les contrées équinoxiales, deux en Europe ; on ignore la patrie des cinq autres ; mais il y a tout lieu de croire que ces coquilles exotiques ont été prises non loin de l'équateur, ainsi que la plupart de leurs congénères.

M. de Humboldt a rapporté une belle espèce qui n'a pas encore été décrite, et que je nomme

AGATHINE RAYÉE. Pl. lv, fig. 2, *a*, *b*.

Achatina lineata testa conica, lævi, longitudinaliter striata ; albida flammis undulatis rufis ; columella rosea, anfractibus tænia rufa notatis.

Cette agathine appartient à la première division, que M. de Lamarck a établie dans ce genre. La coquille est cependant alongée; sa hauteur est double de la longueur du dernier tour. La hauteur de ce tour n'est pas tout-à-fait égale à sa largeur, et par conséquent il est plus bas que les autres tours pris ensemble. Il

y en a sept. Quoique la coquille soit lisse et brillante, on voit les stries d'accroissement, qui sont fortes et assez rapprochées l'une de l'autre.

L'ouverture de la bouche est moyenne ; l'échancrure du bord columellaire
est très-saillante : il monte verticalement dans le sens de l'axe de la coquille :
le long du bord libre, on sent un épaississement assez fort, qui prouve que le
trachélipode, qui a formé cette belle coquille, avoit atteint son entier développement.

La couleur est grise, tirant un peu sur le violet : le dernier tour de spire,
plus gris que les autres, est coloré, par des traits longitudinaux bruns-
pourprés.

Sur le tiers inférieur, il règne un cordon longitudinal, formé par une ligne
brune, qui naît de l'angle supérieur de la bouche. Une seconde petite ligne
brune, plus effacée, va de la base de la coquille vers la columelle. Les autres
tours offrent de larges bandes sinueuses brunes-rougeâtres, souvent divisées
près de la spire, et souvent réunies entre elles, auprès de ces divisions. La
pointe de la coquille est rosé ; la columelle et le bord columellaire sont rose,
le reste de l'ouverture est blanc.

Cette coquille terrestre de la Nouvelle-Espagne a 20 lignes de haut et
9 lignes ½ de large.

LYMNÉES.

Les Lymnées diffèrent peu des Hélices par leur organisation. Ces Mollusques
respirent l'air atmosphérique ; mais cependant ils sont toujours obligés de vivre
plongés dans l'eau, et de venir à la surface pour respirer l'air. Dans les grandes
sécheresses, ils s'enfoncent dans la vase, où ils restent comme engourdis. Ce
phénomène de l'engourdissement des animaux, soit par excès de chaleur, soit
par excès de froid, commence à s'observer sur un plus grand nombre
d'espèces, depuis qu'il a fixé l'attention des physiologistes.

Les poissons sont susceptibles de rester dans un véritable état de somnolence
pendant les mois de janvier et de février : les Barbeaux (Cyprinus barbus) se
retirent dans des creux d'arbres, serrés les uns contre les autres ; on peut les
prendre non seulement avec la main, mais encore emporter sous l'eau, à une
grande distance, le tronc d'arbre qui leur sert d'asile, sans qu'aucun d'eux
s'enfuient.

Les Meuniers (Cyprinus dobula) se rassemblent au fond de l'eau, dans un

creux, et serrés les uns contre les autres; ils passent ainsi dans un état léthargique la saison froide. Les poissons qui respirent par l'intermède de l'eau,
vivent toujours dans ce fluide, et ont leurs branchies sans cesse humectées; mais
lorsque les Lymnées, les Planorbes, voulant se soustraire au mal que leur font
éprouver la sécheresse et la chaleur, s'enfoncent à plus d'un pied sous la vase,
ainsi que je l'ai observé moi-même, l'air ne vient plus du moins aussi librement alimenter leurs poumons. Ils sont dans la même condition que les Hélices, lorsque ces animaux construisent ce que les conchyologistes appellent
le faux opercule des Limaçons. Dans cet état il doit nécessairement se faire
quelques changemens dans leur circulation, analogues à ceux qu'éprouvent
les reptiles et les mammifères qui s'engourdissent, changemens dont le phy-
siologiste a peine encore à se rendre compte.

Cette crainte de la chaleur fait que l'on ne trouve, pour ainsi dire, pas
de Lymnées dans les zones équatoriales. Sur dix-sept espèces, une seule
vient des eaux douces du Bengale; les autres espèces vivent en Europe, ou
dans les eaux stagnantes de l'Amérique-Septentrionale.

M. Bonpland a fait connoître une nouvelle espèce qu'il a trouvée au
Mexique; elle a le test un peu plus épais que la plupart de celles que nous
connoissions. A cause des rides qui sont à sa surface, je la nomme

LYMNÉE RIDÉE. Pl. LVI, fig. 5. *a*, *b*.

LYMNEA RUGOSA, *testa ovato-conica, tenui, alba, tœnia fulva, obsoleta,
ornata, anfractibus rugis plurimis exaratis.*

Cette Lymnée a six tours de spire, dont le dernier a deux fois plus de hauteur que les cinq autres.

Elle est assez renflée.

Toute sa surface est plissée par de nombreuses rides longitudinales, qui ne
sont pas exactement parallèles au bord de la lèvre droite. Ces rides sont encore
assez apparentes sur le cinquième; elles sont réduites à de simples stries, fines
sur le quatrième, et enfin on ne voit plus de rides ou de stries sur les trois
premiers.

L'ouverture de la bouche est en ellipse alongée, un peu rétrécie vers le bas.
Son diamètre transversal n'est pas la moitié du longitudinal. Le bord droit est
mince et tranchant.

En dedans on voit les traces des rides que nous avons signalées sur la surface du dernier tour des spires.

La columelle est mince, à bord arrondi, se réfléchissant sur le dernier tour, en sorte qu'il y a un très-petit ombilic. La couleur de cette Lymnée est blanche, avec un ruban transversal roussâtre parallèle à la rampe de la spire, sur le milieu du dernier tour de spire.

Longueur 14 lignes.

Les eaux douces de l'Amérique-Septentrionale sont peuplées par plusieurs espèces de Lymnées que nous possédons au Muséum d'histoire naturelle. Deux de ces espèces ne sont pas encore décrites; pour compléter l'histoire de ce genre que je viens d'augmenter d'une espèce très-remarquable, je vais faire connoître ces deux espèces.

L'une d'elles offre une couleur cornée; je la nommerai

LYMNÉE CORNÉE.

LYMNEA CORNEA, *testa ovato-conica, tenui, subpellucida, anfractibus quinis tenuiter striatis, apertura non patula.*

Cette petite Lymnée est peu renflée, et l'ouverture de la bouche n'est pas à beaucoup près aussi grande que celle de l'espèce suivante. La hauteur du dernier tour de spire est double de celles des quatre autres pris ensemble. Ces tours sont finement striées parallèlement à la lèvre droite.

La bouche est ovale; la hauteur du diamètre vertical égale les deux tiers de celle du dernier tour. La largeur de la bouche ne fait que la moitié de la hauteur.

Cette Lymnée d'une couleur jaunâtre, semblable à celle de la corne, n'a que neuf lignes de longueur.

Elle vient des environs de Philadelphie.

La seconde Lymnée a la bouche très-évasée; ce qui m'engage à la nommer

LYMNÉE PETITE BARQUE.

LYMNEA NAVICULA, *testa ovali, acuminata, subdiaphana, anfractibus quaternis substriatis.*

Le dernier tour de cette Lymnée est quatre fois plus haut que les trois autres. La bouche est grande et évasée. Son diamètre vertical fait plus des deux tiers de la hauteur de la coquille. Le test est très-mince, un peu transparent. Sa couleur est gris-jaunâtre. Elle vient, comme la précédente, des environs de Philadelphie.

Elle a dix lignes de longueur.

PALUDINES.

C'est à M. Cuvier que l'on doit les connoissances anatomiques qui ont su fixer la vraie place de ces Mollusques curieux et singuliers. En ajoutant aux travaux de Lister et de Swammerdam, M. Cuvier a prouvé que le Mollusque, que l'on nomme vulgairement la vivipare, est plus voisin des Phasianelles et des Turbo que des Hélices, auprès desquelles on l'avoit autrefois rangé.

On ne connoissoit qu'un très-petit nombre de coquilles que l'on pouvoit rapprocher de celle qui vit dans la plupart des grandes rivières de l'Europe ; mais dans ces derniers temps le nombre des espèces de ce genre s'est beaucoup augmenté, et nous en connoissons déjà plusieurs espèces en Amérique. Une seule a été décrite par M. Say, dont les intéressans travaux ont tant contribué à augmenter nos connoissances conchyologiques.

Je vais en faire connoître une très-belle que M. de Humboldt a trouvée au Mexique.

Je joindrai à cette description celle de plusieurs autres Paludines d'Amérique, que nous possédons depuis quelques années.

La Paludine du Mexique se distingue de toutes les autres espèces que j'ai pu voir par les carènes qui sont sur le dernier tour de sa spire ; ce qui me l'a fait nommer

PALUDINE CARÉNÉE. Pl. LVI, fig. 2, *a, b.*

PALUDINA CARINATA, *testa conoidea, tenui, subdiaphana, viridi, anfractibus quinis longitudinaliter striatis et transversim carinatis.*

Cette Paludine est plus mince et plus légère que celle de nos climats : elle n'a que cinq tours de spire. Sa hauteur surpasse à peu près d'un cinquième la largeur du dernier tour, dont le diamètre est presque double de l'avant-dernier. Chaque tour est strié verticalement et longitudinalement ; et, outre les stries longitudinales, il y a quatre carènes dont la première et la troisième sont plus fortes que la seconde et la quatrième, et qui règnent sur toute la longueur de chacun des tours.

L'ouverture de la bouche est presque circulaire; cependant le diamètre vertical est plus grand que le transversal. Le bord est un peu épaissi, non tranchant; et la columelle, que l'on ne distingue pas, pour ainsi dire, du bord, se réunit sous un angle un peu aigu au bord supérieur de l'ouverture de la bouche.

Il y a un très-petit ombilic en partie recouvert par le bord columellaire.

Cette coquille n'a d'autres couleurs qu'une teinte verte assez brune sur le dernier tour. Le bord de la bouche est brun-verdâtre; l'intérieur de la bouche est blanc.

La coquille que j'ai décrite avoit atteint son entier développement; sa longueur est de quatorze lignes, et sa largeur de onze lignes.

Les Paludines des fleuves de l'Amérique-Septentrionale, que je vais décrire, n'offrent pas de carènes sur leur coquille; et en cela elles se rapprochent des vivipares de nos climats. Mais celles-ci ont des couleurs plus variées.

PALUDINE BOURBEUSE.

C'est à M. Lesueur que nous devons la connoissance de cette Paludine. Je la rapporte à celle que M. Say a décrite sous le nom de *Paludina limosa*.

Je crois que c'est la seule des cinq espèces décrites par ce naturaliste que le Muséum d'histoire naturelle possède dans sa collection conchyologique.

PALUDINA LIMOSA, *testa ovato-conica, tenui, subdiaphana, viridi; anfractibus quinis longitudinaliter striatis, labro acuto.*

Paludina limosa, Say, Journ. Sci. phil., Vol. I, p. 125.

Cette Paludine est moins renflée et plus alongée que celle de nos climats. La hauteur du dernier tour est un peu plus grande que celle des autres tours. Il est plus large que haut; sa surface est striée longitudinalement et assez fortement. La forme de l'ouverture de la bouche est aussi plus ovale. Le diamètre vertical est le plus haut.

La lèvre est tranchante; elle rejoint le bord columellaire qui n'est point aplati.

Le test n'est pas très-épais, on voit cependant quelques individus qui sont un peu rongés comme les crochets des coquilles bivalves.

Le sommet de la spire se détruit à mesure que l'animal grandit, et il forme en arrière une cloison plane circulaire dont l'axe de la spire occupe le centre, à peu près comme on l'a observé depuis long-temps dans le *Bulimus de-collatus.*

J'ai vu un individu dont les trois premiers tours sont tout-à-fait détruits, et l'on diroit que la coquille est cassée.

Cette Paludine dépasse à peine un pouce.

Il est assez difficile d'expliquer ce phénomène d'érosion du test des coquilles fluviatiles, tandis qu'on l'observe si rarement dans les coquilles marines dont le test plus épais auroit dû le permettre plus volontiers, car l'animal en auroit moins souffert.

Le mollusque d'une naïade doit sécréter beaucoup plus de matière calcaire que celui d'une Vénus, par exemple tout autre mollusque de la famille des conques, des cardiacés, etc., qui ont toujours un test beaucoup plus mince.

On a voulu expliquer l'érosion du test des coquilles en disant que l'animal quitte le fond de la spire, et qu'il avance ainsi dans la coquille, quand il est obligé de s'agrandir pour trouver un abri dessous ce test. Le premier tour ou le sommet de la spire devenant une sorte de coquille qui n'est plus vivifiée, si l'on peut hasarder cette expression, par le corps du mollusque, elle se dessèche et tombe. Mais il reste à savoir pourquoi l'animal d'un *Maillot* (*Bulimus decollatus, Brug*), celui de plusieurs Paludines d'Amérique, de plusieurs Neritines, Ampullaires, avance ainsi dans sa coquille, tandis que le corps des Lymnées, de la vivipare de nos rivières, ne quitte jamais le sommet de la spire, lorsque ces animaux veulent augmenter leur coquille. D'ailleurs il est bien constant que plusieurs espèces de Mollusques qui habitent dans les Cerites (*Cerithium*), les Vis (*Terebra*), les Turritelles (*Turitella*) avancent dans leur coquille en l'augmentant.

En examinant l'érosion des crochets des coquilles bivalves et de plusieurs univalves, on voit facilement qu'elle n'est pas due à une simple exfoliation, à cause des traces vermiformes que l'on remarque sur elles.

L'épaisseur du test de ces bivalves n'est pas aussi une condition nécessaire d'érosion, car les Crassatelles qui certainement ont une coquille beaucoup plus épaisse qu'aucune des Naïades n'ont jamais leurs crochets écorchés.

Les Trachélipodes marins, qui avancent dans leur coquille, laissent derrière eux plusieurs tours de spire, et on peut compter combien de fois ils se sont ainsi avancés dans leur coquille en la sciant dans sa hauteur. On voit des cloisons à des espaces inégaux que l'animal a construites chaque fois que, pour augmenter sa coquille vers la bouche, il a quitté le sommet de la spire. Cependant ces coquilles marines ne perdent pas l'extrémité souvent si fine.

J'ai voulu, par cette digression, fixer de nouveau l'attention des conchyologistes sur cette matière ; et si je n'en donne pas une explication, j'aurai du moins fait rejeter celle que l'on admettoit comme si elle étoit tout-à-fait satisfaisante.

PALUDINE CORNÉE.

On trouve dans la Delaware, et dans la plupart des autres fleuves des Etats-Unis, une Paludine d'une couleur cornée qui ressemble, au premier aspect, au *Paludina limosa*, mais qui peut s'en distinguer quand on l'examine avec soin, et qui doit constituer une espèce.

Je la nomme, à cause de sa couleur,

Paludina cornea, *testa ovato-conica, lævi, non diaphana, corneo virente; anfractibus quinis, subrotundatis; suturis valde impressis.*

Cette espèce a la spire obtuse au sommet. Le dernier tour est d'un tiers plus haut que les autres ; chacun d'eux a une sorte d'aplatissement qui forme une rampe autour de la spire dont les sutures sont très-profondément marquées. Les stries d'accroissement sont verticales, fines. L'ouverture de la bouche est ovale.

Sa couleur est celle de la corne avec une teinte verdâtre. L'intérieur de la bouche et la lèvre sont blancs.

Le plus grand individu que j'ai décrit avoit onze lignes de long.

PALUDINE RAYÉE.

Cette Paludine se rapproche de la vivipare de la Seine. Elle est aussi ventrue ; mais son test est plus mince.

Je la nomme

PALUDINA LINEATA; *testa ventricoso-ovata, lævi, diaphana, transversim subtiliter striata ; ex viridi-cornea, vittis viridioribus numerosis transversis.*

Cette coquille a cinq tours de spire dont le dernier est gros, ventru, et égal en hauteur à la moitié de la hauteur de la coquille entière.

Outre les stries d'accroissement, il y en a un grand nombre de transversales qui sont très-fines. Les tours de spire ne sont point aplatis auprès des sutures qui les réunissent; ces sutures ne sont pas très-enfoncées. Le sommet de la spire est très-aigu.

La bouche est presque ronde; la lèvre est mince et tranchante.

La couleur est verdâtre; dans quelques individus, elle est un peu cornée. Sur ce fond, on voit un grand nombre de rubans plus ou moins larges, souvent linéaires, d'une couleur verte plus foncée. Ces rubans sont effacés sur les premiers tours. J'ai vu un grand nombre de coquilles de cette espèce, et aucune n'avoit sa pointe rongée.

L'opercule est brun, mince, corné, marqué d'un grand nombre de stries concentriques qui ne tournent pas en spirale.

Cette Paludine vient du lac Erié; elle y a été recueillie par M. A. Michaud qui a été assez heureux pour trouver une coquille remplie de petites Paludines à la manière des nôtres : ce qui prouve que cette espèce est vivipare. Il y a lieu de croire que les autres le sont aussi, quoiqu'il arrive fréquemment dans les genres les plus naturels qu'une espèce est ovo-vivipare, tandis qu'une autre est ovipare. Les genres des couleuvres et des vipères nous en offrent des exemples parmi les reptiles, et ces exemples sont plus nombreux dans la classe des Mollusques.

La longueur de la Paludine rayée est d'un pouce trois lignes.

PALUDINE MARON.

J'ai trouvé dans le Muséum d'histoire naturelle une grande Paludine qui. n'a pas encore été décrite. On doit regretter que le lieu de son origine ne soit pas connu; mais la taille de cette espèce est si remarquable que j'ai cru devoir la faire connoître aux conchyologistes.

Je l'appelle

PALUDINA CASTANEA, *testa ventricosa solida non diaphana, striis trans-*

versis tenuibus, longitudinalibus valde impressis; spira subcanaliculata, ad
acumen erosa.

Habitat.. . .

Cette espèce est la plus grande du genre, elle a près de deux pouces de
hauteur.

Le dernier tour est très-gros, très-ventru, et plus haut d'un tiers que les
autres tours mesurés ensemble et qui sont au nombre de six. On ne voit d'autres
stries que celles marquées par les accroissemens successifs du test, mais elles sont
très-profondes. La pointe de la spire est un peu rongée. Les sutures sont tellement creusées que l'on pourroit dire que la coquille est canaliculée. Aucun des
tours n'est aplati auprès de sa suture : ces caractères font distinguer l'espèce
décrite dans cet article de la Paludine unicolore dont le test est fragile.

La couleur est verdâtre sur les premiers tours du spire; mais sur le dernier
elle devient d'une teinte brune rougeâtre, un peu semblable à celle des marrons.

AMPULLAIRE.

Les espèces de ce genre sont pour la plupart des Coquilles fluviatiles. Bruguières cependant indiquoit comme marine l'*Ampullaria avellana*. Pour détruire
cette assertion, M. de Lamarck ne donne d'autre raison que la forme générique
de cette espèce, et il dit qu'elle doit être fluviatile, parce que c'est une Ampullaire. Cette raison ne me paroît pas très-solide, et je ne vois pas pourquoi il
n'existeroit pas d'Ampullaires marines, puisqu'on ne sauroit nier qu'autrefois il y avoit plusieurs espèces qui vivoient dans la mer; du moins on en
trouve à Grignon un si grand nombre mêlé avec cette innombrable quantité
de coquilles marines qui rend cet endroit si remarquable, que l'on ne peut
douter que ces Ampullaires fossilés n'aient vécu dans les mêmes circonstances
physiques que les Cérites, les Cones et tous les autres coquillages auxquels ils
sont associés. Quant aux espèces que MM. de Humboldt et Bonpland ont rapportées, elles sont des eaux douces ou des lieux ombragés et humides de la Nouvelle-
Espagne.

AMPULLAIRE IDOLE. Pl. LVII, fig. 2, *a*, *b*.

L'une d'elle est connue sous le nom de l'*Idole* ou de *Manitou* par les Indiens et les colons des bords du Mississipi. Il est curieux de retrouver sur le haut plateau du Mexique cette coquille recherchée et rare dans les rivières qui sillonnent les plaines de la Louisiane.

Je lui conserve le nom que lui a donné M. de Lamarck.

AMPULLARIA RUGOSA, *testa ventricosa, globosa, umbilicata, solida, subnigra aut castanea; plicis longitudinalibus, rugæformibus; anfractibus senis, ultimo maximo; apertura lactea.*

Nerita urceus, Muller. Verm., p. 174, n° 360.

Chemn. conch., tab. 128, fig. 1136.

Bulimus urceus, Brug.

Encycl., Pl. 459, fig. 2.

Lam., an. sans vert., VI, p. 177, n° 2.

Cette belle coquille a six tours de spire; sa hauteur ne surpasse sa largeur que d'un dixième : le dernier tour est tellement ventru et tellement grand qu'il fait à lui seul presque tout le volume de la coquille. Sa hauteur est à peu près trois fois plus grande que celle des cinq autres tours mesurés ensemble, et sa largeur, à trois cinquièmes près, est triple de celle de l'avant-dernier tour lequel a lui-même une hauteur égale à celle des quatre autres qui décroissent entre eux d'une manière beaucoup moins sensible.

La surface de la coquille n'a pas de stries longitudinales; mais elle en a de verticales assez fortes, et outre celles-ci, des côtes obtuses arrondies, peu élevées, plus rapprochées et plus visibles autour de l'ombilic que sur le haut ou sur le bord, près de la lèvre. Trois de ces côtes sont plus saillantes et plus écartées l'une de l'autre sur le dernier tiers du plus grand tour.

L'ouverture est un ovale alongé, dont la hauteur a près du double de la largeur : le bord droit mince et tranchant, s'unit au ventre du dernier tour presque à angle droit; à la base il se réfléchit un peu en dehors, ce qui rend l'ouverture versante. Il monte ensuite verticalement dans le sens de la columelle, se réfléchit en dehors et recouvre en partie un ombilic qui n'est pas très-ouvert, eu égard au volume de la coquille, et si on le compare à celui des autres espèces.

La coquille paroît être blanche sans aucune tache; elle est recouverte d'un épiderme épais très-adhérent, d'un brun noirâtre très-foncé : la couleur de l'intérieur de la bouche est d'un blanc pur.

L'opercule est corné, dur, assez épais, fortement strié : ces stries sont concentriques et répondent à l'accroissement successif de l'animal : plusieurs sont plus fortes que les autres : la forme de cet opercule, moulée sur celle de l'ouverture de la coquille, est rétrécie supérieurement et terminée un peu en angle ; son bord gauche suit une ligne d'abord concave, qui devient convexe vers le milieu de la longueur de l'opercule ; il est arrondi inférieurement, et son bord remonte en suivant une courbe régulière.

La coquille que j'ai décrite a 4 pouces 6 lignes de haut et 4 pouces de large.

Cette Ampullaire est mal dessinée dans l'*Encyclopédie*, quoique d'une manière reconnoissable. Les plis sont trop marqués et trop réguliers sur la partie de la coquille qui est voisine du bord columellaire.

AMPULLAIRE VIOLETTE.

La seconde espèce est une de ces Ampullaires rubannées que M. de Lamarck a réunies et confondues sous le nom d'*Ampullaria fasciata*. Ce naturaliste dit que l'Ampullaire cordon-bleu (Amp. fasciata Gm.) habite dans l'Inde et dans la Mer des Antilles. Gmelin avoit déjà commencé à mettre de la confusion dans la détermination précise de son Ampullaria fasciata ; car il la donne comme originaire des îles de l'Asie australe, et il cite Lister, tab. 130, qui représente cependant à cet endroit une coquille de la Jamaïque.

En comparant les nombreuses Ampullaires qui sont au Cabinet d'histoire naturelle et les différens synonimes entassés par Gmelin sous le nom d'Ampullaria fasciata, on s'aperçoit aisément que ce naturaliste n'a pas mis assez de critique dans ses rapprochemens. Les Ampullaires des Indes nous paroissent différer de celles des Antilles ; mais n'ayant pas voulu décrire dans ces monographies des coquilles étrangères à l'Amérique, nous n'entreprendrons pas d'éclaircir, dans cet article, la confusion qui règne dans la détermination des espèces. Nous fixerons ici, par une description détaillée, les caractères de l'une d'elles. Elle est originaire de la Nouvelle-Espagne ; et les notes de M. Bonpland l'indiquent comme une coquille terrestre.

Les derniers tours de cette Ampullaire sont violets, aussi je la nomme

Ampullaria violacea, *testa ventricosa, nitida, striis transversis exarata; extus ex cinereo violacea, fasciis rufescentibus circumcincta, intus castanea, columella alba.*

Habitat in sylvis Americæ. (Nova Hispania.)

Cette coquille n'a que cinq tours de spire. Le dernier a plus que le double de la hauteur des quatre autres. Il est fortement strié par des bourrelets assez épais, parallèles au bord de l'ouverture. On ne voit pas de traces de stries longitudinales. La spire est pointue, mais peu élevée : il y a un ombilic étroit, non recouvert, parce que le bord columellaire est peu épais et ne se réfléchit pas en dehors. L'ouverture de la bouche est oblongue, anguleuse vers le haut, près du ventre du dernier tour. Le test est luisant, de couleur violette, foncée et rougeâtre à sa pointe, lilas sur la plus grande partie de l'avant-dernier tour, et cendrée violette sur le reste de la surface. Une douzaine de bandes roussâtres d'inégales largeurs, et disposées à des intervalles inégaux, traversent le dernier tour. L'intérieur de la coquille est roux foncé; la columelle seule est blanche.

La hauteur et la largeur de cette coquille ont 18 lignes.

AMPULLAIRE BORÉALE.

Nous possédons, au Cabinet d'histoire naturelle, une autre Ampullaire que M. de Lapylaie a envoyée de Saint-Pierre et Miquelon près de Terre-Neuve. Sa surface lisse la distingue de l'Idole, et l'épaisseur de son test l'éloigne de l'Ampullaria guyannensis avec laquelle on pourroit être tenté de la réunir.

Je la nomme, à cause du lieu qu'elle habite,

Ampullaria borealis, *testa ventricosa, globosa, crassa, ponderosa, ex albido fuscescente, late umbilicata, striis longitudinalibus, rugisque nullis.*

Cette Ampullaire nous présente des formes semblables à celles de l'Ampullaria guyannensis. Ses proportions sont les mêmes; elle est striée longitudinalement. Mais l'épaisseur du test est au moins triplé, en sorte que le poids de cette coquille est considérable. Un autre caractère qui la distingue aussi de l'Ampullaire avec laquelle je la compare, est la grandeur énorme de l'ouverture de l'ombilic qui manque presque tout-à-fait dans l'Ampullaire de la Guyane. La couleur est roussâtre ou blanc-jaunâtre sur le haut du dernier tour; la base en est blanche.

Je termine ici la description des coquilles fluviatiles de l'Amérique, rapportées par MM. de Humboldt et Bonpland, et de celles du même continent que j'ai cru devoir publier, afin de préciser davantage les caractères des espèces nouvelles dont la Zoologie est redevable aux recherches actives de ces deux voyageurs.

COQUILLES UNIVALVES MARINES

DE L'AMÉRIQUE ÉQUINOXIALE,

RECUEILLIES PENDANT LE VOYAGE

DE MM. A. DE HUMBOLDT ET A. BONPLAND,

ET DÉCRITES

Par A. VALENCIENNES.

Dans les Mémoires précédens, j'ai publié la description des coquilles bivalves; ensuite celles des coquilles univalves fluviatiles recueillies par MM. A. de Humboldt et A. Bonpland. Il me reste maintenant à faire connoître les espèces marines univalves dont ces savans voyageurs ont enrichi la Conchyliologie.

Pénétrés d'un vif désir d'être utiles aux sciences, ils ont communiqué déjà depuis de longues années, la plupart de leurs nouvelles espèces à M. de Lamarck, dont la perte a augmenté les regrets qu'a laissés parmi nous celle de tant de savans qui ont illustré la fin du dix-huitième siècle et les premières années du dix-neuvième.

Ce célèbre professeur n'a donné qu'une simple Notice sur quelques-unes de ces espèces, laissant aux voyageurs eux-mêmes le plaisir de profiter de leur découverte, et d'en publier des descriptions détaillées dans leurs ouvrages.

Je dois à l'amitié dont m'honore depuis si long-temps M. de Humboldt, d'avoir été chargé du soin de ces publications. Ce célèbre physicien a commencé par me donner la gloire d'écrire mon nom à côté du sien, en tête de son Mémoire sur les poissons fluviatiles de l'Amérique équinoxiale. Il m'a ensuite procuré les moyens de faire connoître seul mes travaux, en voulant bien les recevoir à la fin de ce volume dans ces Mémoires sur les coquilles. Qu'il me permette de lui en témoigner ma sincère et vive reconnoissance sur ces dernières feuilles. En la lui exprimant sur les pages de son livre, j'ai l'heureuse persuasion que ma gratitude s'étendra aussi loin que la renommée de ses travaux.

Je vais suivre, comme pour les Mémoires précédens, la classification de M. de Lamarck. Je crois mettre ainsi plus d'ensemble dans mon travail. J'aurai soin cependant de faire remarquer les affinités du genre dont je parlerai avec celles de la famille près de laquelle son organisation doit le placer ; en me guidant sur les travaux anatomiques de M. Cuvier, d'après la seconde édition du Règne animal, et sur ceux que M. de Blainville a consignés dans sa Malacologie. Ce rapprochement des deux méthodes deviendra commode pour le lecteur.

NÉRITE.

Ce genre des Nérites, réduit par M. de Lamarck aux seules espèces qui ont des dentelures ou des crénelures sur les deux bords, en contient un assez grand nombre à la liste desquelles nous en avons encore une à ajouter. Nous pouvons aussi indiquer avec exactitude la patrie de la Nérite nattée (Nerita textilis, Lam.) qui est restée douteuse dans l'Histoire naturelle des animaux sans vertèbres. MM. de Humboldt et Bonpland l'ont prise à Acapulco. Nous rappellerons ici ses caractères spécifiques, afin de lui comparer l'espèce voisine que ces savans ont rapportée.

NÉRITE NATTÉE.

Nerita textilis, *testa crassiuscula, albida vel virescente, nigro maculata, costis transversis novemdecim, dorso rotundis.*

Nerita textilis, Lin. Gmel., 3638, n° 53.

Lam., Hist. an. sans vert., VI, seconde part., p. 190, n° 2.

Habitat ad Acapulco Mexicanorum.

L'individu que j'ai sous les yeux a 13 lignes de diamètre : on lui compte dix-neuf côtes transversales sur le dernier tour de spire.

Une espèce voisine de celle-ci, et prise sur la même côte, est agréablement variée de gris sur un fond jaunâtre : elle offre des desseins semblables à ceux que l'on voit sur les ailes de quelques Lépidoptères nocturnes. Je la nommerai, pour rappeler cette disposition,

NÉRITE PAPILIONACÉE.

NERITA PAPILIONACEA , *testa crassiuscula, subflavescente, maculis vel lineolis griseis variegata , costis transversis tredecim , dorso rotundis.*
Habitat ad Acapulco Mexicanorum.

Cette espèce diffère de la précédente, parce qu'elle a un moindre nombre de côtes sur le dernier tour de spire. Ces côtes ne sont pas également relevées sur la coquille, ni tracées à des espaces égaux. Les dents du bord droit sont plus petites; les granulations de la portion aplatie du bord gauche sont moins nombreuses. Enfin la portion supérieure du bord droit est plus relevée, et en angle mousse. Cette coquille est marbrée de petites taches d'inégales grandeurs, se touchant le plus souvent par les angles, et composées de petits traits grisâtres qui laissent quelquefois voir le fond jaunâtre de la coquille.

Le diamètre de cette Nérite n'a que 10 lignes de long.

NATICE.

Le genre des Natices a été établi par Bruguières et caractérisé par l'absence de dents à l'intérieur de la bouche. La coquille est ombiliquée, mais le plus souvent le bord gauche porte une callosité qui recouvre et ferme l'ombilic. MM. de Humboldt et Bonpland en ont rapporté quelques espèces dont une est voisine de la Natice glaucine (Nerita glaucina Lin.) Elle n'a été décrite que dans ces derniers temps par G. B. Sowerby, sous le nom assez impropre de Natica patula, Cette épithète convient en effet à toutes les Natices de la subdivision à laquelle celle-ci appartient. Nous l'avions nommée depuis long-temps, dans nos collections et dans celle de M. de Ferrussac,

NATICE DE BONPLAND. Pl. LVII, fig. 3, *a, b.*

NATICA BONPLANDI , *testa orbiculari depressa, tenui; fulvo, rufescente, et violaceo variegata , subtus albida; striis transversis exarata ; callo subdiviso , rufo septiformi, umbilici patuli magnam partem obtegente.*
Natica patula. Sow. Zool. Journ., Vol. I, p. 60, Pl. v, fig. 4.
Habitat ad Acapulco Mexicanorum.

Cette belle espèce a, comme je viens de le dire, de l'affinité avec la Natice glaucine; mais elle est plus aplatie, les stries d'accroissement sont plus grosses et forment presque des rides transversales sur la coquille. Ces stries sont parallèles au bord de la bouche. La largeur de l'ouverture ne fait que les deux tiers de la hauteur. Le dernier tour forme une saillie marquée dans l'ouverture. L'extrémité supérieure du bord gauche se détache du dernier tour; et, comme il se contourne sur lui-même, les accroissemens successifs élèvent, dans l'ombilic qui est fort grand, une columelle détachée du bord de la coquille. La callosité du dernier tour élargit la base de la columelle et forme une sorte de cloison étendue sur l'ombilic sans le fermer. La coquille que je décris paroît adulte et n'a que cinq tours de spire. Le sommet et les deux tiers de la surface du dernier tour sont d'une belle couleur rougeâtre ou fauve avec des reflets bleuâtres; parce qu'il arrive à des intervalles inégaux que l'extrémité du bord droit étoit coloré en bleu. Quand plusieurs stries d'accroissement rapprochées ont conservé cette teinte, elles forment alors des bandes verticales de cette couleur, mais qui sont mal dessinées. On en voit trois ou quatre sur cette coquille. La teinte rousse s'efface peu à peu, et le dessous est blanc. L'intérieur de la bouche est coloré comme l'extérieur de la coquille, à cause de la minceur du test qui laisse paroître la couleur de la surface externe. La callosité est lisse, et colorée en marron vif.

Cette Natice est large de deux pouces : elle a été recueillie près d'Acapulco.

NATICE AMPULLAIRE.

Natica ampullaria, *testa ventricosa globosa, longitudinaliter striata, spira productiuscula, umbilico nudo.*

Natica ampullaria Lam. Anim. sans vert., VI, 2e part., p. 199, n° 9.

Habitat ad Callao Peruvianorum.

Je trouve parmi les Natices recueillies par M. Bonpland une petite espèce dont les caractères se rapportent parfaitement à ceux d'après lesquels M. de Lamarck a établi sa Natice ampullaire. Aucun reste de la couleur violette de l'intérieur de la bouche ne paroît sur l'individu un peu défectueux que j'ai sous les yeux.

Il est large de 7 lignes. M. Bonpland l'a pris au Callao. Si le rapprochement avec la Natice ampullaire est exact, cette coquille seroit intéressante parce qu'elle apprend aux naturalistes la patrie encore inconnue de cette espèce.

Les recherches de ces deux voyageurs leur ont aussi procuré, à Cumana, le

Natica Mamilla, Gm. et le Natica mamillaris, Gm., qui sont aussi très-communs sur les côtes des Antilles.

Ils ont en outre une autre espèce voisine des deux précédentes, et qui, comme elles, appartient à la division des Natices, connue vulgairement sous le nom de tétons. Je l'appliquerai plus particulièrement à cette espèce, pour rappeler son affinité avec celles à qui M. de Lamarck a donné le nom de Mamelle. Elle est commune dans les collections, et cependant elle n'a pas encore été distinguée ni décrite; je l'appelle

NATICE TETON.

Natica uber, *testa ovali ventricosa, crassa, lævi, nitida, alba; spira prominiuscula; umbilico aperto, nudo.*

Habitat ad portum Cumanensem.

Cette coquille, blanche et brillante, est lisse comme la Natice mamelle, et cependant les stries d'accroissement paroissent davantage. La nouvelle espèce est aussi plus globuleuse, parce que le dernier tour est plus ventru. Ce qui la fait aisément reconnoître, c'est que la callosité, quoique très-grosse, ne remonte pas sur l'ombilic; il est entièrement à découvert. Le Natica mamillaris n'a qu'une portion de l'ombilic cachée par la callosité : celle du Natica Mamilla le recouvre en entier. La couleur blanche et pure distingue aussi le Natica Uber du Natica mamillaris.

L'individu a un pouce de diamètre.

HALIOTIDE.

Le genre des Haliotides a été établi par Linnée, et l'animal avait été figuré par Adanson. Mais les travaux anatomiques de M. Cuvier ont fait connoître les affinités naturelles de ce mollusque. C'est un Gastéropode qui ressemble aux Pectinibranches par la forme du corps et par la position des branchies, mais qui est hermaphrodite. Les Ormiers appartiennent à l'ordre des Scutibranches, composé en outre des genres Fissurelle et Emarginule de M. de Lamarck, qui rapprochoit ces deux genres des Patelles avec lesquelles les animaux n'ont pas de rapports, puisqu'ils ne sont pas hermaphrodites, et il plaçoit, au contraire et à tort, à côté des Haliotides, les Sigarets, dont les sexes sont distincts, et qui sont voisins des Patelles. M. de Blainville a suivi le travail de M. Cuvier pour fixer la place des Haliotides, seulement il fait de ce genre et de deux autres démembrés de celui de Linneus (les Padolles et les Stomates), et auxquels il réunit, peut-être pas assez heureusement, les Anciles (Geoff.), une famille nommée Otidée, dans le troisième ordre, celui des Scutibranches de la famile des Paracéphalophores hermaphrodites.

Nous avons à ajouter trois espèces nouvelles à celles dont le genre Halotide est composé.

Je nommerai l'une du nom du lieu où elle a été prise,

HALIOTIDE DE CALIFORNIE.

Haliotis Californiana, *testa lata, ovali, maxima, depressa, crassa, rugosa; extus rubra, intus viridi rubroque margaritacea; spira inconspicua, depressa.*
Habitat ad littora Californiæ.

Cette Haliotide se rapproche de l'Haliotis australis, Lam.; mais son ouverture est plus arrondie; sa spire plus basse a le sommet moins visible.

Cette nouvelle espèce est une belle coquille épaisse dont la surface extérieure porte cinq à six grosses rides transversales, écartées, inégales, et formant comme des tubercules. Ces rides sont croisées par les stries longitudinales très-fortes marquées par les accroissemens successifs du test. A l'intérieur, le milieu de la coquille est fortement granuleux et strié : c'est l'attache de l'animal. Il n'y a que quatre trous ouverts; on aperçoit dans le fond les places de trois autres oblitérés. La couleur de la surface extérieure est un rouge brique pâle, et sali par la quantité de petits polypiers fixés sur la coquille. La surface interne brille, au contraire, d'un nacre très-beau irisé de rouge et de vert.

L'individu a 7 pouces et demi de long et 5 et demi de large.

Une seconde espèce offre un caractère remarquable dans des séries de côtes parallèles interrompues. Je l'appèllerai

HALIOTIDE INTERROMPUE.

Haliotis interrupta, *testa ovali, subdepressa, parva, subtenui, striis longitudinalibus inæqualiter interruptis granulosa vel rugosa, spira prominiuscula.*
Habitat ad oras Americæ æquinoctialis.

Cette Haliotide de forme ovale a la surface externe sillonnée par des stries transversales, dont quelques-unes sont relevées en carènes, interrompues de manière à former cinq rangées de tubercules inégaux, comprimés et tranchans. Le passage du syphon de l'animal est prolongé en un petit tube dont on compte vingt-six orifices. Cinq seulement sont encore ouverts. La spire est assez saillante ; il n'y a point d'ombilic.

La couleur extérieure de la coquille est plus ou moins verdâtre : à l'intérieur elle est argentée à reflets irisés.

Le diamètre longitudinal de cet individu est de 16 lignes, le transversal n'en a que 12.

HALIOTIDE BOUCLIER.

HALIOTIS PARMA, *testa ovata, depressa, parmæformi, transversim tenuiter striata, rugis longitudinalibus obsoletis.*

Habitat......

Cette coquille, ovale et aplatie, a la forme d'un petit bouclier. J'ai tiré son nom de cette ressemblance.

Sa surface externe, régulièrement convexe, a des stries transversales très-fines; quelques plis longitudinaux effacés, parallèles aux accroissemens de la coquille : on peut dire qu'elle est presque lisse. Les trous pour le passage du syphon ne font aucune saillie; ils sont au nombre de cinq, et on voit une échancrure pour commencer le sixième. La spire ne fait aucune saillie. Le bord droit est large et se prolonge le long de la lèvre gauche, de manière à cacher le fond de l'entonnoir spiral de la coquille. La surface interne a quelques granulations nacrées assez fortes sur l'impression de l'attache qui est très-marquée. La couleur de l'extérieur est un jaune terreux, celle de l'intérieur, un nacré très brillant à reflets irisés.

Cette coquille a 2 pouces de longeur et 16 lignes de largeur. Nous ignorons comme pour la précédente, sur quelle côte de l'Amérique elle a été trouvée.

CADRAN.

Quoique l'animal des Cadrans soit encore inconnu, les zoologistes sont tous demeurés d'accord sur l'affinité qui existe entre sa coquille et celles des Trochus auxquels Linnæus les réunissait.

Le nombre des espèces décrites dans ce genre n'est pas très-considérable. Nous avons encore l'occasion de faire connoître la patrie ignorée de l'une d'elles, et d'en décrire deux qui nous paroissent nouvelles.

CADRAN GRANULÉ.

SOLARIUM GRANULATUM, *testa conica, albida, extus granulosa, inferne plana et ombilicum versus granoso-dentata, prope suturas maculis rufis variegata.*

Lam., anim. sans vert., VII, p. 3, n° 2.

Habitat ad Acapulco Mexicanorum.

Ce Cadran, dont M. de Lamarck n'indique pas la patrie, offre une coquille composée de six tours de spire. Les cinq supérieurs portent quatre cordons parallèles et longitudinaux de granulations augmentant progressivement de grandeurs, à mesure qu'elles sont plus proches du dernier tour. Sur sa première moitié les tubercules commencent à être moins forts, et ils sont effacés sur la seconde partie. Il porte six carènes plates. Les fines stries d'accroissement y deviennent très-visibles. Du côté de la bouche, la base du cone est aplatie, et relevée par cinq ou six cordons. Les quatre internes, rapprochés autour de l'ombilic, sont granuleux; un espace assez large, lisse, finement strié, parallèlement au bord de la bouche, sépare les cordons non grenus qui règnent le long de la carène du dernier tour. Les granulations du cordon voisin de l'ombilic, qui n'est pas très-grand, sont avancées, en entaillent le bord et le rendent fortement dentelé. Le fond de la couleur est luisant et varié par des taches rousses le long de la suture des tours. Il y a d'autres taches plus pâles sur la carène et sur les granulations qui entourent l'ombilic.

Le diamètre de l'individu que je décris est de 14 lignes, et la hauteur du cone en a près de 8.

CADRAN GRENU.

SOLARIUM GRANOSUM, *testa conoidea, convexa, subdepressa, infra rotundato-gibbosa penitus ubique granosa, rufo variegata, umbilico coarctato, dentato.*

Habitat ad Acapulco Mexicanorum.

Ce petit Cadran est moins conique que le précédent. Ses tours, plus convexes, rendent la coquille plus arrondie. Chaque tour a cinq ou six cordons grenus. La carène seule est lisse. La surface de la base est convexe, entièrement grenue et porte cinq rangées parallèles et longitudinales de petits tubercules arrondis. L'ombilic est rétréci et fortement dentelé.

Cette coquille est roussâtre. Le long de la spire il y a des taches de couleur marron très-vif. La carène est blanche, et près d'elle il y a aussi des taches rousses plus pâles que celles de la spire. Les dents sont blanches.

L'individu a 9 lignes de diamètre à la base, et la hauteur n'est guère que de 4 lignes. Si l'on compare ces deux mesures à celles des parties correspondantes de l'espèce précédente, on pourroit croire que la différence dans l'élévation conique n'existe pas; mais il faut faire attention que la surface de la base de l'espèce qui fait le sujet de cet article, est bombée, ce qui augmente la hauteur de la coquille, quoique son cone soit très surbaissé.

Cette espèce est d'autant plus intéressante à faire connoître qu'elle est extrêmement voisine du Solarium millegranum fossile d'Italie. Elle pourroit presque être considérée comme l'analogue vivant de ce fossile.

CADRAN A DEUX GOUTTIÈRES.

Solarium bicanaliculatum, *testa conica, subgranulosa; albida, flammulis e rubro fuscis eleganter picta; apertura rotundata; umbilicum versus caniculis duobus angulosis.*

Habitat cum præcedente.

Cette espèce est plus conique que la précédente; elle est tout aussi convexe. Sur chaque tour de spire, il y a quatre cordons parallèles et longitudinaux qui ne portent que des granulations peu saillantes; la carène du dernier tour qui rend l'ouverture de la bouche anguleuse dans les autres espèces est effacée, de sorte que la bouche est arrondie. La base est presque plane et sillonnée par six cordons semblables à ceux de la surface externe. L'ombilic est ouvert, et le long du bord gauche, il règne deux gouttières, dont l'une forme la carène extérieure qui est granuleuse et facilement visible dans l'ouverture spirale de l'ombilic. Ce caractère m'a fourni la dénomination de cette belle coquille.

Sur un fond blanc, il offre de nombreuses flammes rouges plus ou moins brunes. Les granulations de l'ombilic sont blanches. La base n'a que 6 lignes de diamètre, et la hauteur du cone n'en a que 4.

Cette petite espèce est voisine de celle que M. Deshayes a décrite dans l'Encyclopédie, sous le nom de Solarium Herberti. Mais le Cadran que je fais connoître
en diffère, parce que celui-ci a trois gouttières dans l'ombilic, et les granulations
de la surface externe du test paroissent être, d'après la description de M. Deshayes,
beaucoup plus fortes.

TECTAIRE.

Le genre des Monodontes a été démembré par M. de Lamarck des Trochus
de Linnée ; mais toutefois sans séparer de ce nouveau genre les Tectaires de Denis
Montfort. M. de Lamarck a cru que les ressemblances des coquilles les plaçoient
près des Trochus avec lesquels ils étoient réunis avant lui. Mais M. Cuvier en a
jugé autrement, en disséquant l'animal de Monodontes : il a trouvé que ce
gastéropode ressemble d'avantage à celui du Turbo et il place les Monodontes
entre les Paludines et les Phasianelles.

Cet illustre anatomiste conserve cependant le genre Tectaire de Denis Montfort
comme une division des Trochus.

M. de Blainville est entièrement de la même opinion. Je suivrai la méthode
prescrite par ces deux célèbres zoologistes ; et comme la coquille rapportée
par MM. de Humboldt et Bonpland est voisine du *Trochus tectum persicum*
de Linnée, je vais la décrire comme une espèce nouvelle du genre Tectaire.

TECTAIRE COURONNÉ.

Tectarius coronatus, *testa conica, imperforata, tuberculis transversim
seriatis echinata ; ex rufo cinerascente ; apertura subdentata.*

Habitat ad portum Acapulco.

Cette coquille avoisine beaucoup celle qui est vulgairement connue sous le nom
de *Pagode chinoise*. Mais elle est plus large ; ses tubercules plus pointus sont
moins élevés sur la coquille ; ils sont toujours simples : les granulations de la
face intérieure sont plus grosses.

Le test est épais ; le bourrelet de la base de la columelle est lisse et poli, y
forme une dent prononcée ; le bord droit est sillonné et profondément dentelé.
Le fond des sillons est de couleur brune, et la bouche blanche. Il y a du roussâtre
sur la columelle ; l'extérieur est gris roussâtre.

La hauteur de la coquille a 14 lignes, et le diamètre de la base en a 12.

TURBO.

On trouve dans l'Histoire naturelle des animaux sans vertèbres de **M.** de Lamarck, Tom. VII, p. 46, que le Turbo rugosus commun et abondant sur nos côtes de la Méditerranée, a été rapporté de Cumana par **M.** de Humboldt. J'ai examiné avec soin l'individu rapporté de l'Amérique, et je l'ai comparé aux individus pris sur nos côtes. Je me suis assuré que le Turbo du golfe de Çariaco est d'une espèce différente, quoique très-voisine. **M.** de Blainville a bien voulu aussi jeter les yeux sur cette coquille; il m'a pleinement confirmé dans cette opinion : je crois donc pouvoir décrire ce Turbo comme nouveau et l'appeler

TURBO DE CUMANA.

Turbo cumanensis, *testa orbiculata, conoidea, imperforata, striis transversis squammosis scabra, apertura depressa, subovali, ad basim collumellæ dente obsoleto.*

Habitat ad portum Cumanensem.

Comparé au Turbo rugosus, coquille de la Méditerranée, on trouve les différences suivantes :

La bouche est plus ovale, parce que le bord de la columelle ne se porte pas en dehors pour former la dent calleuse si marquée de la base du Turbo de la Méditerranée. Dans le Turbo de Cumana, cette dent est presque nulle.

La callosité très-mince du bord gauche est beaucoup moins étendue sur le dernier tour de spire que dans le Turbo des côtes de Naples.

L'espèce nouvelle a des écailles formées par des stries transversales plus fines et moins relevées. Les angles de la carène des tours de spire sont plus aigus que sur le Turbo rugosus.

La plupart des coquilles de cette dernière espèce présente des tubercules en forme de grosses rides sur tout le contour du bord spiral jusqu'auprès du bord droit de la coquille. Sur l'individu américain que j'ai sous les yeux, deux tiers au moins de ce dernier tour manquent de ces tubercules. Je ne donne cependant à ce caractère qu'une valeur secondaire; car j'ai vu cette même disposition sur un Turbo rugosus, faisant partie d'une très-intéressante collection de coquilles de Naples, donnée au Muséum par M. Monticelli. Les autres tubercules des derniers tours de spire du Turbo cumanensis sont plus étroits.

Je crois avoir prouvé, par cette description comparative, la différence des deux espèces. Il falloit porter son attention sur cet objet; car on sait avec quel soin il faut établir la distinction des espèces, si l'on veut arriver à des résultats précis dans la question si importante de la distribution géographique des espèces sur le globe.

TURBO PEAU DE SERPENT.

Turbo pellis serpentis, *testa conoidea, subventricosa, imperforata, sulcata, rufescente, maculis nigris longitudinalibus latis marmorata.*

Habitat in America æquinoctiali, ad portum Acapulco Mexicanorum.

Cette coquille ressemble au Turbo nommé communément la bouche d'argent (*Turbo argyrostomus*, Gm.), mais elle est plus pointue; le dernier tour est moins ventru; son bord droit est uni et sans aucun pli. Les sillons longitudinaux de sa surface externe sont inégaux. Les carènes qui les séparent sont lisses, et n'ont pas les écailles imbriquées de celui auquel je compare cette nouvelle espèce.

La couleur est roussâtre ou jaunâtre. Des taches noires longitudinales, inégales, plus ou moins rapprochées, forment de grandes et larges marbrures sur cette coquille. A la face inférieure, il y a des séries de points noirs alongés sur plusieurs des côtes de la coquille. L'intérieur de la bouche est bleuâtre, à reflets argentés.

Cet individu a 16 lignes de haut et 12 de large.

LITTORINE.

Les Littorines appartiennent à l'ordre des Pectinibranches, et ont beaucoup de rapport avec les Paludines. M. de Lamarck confondoit la plupart des espèces de ce genre avec les Phasianelles, mais l'applatissement de la columelle des Littorines les rend faciles à distinguer des genres voisins. L'espèce de ce genre rapportée par MM. de Humboldt et Bonpland est déjà mentionnée dans l'Histoire naturelle des animaux sans vertèbres, sous le nom de Phasianelle péruvienne. Ayant reconnu la nécessité d'adopter le genre établi par M. de Ferrusac, je l'appelle.

LITTORINE PÉRUVIENNE.

Littorina Peruviana, *testa parvula, conoidea, subtiliter transversim striata, fusco nigricante, maculis albis angulatis longitudinaliter picta.*

Phasianelle peruviana, Lam., anim. sans vert., VII, p. 55, n° 5.

Habitat ad oras Americæ australis, prope portum Callao Peruvianorum.

Cette jolie petite Littorine n'offre rien de remarquable dans ses formes. Sa columelle est aplatie; l'ouverture de sa bouche est oblongue. Les stries d'accroissement sont fortement senties et rapprochées; elles rendent la surface de la coquille finement striée.

Le fond de la couleur est un marron noirâtre éclairé par de petites bandelettes longitudinales, anguleuses et flexueuses, en zigzag, dont le nombre varie sur les différens individus. Quelques-uns n'ont que trois ou quatre de ces bandes, et alors la plus grande portion du fond de la coquille est colorée en noirâtre; mais d'autres ont huit à dix bandelettes, et ils offrent presque autant de couleur blanche que de noire. Il arrive très-souvent que des petites taches blanches arrondies sont éparses sur le noirâtre. L'opercule est mince et corné.

Les plus grands individus ont 7 lignes de longueur.

En lisant cette description, on jugera pourquoi j'ai fait quelques changemens à la phrase caractéristique rédigée par M. de Lamark; elle n'est pas en effet très-exacte.

TURRITELLE.

Les espèces de ce genre sont aussi de l'ordre des Pectinibranches, et voisines des Turbos. Elles ont, comme eux, l'ouverture de la bouche arrondie, sans que les deux bords soient réunis supérieurement; mais la forme turriculée de la coquille fait aisément distinguer les Turritelles. C'est sur les côtes de l'Océan Pacifique que MM. de Humboldt et Bonpland ont trouvé les trois espèces que j'ai observées dans leur collection. L'une est connue depuis long-temps : c'est la Turritelle tarrière de Lamarck (Turbo terebra, Lin.). Une autre, de petite taille, est remarquable par l'angle aigu qui est à la partie inférieure de la bouche.

C'est pour rappeler ce caractère que je la nomme

TURRITELLE A BOUCHE ANGULEUSE.

Turritella gonostoma, *testa conica, striis transversis subtilibus cincta; ad apicem albida, infra cornea, flammulis nigricantibus variegata, anfractibus planis, carina transversa dimidiatis, apertura angulata.*

Habitat ad oras Americæ australis in portum Acapulco Mexicanorum.

Cette petite Turritelle n'a que onze ou douze tours de spire. Ils sont larges et aplatis. Une carène parallèle à la ligne spirale, relevée sur le milieu de chacun d'eux, les partage en deux parties égales et semble ainsi doubler le nombre des tours. Le bord inférieur de chacun est plié en gouttière anguleuse, qui forme dans la partie inférieure de l'ouverture un angle saillant très-caractéristique. Le bord columellaire est légèrement arrondi, et la base se réfléchit un peu en dehors. Le dernier tour est aplati inférieurement. Les stries d'accroissement parallèles au bord droit sont très-visibles. La pointe de cette coquille est blanche : les trois ou quatre derniers tours prennent une teinte cornée tachetée de flammes noirâtres. La carène qui parcourt le milieu des tours, est blanchâtre avec des petits points espacés régulièrement, ce qui lui donne l'apparence d'un petit chapelet.

Cette coquille n'a guère plus d'un pouce de longueur.

TURRITELLE A BOUCHE BLANCHE.

La troisième espèce rapportée des mêmes parages est remarquable par l'ouverture arrondie de sa bouche. Les deux bords se rapprochent comme dans les Cyclostomes. Mais l'animal a été forcé de raccommoder sa coquille, à cause d'une blessure reçue un peu avant d'en terminer l'ouverture. Cet accident a peut-être été cause de la réunion des deux bords. Si on observe, sur un grand nombre de coquilles de cette même espèce, que l'ouverture est toujours arrondie, il est certain que ce Gastéropode, probablement Pectinibranche, deviendra le type d'un nouveau genre qui différeroit des Turritelles proprement dites comme les Turbos diffèrent des Trochus.

Ayant eu soin de consigner ici cette observation, je crois que je puis toujours laisser provisoirement cette espèce parmi les Turritelles, et pour rappeler son caractère le plus saillant, je propose de la nommer

TURRITELLA LEUCOSTOMA, *testa turrita, costis transversis circumcincta; nitida, albida, flammulis castaneis variegata; anfractibus subtumidis, apertura integra rotundata, candida.*

Habitat in Oceano Pacifico, ad portum Acapulco Mexicanorum.

La coquille est composée de vingt-cinq à vingt-six tours de spire. Les supérieurs sont étroits et aplatis. On compte sur leur surface quatre ou cinq carènes parallèles à la courbe spirale. A mesure que l'on regarde des tours plus rapprochés des derniers, on voit le bord inférieur se relever, et les deux derniers sont tellement renflés que leur surface est presque arrondie. Les cinq carènes des premiers tours sans être plus relevées sont cependant mieux marquées, parce qu'elles sont plus espacées. Leur intervalle est de même sillonné par des petites côtes arrondies très-fines, et parallèles aux carènes principales.

La surface n'offre presque pas de trace de stries verticales ou parallèles au bord droit de l'ouverture. Il se réunit supérieurement au bord gauche, et une callosité blanche très-marquée s'étend sur l'avant-dernier tour qui ne sert plus à compléter l'ouverture de la bouche.

Cette coquille est lisse, brillante, et sur un fond blanchâtre elle est agréablement peinte de taches ou de flammes roussâtres et quelquefois de couleur marron assez vif. L'intérieur de la bouche est d'un beau blanc pur.

L'individu que je décris est haut de 4 pouces.

CÉRITE.

Je vais encore ajouter à ce genre si nombreux en espèces difficiles à distinguer entre elles, sept nouvelles qui diffèrent de toutes celles que nos collections renferment jusqu'à ce jour. Quatre sont originaires des côtes occidentales de l'Amérique équinoxiale, et n'offrent pas à beaucoup près autant d'intérêt que celles que MM. A. de Humboldt et A. Bonpland ont pris à la Corogne. Ces deux coquilles, voisines l'une de l'autre, ressemblent tellement à deux espèces fossiles des environs de Paris (ainsi que je le dirai dans leurs descriptions), qu'elles deviennent importantes sous le rapport de la géologie et de la distribution géographique des espèces sur le globe. On est frappé de la ressemblance qui existe entre des animaux pris à des distances si grandes, et à des intervalles de temps si éloignés, puisque les uns ont vécu dans nos contrées, au-delà des époques historiques, et que les autres se trouvent de nos jours dans les régions tropicales.

L'examen de ces êtres nous ramène vers la question si intéressante et jusqu'à présent insoluble de l'origine des espèces. Le temps et les changemens dans les circonstances physiques sont-ils les causes des variations lentes et successives dont nous croyons avoir de fréquens exemples dans l'étude des différentes espèces, ou bien ces espèces ont-elles été assujetties, dans le grand enchaînement des êtres, dès l'origine, à des formes fixes dont elles ne devoient jamais dévier? Comment le naturaliste doit-il alors établir les limites entre les espèces et les variétés?

Je vais commencer par décrire les Cérites recueillies sur la côte d'Acapulco.

CERITE MUSIQUE.

CERITHIUM MUSICA, *testa turrita, abbreviata, echinata, transversim striata; albida, lineolis fuscis variegata; ultimo anfractu seriebus tuberculorum transversis quaternis circumcincto.*

Habitat ad portum Acapulco.

Cette jolie Cérite est voisine de l'espèce décrite par Bruguières, sous le nom de Cerithium litteratum, et que l'on retrouve sous la même dénomination dans l'*Histoire naturelle des animaux sans vertèbres*, VII, p. 76.

Je ferai remarquer ici que les deux auteurs cités comme synonimes, Born et Gualtieri, ne me paroissent pas avoir représenté des coquilles d'une même espèce. Les figures de ces auteurs ne montrent cependant l'une et l'autre qu'une seule rangée de tubercules sur le dernier tour. Les coquilles des côtes de l'Océan Pacifique, que je décris dans cet article, en ayant quatre rangées, m'ont paru devoir être distinguées.

On leur compte neuf ou dix tours de spire. La hauteur du dernier égale celle de tous les autres et fait la moitié de la longueur de la coquille. Il n'y a que de fortes stries transversales. Près du bord supérieur des tours, on voit une rangée de tubercules pointus, assez forts : sur le dernier tour, il y a au-dessous de ce rang trois autres séries de tubercules coniques, plus petites que ceux de la rangée supérieure.

L'ouverture de la bouche est ovalaire, un peu élargie à la base par le développement que prend la lèvre à sa partie inférieure. Elle est peu épaisse, un peu calleuse, se prolonge sur le ventre du dernier tour, de manière à laisser une gouttière étroite sur le haut de la bouche. Le bord columellaire est renflé en une grosse callosité odontoïde au-dessous de la gouttière. Il se relève vers la base, et s'élargit en une lame mince et tranchante, détachée du syphon. Celui-ci est court et relevé sur le dos de l'animal.

Sur un fond plus ou moins blanchâtre, la coquille offre de nombreuses rangées de petites linéoles roussâtres disposées parallèlement entre elles, semblables à de la musique écrite. La lèvre est brillante et d'un blanc bleuâtre; la columelle a une teinte violette.

L'individu est haut de 15 lignes.

CÉRITE GRENUE.

Cerithium granosum, *testa conica, acuminata, fusca, subcostasta, costis granulosis.*

Habitat cum præcedente.

Cette petite coquille est composée de onze à douze tours, dont le dernier n'a guère que le quart de la hauteur totale. Chaque tour porte trois rangées parallèles de granulations disposées à des intervalles égaux, de manière qu'elles forment sur la coquille des côtes longitudinales partant du sommet et sillonnant régulièrement l'obélisque de la coquille. La bouche est petite, et le canal court, tenant déjà un peu de celui des Potamides.

Les nombreux individus que j'ai sous les yeux n'ont que 9 ou 10 lignes de haut.

CERITE PIQURE DE MOUCHES.

Cerithium stercus muscarum, *testa conica, acuminata, echinata, transversim striata; virescente, punctis minimis, albis et nigris seriatim impressis, apertura nigra, callo columellari albo, superne tumido; canali brevissimo.*

Habitat ad littora Americæ australis prope portum Acapulco Mexicanorum.

Cette Cérite se rapproche aussi du Cerithium litteratum, Brug. Elle en diffère, parce que les tours de spire n'ont qu'une seule rangée de tubercules pointus : ils ne sont pas non plus placés aussi près du bord spiral, qui est lisse, et non marqué par une gouttière profonde. Des stries transversales étroites, très-nombreuses, sillonnent le test de cette coquille composée de sept tours. Le canal est très-court et presque réduit à une simple échancrure. L'ouverture est grande; la lèvre droite, un peu réfléchie en dehors, a le bord finement dentelé. Le bord gauche est légèrement épaissi en dedans. La partie supérieure de la columelle est renflée en une callosité saillante. La couleur de cette Cérite est verdâtre, et sur la crête de chaque strie, il y a une suite de petits points alternativement blancs et noirs. L'intérieur de la coquille est noir, varié de bleuâtre, surtout près de la lèvre droite. La columelle est blanche.

L'individu que j'ai décrit a 16 lignes de hauteur.

CÉRITE FRAISE.

CERITHIUM FRAGARIA, *testa turrito-subulata, varicosa, transversim striato granulosa, alba, rufo punctata, anfractibus tristriatis, superne granulis majoribus moniliformibus.*

Habitat cum præcedente, ad portum Acapulco Mexicanorum.

Cette jolie coquille, voisine du Cerithium lima, Brug., est plus grande; elle a les tours moins renflés et les varices mieux marquées : trois rangées de granulations montent en spirales parallèles sur le pourtour. Celles qui bordent le haut des tours sont plus grosses et plus saillantes que les deux inférieures. Outre ces trois chapelets, la base du dernier tour est sillonnée par cinq stries profondes et parallèles à la spirale. Les varices paroissent à peu près à la moitié des tours, mais pas régulièrement sur tous.

La lèvre droite est peu réfléchie en dehors; elle est lisse et blanche comme la gauche qui est calleuse, et a un léger pli sur le milieu, ce qui pourroit faire ranger cette espèce parmi les Fasciolaires, si elle avoit un canal moins court; il est tout-à-fait échancré comme celui d'une Cérite. Sur un fond blanc-jaunâtre comme de l'ivoire, cette coquille porte trois rangées de points roux assez vifs. Chacun est entre les tubercules. Cette coloration rappelle celle de nos fraises; et comme il y a déjà une espèce nommée Cerithium morus, j'ai cru pouvoir donner à celle-ci le nom du fruit auquel elle ressemble un peu.

L'individu péché sur les côtes de l'Océan Pacifique a un peu plus d'un pouce de hauteur.

Les deux autres Cérites que je vais faire connoître, sont des côtes de l'Amérique. Elles sont fort remarquables par leur grande ressemblance avec des Cérites fossiles abondantes dans la formation du calcaire grossier des environs de Paris. Pour rappeler aux naturalistes que la découverte de ces espèces est due au savant géologue dont les travaux ont fait faire de si grands progrès à la Géologie, j'appellerai l'une d'elles de son nom,

CERITE DE HUMBOLDT.

CERITHIUM HUMBOLDTI, *testa turrita, echinata, costa muricata, per medium anfractuum unica, tuberculis compressis; striis transversis crebris.*

Habitat ad portum Cumanensem.

C'est une jolie coquille qui s'élève en une élégante spirale composée de douze tours. Sur le milieu de chacun règne une côte unique, relevée par des tubercules un peu comprimés et un peu tranchans, mais dont la pointe est mousse. Ils sont placés à des intervalles égaux, de manière à former le long du cône de la coquille des cannelures verticales. La surface a de nombreuses stries parallèles, assez fortes, au-dessous des tubercules du dernier tour; il y a un bourrelet partant du bord et qui s'efface à mesure qu'il est près de se confondre avec le bord supérieur du dernier tour. L'ouverture de la bouche est ronde et peu large. Le canal est prolongé et presque droit. La couleur est un marron assez foncé jusque sur le dernier tour qui est plus pâle et dont le fond est encore éclairci par des flammes blanches longitudinales commençant déjà à paroître sur le bas de l'avant-dernier tour. L'intérieur du canal est de couleur blanche.

La longueur de l'individu est d'un pouce et 2 lignes.

Cette Cérite ressemble à celle que **M.** de Lamarck a décrite sous le nom de *Cerithium calcitrapoides*, d'abord dans ses Mémoires sur les coquilles fossiles des environs de Paris (*Ann. du Mus.*, III, p. 274, n° 10), et qu'il a reproduite dans sa *Collection des Mémoires* sur le même sujet, p. 82, n° 10, ou *Hist. nat. an. sans vert.*, Tom. VII, p. 79. Mais la coquille vivante que je fais connoître dans cet article, a sa surface lisse et sans aucune strie, et deux bourrelets très-marqués au bas du dernier tour de spire.

Je fais remarquer ici la présence des stries sur l'espèce fossile, parce que M. de Lamarck a négligé d'en faire mention, quoiqu'elles soient constantes sur les nombreux individus qu'il est facile d'examiner.

Ces caractères serviront à distinguer ces deux coquilles qui se ressemblent d'une manière frappante.

L'autre espèce est voisine de la Cérite à crête (Cerithium cristatum, Lam. *Loc. cit.*, p. 273, n° 9, ou p. 81, n° 9, etc. *An. sans vert.*, VII, p. 79) que l'on trouve fossile à Grignon. Je la dédierai à la mémoire de cet infatigable naturaliste qui a le premier décrit une grande partie de ces coquilles fossiles si abondantes dans les couches du calcaire grossier de nos terrains tertiaires; je l'appelle

CÉRITE DE LAMARCK.

Cerithium Lamarckii, *testa turrita, echinata, serie tuberculorum bidentium unica per medium anfractuum, striis transversis.*
Habitat cum præcedente.

La nouvelle Cérite que je décris dans cet article, est aussi élégamment turriculée que la précédente, et sa spire se compose de même de douze tours. Sur leur milieu s'élève une crête suivant la spirale de la coquille, et composée d'une série de tubercules épais, creusés d'une petite gouttière sur leur extrémité, qui les fait paroître doubles. Près du bord gauche ou columellaire, il naît une carène qui s'efface à mesure qu'elle avance sur le bas du dernier tour, vers le bord droit de l'ouverture, ce qui est précisément le contraire dans la Cérite de Humboldt. Les stries transversales existent, mais elles sont moins fortement tracées que sur la précédente. Les stries longitudinales se voient au contraire davantage. Le test de cette Cérite est plus épais. Le bord columellaire est renforcé par une sorte de callosité blanche et luisante. La lèvre s'évase un peu en un angle qui répond à la rangée des tubercules; cette disposition rend l'ouverture un peu anguleuse. Le syphon n'est pas très-prolongé. La couleur est rousse sous un épiderme gris. A l'intérieur, la bouche est blanche, excepté sur le milieu du bord droit qui porte une large bande brune foncée. Le bord du syphon est noirâtre.

Cet individu a près de 15 lignes de longueur.

La Cérite de Lamarck ressemble, comme je l'ai déjà dit, à la Cérite à crêtes; mais ce fossile a le syphon plus court, le bord droit plus évasé, la bouche plus anguleuse et deux rangées de tubercules sur chaque tour. M. de Lamarck a également négligé de préciser ce caractère de l'espèce fossile, qui la fait aisément distinguer de la coquille vivante.

J'ai consulté, sur ces deux Cérites, M. Deshayes qui vient de publier un travail très-intéressant sur les coquilles fossiles dont on trouve des analogues encore vivans dans les mers plus ou moins lointaines. Ce savant naturaliste, qui a bien voulu m'éclairer de ses conseils, croit que cette coquille n'est qu'une variété de la précédente. Quelque respect que j'aie pour les connoissances étendues de ce conchyliologiste, je ne puis penser qu'il existe des variétés de formes aussi grandes entre les tubercules de ces deux coquilles, sans que ces différences ne soient pas des caractères spécifiques. Si on parvient à rassembler un plus grand nombre de ces coquilles rares, et que l'opinion de M. Deshayes soit confirmée, on seroit conduit aussi à réunir en une seule les deux espèces de Cérites fossiles dont les coquilles de Cumana pourroient être considérées comme les analogues. Cependant les observations faites sur les nombreux individus fossiles qu'il est aisé de voir dans une collection, n'ont pas encore déterminé les naturalistes à les regarder tous comme de la même espèce.

CÉRITE A VARICES.

Cerithium varicosum, *testa turrita, granulosa, striis longitudinalibus transversisque decussata, rufescente; varicibus crassis solitariis; canali subnullo.*

Habitat cum præcedente.

La Cérite que je publie dans cet article, est remarquable par l'épaisseur des bourrelets que l'animal construisoit sur le bord droit de sa coquille. Ses bourrelets sont persistans sur le test, et placés à égale distance les uns des autres, de manière à ce qu'il n'y en ait jamais qu'un seul sur chaque tour. Cette disposition est semblable à celle que nous présentent les Tritons, gastéropodes voisins des Murex avec lesquels ils étoient confondus avant les travaux conchyliologiques de Denis de Montfort. Mais nous ne croyons pas que ce caractère fasse placer notre coquille dans ce genre et l'éloigne de celui auquel nous la rapportons. Sa forme générale, l'extrême brièveté de son canal, ne permettent pas de la placer parmi les Tritons : elle est de la division de ces Cérites à canal court qui vivent dans les eaux saumâtres, et dont M. Brongniart (*Ann. mus.*, Tom. XV, p. 375) a fait le genre Potamide. Les limites de ce genre sont si difficiles à tracer, comme ce savant professeur le dit lui-même dans le mémoire où il en a donné les caractères, que M. de Blainville a indiqué dans sa Malaccologie, les Potamides comme une division des Cérites.

Cette espèce a dix tours de spire. Outre les bourrelets persistans sur chaque tour, leur surface est treillissée par de nombreuses côtes tuberculeuses longitudinales croisées par des plus petites transversales au nombre de quatre ou cinq. Le bas du dernier tour est un peu aplati, strié en travers, mais ne porte aucune empreinte des côtes verticales qui s'évanouissent sur l'angle qui sépare le plan de la base de la coquille de la surface verticale arrondie et renflée de ce dernier tour. Le bord columellaire est droit, légèrement calleux et arrondi. Il n'y a qu'une fort petite échancrure à peine visible, qui n'est point du tout prolongée en canal. Le bord gauche est dilaté, renversé, et a un angle un peu mousse près du haut de l'ouverture, qui est presque ronde. Cette coquille est roussâtre en dessus et a le bord de la bouche blanc.

Elle est haute d'un pouce.

TURBINELLE.

M. de Lamarck a le premier fixé les caractères du genre des Turbinelles. Il y a réuni les coquilles éparses dans le genre des Murex avec lesquelles elles ont des rapports assez marqués, à cause des aspérités du test de leurs coquilles, et dans le genre des Volutes qui ont aussi la columelle plissée. Mais la forme de l'échancrure pour le passage du syphon et la direction des plis columellaires distinguent les Turbinelles des Volutes.

L'espèce que je décris ici est nouvelle : je la nomme, à cause de son affinité avec la Turbinelle aigrette,

TURBINELLE ARDÉOLE.

Turbinella ardeola, *testa turbinata, haud umbilicata, crassa, ponderosa; spira abbreviata conico-obtusata; striis transversis nullis; rugis tuberculosis, transversis longitudinales decussantibus, columella quadriplicata.*

Habitat ad portum Acapulco.

Cette Turbinelle ressemble beaucoup, comme je viens de le dire, à l'Aigrette

(*Turbinella pugillaris*, Lam.). Mais elle en diffère par plusieurs caractères, dont l'ensemble ne permet pas même de la considérer comme une variété de celle à laquelle je la compare.

La spire de notre nouvelle espèce est un cône beaucoup plus bas et qui a la pointe bien moins aiguë. Il manque des aspérités nombreuses qui hérissent le milieu des tours de la spire de l'Aigrette. Le dernier tour de la Turbinelle ardéole est plus renflé, car la largeur de sa base est des cinq sixièmes de la hauteur de la coquille, tandis que la même largeur mesurée sur l'Aigrette ne fait que le quart de sa hauteur. Les tubercules des plis longitudinaux sont plus gros, plus arrondis. Ces plis forment des rides plus profondes, et les côtes qui les séparent sont plus rondes : elles sont croisées par des rides transversales, au nombre de sept ou huit, dont il n'y en a que trois plus grosses et plus relevées vers le bas de la coquille. Les tubercules qui les couronnent sont comme ceux du bourrelet supérieur, gros, mousses et arrondis. On ne voit entre ces deux bourrelets aucune stries transversales semblables à celles qui forment sur l'Aigrette de nombreuses petites côtes. Les stries longitudinales sont fines, rapprochées, parallèles et onduleuses comme le bord de l'ouverture. La columelle n'a que quatre plis moins obliques, et dont le supérieur est gros et aplati de sorte que ses deux bords sont tranchans. La partie inférieure du bord columellaire est renversée sur la columelle, et ferme l'ouverture de l'ombilic.

Cette coquille, d'un beau blanc lustré à l'intérieur, est un peu jaunâtre à l'extérieur et recouverte par un épiderme brun fort épais.

La hauteur de l'individu que j'ai décrit est d'un peu plus de 3 pouces.

TURBINELLE MURALE.

TURBINELLA MURALIS, *testa fusiformi, alba; transversim striata, longitudinaliter sulcis impressis alternis exarata, interstitiis sulcorum elevatis, rotundatis; cauda brevi, labro intus dentato; umbilico nullo.*

Habitat ad oras occidentales Americæ australis, propè portum Callao Peruvianorum?

Cette jolie espèce avoisine la Turbinelle étroite de Lamarck (*Murex infundibulum*, Gm.); elle en diffère principalement par le manque d'ombilic. Sa spire est plus courte, penchée et oblique vers la pointe, et le canal du syphon est beaucoup moins alongé.

La spire de cette nouvelle espèce se compose de neuf à dix tours qui décroissent successivement et graduellement de hauteur, de manière que le dernier n'a guère qu'un tiers de plus que le pénultième. Sur chacun il y a sept sillons longitudinaux étroits, enfoncés, placés à des espaces égaux : mais ils ne se répondent pas, de façon qu'ils ne forment pas des gouttières verticales sur la coquille. Les intervalles qui séparent les sillons sont relevés et arrondis ; et par la disposition alterne des sillons, ces côtes ont l'air de marqueteries placées les unes au-dessous des autres comme les pierres d'une muraille. C'est de là que j'ai tiré le nom de cette nouvelle Turbinelle. Des grosses stries profondes traversent la coquille etpénètrent jusque dans le fond des sillons. Celles qui entourent le dos du syphon sont plus grosses que les autres. La bouche est petite, ovale, prolongée en un canal qui n'a pas plus de hauteur que le ventre du dernier : l'intérieur de la lèvre est épaissi et fortement dentelé. La columelle est courte et porte trois plis : le bord gauche se relève et se prolonge le long du syphon sans le couvrir. Cette coquille est d'une couleur blanche salie, sans montrer aucune trace de taches.

L'individu est haut de 18 lignes.

FASCIOLAIRE.

Les espèces de ce genre ont été distraites, par M. de Lamarck, de celui des Fuseaux auxquels Bruguières les réunissoit. Avant ce naturaliste on les confondoit avec les Murex. On ne connoît pas encore le gastéropode qui habite dans ces coquilles ; leur caractère générique, tout artificiel, est pris de la conformation du test, et n'est pas toujours nettement exprimé dans les espèces différentes que l'on grouppe sous ce nom. J'ai à en faire connoître deux nouvelles qui appartiennent à deux subdivisions marquées. L'une d'elles est fusiforme, lisse, et voisine de l'espèce si commune connue sous le nom de Tulipe (Murex tulipa, Lin.). L'autre appartient aux Fasciolaires tuberculeuses.

Le caractère qui distingue la première espèce de la Fasciolaire tulipe consiste dans la gouttière qui est creusée le long du bord spiral de chaque tour. Je la nomme, pour cette raison,

FASCIOLAIRE A GOUTTIÈRE.

Fasciolaria canaliculata, *testa fusiformi turrita, lævigata; fulvò et albo marmorata, lineolis interruptis circumcincta, anfractibus distinctis complanatis; spira canaliculata, apice obtuso.*

Habitat ad portum Acapulco.

Cette coquille, peu ventrue, se compose de cinq ou six tours de spire : elle est conique, peu pointue. Les tours sont bien distincts, aplatis près de leurs anfractuosités. Elles sont granuleuses, creusées de deux ou trois petits sillons au-dessous desquels règne une gouttière le long de la spire. La coquille est lisse, excepté près du canal où il y a, comme dans le Fasciolaria tulipa, de fortes stries. Les deux plis de la columelle sont très-marqués et s'étendent le long du bord du canal. La pointe de la spire est mousse. C'est encore un caractère distinctif de la Fasciolaire tulipe qui a toujours la spire terminée en une pointe aiguë. La couleur est un fauve brillant mêlé de rougeâtre et marbré de blanc. Sur le dernier tour, on compte huit cordons composés d'une série de petits points ou points un peu rougeâtres; il n'en paroît que trois sur les autres tours.

La hauteur de cet individu est de 2 pouces 4 lignes.

J'ai sous les yeux une variété jaune safranée, un peu tachetée de blanc et sur laquelle on aperçoit des traces de cordons visibles sur le dernier tour seulement, encore sont-elles peu marquées sur le ventre; mais près de la lèvre, une série verticale de points rougeâtres en montre la terminaison. Les autres tours n'offrent pas de taches.

L'individu qui forme cette variété a 16 lignes de hauteur.

FASCIOLAIRE RIDÉE.

Fasciolaria rugosa, *testa fusiformi, subventricosa, rugosa, transversim striata, albida, rufo variegata; plica columellari obsoleta.*

Habitat ad portum Acapulco.

Cette Fasciolaire est une jolie coquille composée de six ou sept tours de spire, dont le dernier, renflé près du bord supérieur, surpasse d'un tiers en hauteur les autres mesurés ensemble. Sa largeur égale sa hauteur. De grosses varices, légèrement onduleuses, au nombre de cinq à six, et placées à des intervalles égaux sur chaque tour, forment de fortes arêtes sur la coquille; elles sont croisées par des stries transversales très-profondes. L'ouverture de la bouche est étroite, le canal assez prolongé. Le bord columellaire n'a, près de son extrémité, qu'un pli peu marqué. La coquille a le fond blanchâtre et relevé par la couleur vive et rousse des bourrelets et des côtes qui séparent les stries transversales.

L'individu a 5 lignes de haut. .

FUSEAU.

Le genre des Fuseaux est bien différent maintenant de celui que Bruguières avoit établi. Il y rassembloit les Murex de Linneus qui n'offrent pas de varices plus ou moins découpées ou tuberculeuses. M. de Lamarck en a retiré les Struthiolaires, les Pleurotomes, les Pyrules, les Fasciolaires. L'animal de ces coquilles, à syphon souvent très-long, nous est encore inconnu; et ce genre, tel qu'il est encore aujourd'hui, n'est établi, comme le précédent, que sur des caractères artificiels. Il y a lieu de croire que les animaux des différentes coquilles que l'on réunit sous le nom de Fuseaux deviendront des types génériques des nombreuses subdivisions que M. de Blainville a faites parmi les espèces de Fuseaux. MM. de Humboldt et Bonpland ont rapporté plusieurs belles coquilles de ce genre qui ne sont pas encore décrites.

FUSEAU TOUR.

Fusus turris, *testa fusiformi, turrita, superne costata, transversim sulcata, alba; cauda crassa abbreviata.*

Habitat ad Acapulco Mexicanorum.

Cette coquille, allongée, renflée vers le milieu et atténuée vers les deux extrémités, ressemble au Fuseau quenouille (Fusus colus, Lam.). L'épaisseur du dernier tour est moindre que le tiers de la hauteur totale. La longueur de la queue fait la moitié de celle du tour qu'elle prolonge, et qui est plus haut que les autres tours mesurés ensemble. On en compte dix à onze. Des côtes arrondies s'élèvent sur les tours supérieurs, mais elles s'effacent sur le dernier. Le milieu de ces côtes est un peu plus épais, ce qui fait paroître la coquille tuberculeuse. De nombreuses carènes transversales, inégales, sillonnent la surface de la coquille sur laquelle on voit encore des stries parallèles au bord de l'ouverture de la bouche : elle est en ovale régulier, dont le diamètre transversal ne fait que la moitié du vertical, et elle se prolonge en une longue gouttière rendue plus creuse par l'élévation du bord gauche le long du syphon. La surface interne de l'ouverture est sillonnée par de nombreuses carènes dont l'extrémité s'élève sur le bord droit, l'entaille et le rend dentelé. Cette coquille est d'une belle couleur blanche uniforme; la lèvre seule est rousse.

Les individus que je décris ont près de 6 pouces.

L'un d'eux n'offre presque pas de côtes arrondies sur les tours supérieurs.

Cette espèce, voisine du Fuseau quenouille, s'en distingue par la grosseur et par la brièveté du canal. Il fait près de la moitié de la hauteur de la coquille, du Fusus colus : dans le Fusus turris, il n'en a guère que le tiers.

Ces proportions distinguent aussi cette nouvelle espèce du Fuseau à côtes nombreuses (Fusus crebricostatus, Lam.). D'ailleurs les anfractuosités des tours de celui-ci sont tellement enfoncées et les tours sont tellement arrondis qu'il est impossible encore de réunir ces deux coquilles pour en faire une même espèce. J'ai remarqué dans la Collection du Museum un Fuseau un peu plus ventru et dont le canal est un peu plus long que celui décrit dans cet article. Je le crois de la même espèce, mais de sexe différent.

FUSEAU TREILLISSÉ.

Fusus CANCELLATUS, *testa ovata, fusiformi, abbreviata, non ventricosa, rugis longitudinalibus transversisque decussata, albida; spira elevata, cauda brevissima.*

Habitat ad Acapulco Mexicanorum.

Ce petit Fuseau présente une coquille composée de cinq à six tours de spire dont le plus gros n'a guère plus de hauteur que les autres pris ensemble. Ils sont tous aplatis près de leurs anfractuosités, de manière à former une rampe spirale dont la surface est sillonnée par les côtes nombreuses et longitudinales qui s'élèvent sur la coquille. Ces côtes s'arrondissent en bourrelets épais sur le dernier tour. Des carènes transversales entre lesquelles on voit de fortes stries parallèles à ces carènes, croisent les côtes longitudinales. Le dernier tour est peu renflé, le bord gauche peu réfléchi en dehors, ce qui rend l'ouverture de la coquille assez étroite et ovalaire. On voit à l'intérieur de la lèvre gauche cinq à six petits tubercules élevés comme des dents. La columelle est lisse, et elle se prolonge en un canal court; elle porte la trace d'un ombilic. La couleur est blanche, et la coquille paroît recouverte par un épiderme jaunâtre peu épais.

Cette coquille est haute de 17 lignes.

Ses formes ressemblent beaucoup à celles de la coquille figurée par Favane (Conch, Pl. xxxv, fig. c); elle en diffère par sa couleur blanche uniforme. Celle de Favane a des points noirs entre les côtes. Sans cette différence, je n'aurois pas hésité à regarder la coquille que je publie ici comme semblable à celle connue vulgairement sous le nom de Cul-de-Dé. La figure de Chemnitz (Chemn., Conch., Tom. X, Tab. 161, n° 1536-1537) représente une coquille de forme différente, à spire plus alongée, et dont les taches plus larges sont sur les tubercules, et non pas régulièrement placées au fond des sillons. Il pourroit bien se faire que ces deux figures citées comme synonimes sous Fusus fenestratus, Lam., n'appartinssent pas à la même espèce.

Enfin notre coquille d'Acapulco ressemble beaucoup à un Fuseau rapporté de Valparaiso du Chili, par MM. Lesson et Garnot, et qui est placé dans le Muséum, sous le nom de Fusus fenestratus. Mais elle nous paroît en différer : le Fuseau du Chili, étant du double plus gros, a cependant le même nombre de tours de spire, la bouche plus évasée, le canal plus long et les côtes moins saillantes.

FUSEAU CERCLÉ.

Fusus doliatus, *testa fusiformi transversim sulcata, vittis cœrulescentibus rufis et albidis transversim cingulata, anfractibus superne complanatis, angulum versùs nodulosis.*

Habitat ad littora Americæ (Callao?).

Cette espèce est voisine du Fuseau rampe (Fusus cochlidium, Lam.); il en diffère, parce qu'il est moins alongé, que la rampe est moins large, qu'elle n'a pas de canal; que les tours supérieurs n'ont pas de côtes arrondies, terminées en tubercules, composant une couronne autour de l'angle de la rampe; l'ouverture est moins oblongue et la queue plus courte et moins droite.

La coquille offre une spire composée de sept tours, dont le dernier est plus large d'un tiers qu'il n'est haut. Les autres, mesurés ensemble, sont plus courts que le dernier. Près du bord spiral, chaque tour est aplati et forme une rampe qui monte le long de la coquille. L'angle est couronné par une série de petites nodulosités. On ne voit pas de bourrelets ni même de stries verticales. De nombreux sillons transversaux passent sur la coquille, et l'intervalle qu'ils laissent entre eux, est de largeur inégale.

L'ouverture est un ovale, dont le diamètre vertical dépasse d'un tiers le transversal. La lèvre est plissée, et l'intérieur de la coquille est foiblement cannelé : la columelle a quelques plis et un commencement d'ombilic. La queue de longueur médiocre n'a guère que le cinquième de la hauteur totale. La couleur est disposée par cercles bleuâtres, roussâtres, plus ou moins foncés, et séparés par quelques lignes blanches : la lèvre est de cette couleur; la columelle a du roussâtre. La minceur du test laisse voir à l'intérieur les bandes qui peignent la surface externe. Le sommet de la spire est blanchâtre.

Cette jolie coquille est haute de 21 lignes.

FUSEAU FEUILLETÉ.

Fusus magellanicus, *testa ovata, ventricosa, costis vel lamellis transversis longitudinalibusque eleganter decussata; alba, cauda umbilicata, subporrecta.*

Buccinum fimbriatum, Martyn., Conch., I, fig. 6.
Buccinum geversianum, Pallas. Spic. Zool., tab. 3, fig. 1.
Knorr. Vergnug., 4, tab. 30, fig. 2.
Favane, Conchiol., pl. 37, fig. H, 1.
Martini Conch., Tom. IV, tab. 139, fig. 1297.
Murex magellanicus, Gmel.
Murex peruvianus, Encycl., pl. 419; fig. 5, *a, b.*
Murex magellanicus, Lam., an. sans vert., VII, p. 172.
Habitat in littore Americæ australis et ad portum Acapulco Mexicanorum.

Je ne parle ici de cette coquille, connue depuis long-temps, que pour faire connoître qu'elle se trouve encore à Acapulco. Ainsi cette espèce occupe un espace considérable sur la côte occidentale de l'Amérique équinoxiale. Elle a d'abord été observée au cap Horn, dans le détroit de Magellan. Dombey l'a ensuite rapportée du Pérou. Nous la voyons se porter jusque sous le 17° latitude nord.

M. de Lamarck la classoit parmi ses Murex, à l'exemple de Gmelin. Mais la prolongation du canal a engagé avec raison M. de Blainville à la mettre dans le genre des Fuseaux.

PYRULE.

Les Pyrules sont comme les genres précédens démembrés des Murex de Linné. On n'a pas encore disséqué l'animal qui les construit. Je vais décrire quelques espèces qui ne sont pas nouvelles, mais peu connues des zoologistes, et faire connoître la patrie encore ignorée de l'une d'elles.

PYRULE OUVERTE.

Pyrula patula, *testa ventricosa, crassa, castanea, rufo fasciata, anfractibus supernis mucronatis; ultimo spiram versus depresso et canaliculato.*

Pyrula patula, Broderip, Zool., Journ., n° xv, p. 377.

Habitat ad portum Acapulco.

Cette coquille, inconnue à M. de Lamarck, et que plusieurs conchyologistes veulent confondre avec le Pyrula melongena, Lam., me paroît constituer une espèce fort distincte. Je crois que M. Broderip l'a distinguée avec raison.

Le dernier tour est si grand qu'il enveloppe presque les cinq autres qui ne le dépassent que très-peu et forment une pointe assez aiguë. Des varices anguleuses couronnent les tours supérieurs, mais elles s'effacent sur le dernier qui est lisse. Une gouttière profonde sépare son bord spiral de l'avant-dernier tour, et au-dessous il existe constamment une dépression creusée en un large canal peu profond. Cette disposition ne se présente jamais sur les nombreuses variétés du Pyrula melongena.

L'ouverture est grande, oblongue, trois fois plus haute que large. Le canal de la base est court et large. La columelle est lisse et sans pli. Vers le haut, l'ouverture se prolonge en un canal columellaire. La coquille est recouverte d'un épiderme épais, brunâtre et sillonné par de nombreuses stries parallèles à la lèvre. Sous cet épiderme, la couleur est un marron foncé; et sur le premier cinquième ou le premier quart du dernier règne un ruban oblique, d'un blanc jaunâtre. L'intérieur de la bouche est lisse et de couleur blanche à reflets rougeâtres. Le bord de la lèvre et du canal est violet.

L'individu est haut de 4 pouces.

On conserve au Muséum un individu de la même espèce, dont l'ouverture
est plus large; il est d'un autre sexe. Ceux que M. Broderip a décrits venoient
de Mazatlan, endroit plus septentrional de même côte.

PYRULE CHAUVE-SOURIS.

PYRULA VESPERTILIO, *testa subturrita crassa ponderosa , ex spadiceo rubescente; anfractibus superne complanatis , angulatis; angulum versus
tuberculis aut mucronibus depressis spira coronata.*

Murex vespertilio, Gmel.

Pyrula carnaria, Encycl., pl. 431, *a*, *b*.

Lam., an. sans vert., VII, p. 140.

Habitat ad portum Acapulco.

Cette coquille turriculée a une spire élevée et dégagée, parce que le dernier
tour n'enveloppe pas le pénultième, comme cela a lieu dans les Pyrules ficoïdes
ou encore comme dans la Pyrule mélongène, etc. Chaque tour offre un aplatissement élargi en rampe spirale, dont l'angle est couronné par une série
unique de tubercules comprimés, plus ou moins élevés. De fortes stries longitudinales sillonnent la coquille, et ce n'est que sur la moitié inférieure du dernier
tour et sur le canal que l'on voit de fortes stries transversales, distantes, élevées
en cordelettes un peu noueuses. L'ouverture est deux fois plus haute que large.
La lèvre est mince, lisse, sans dentelures. Le bord columellaire se relève un
peu, et forme, le long de la columelle, un sillon vertical un peu élargi vers
la pointe en une sorte d'ombilic. La longueur du canal n'est guère que du
tiers de la hauteur de la bouche.

L'extérieur est d'un brun-rougeâtre plus ou moins mêlé de jaune. L'intérieur
de la bouche est orange, très-pâle.

L'épiderme est mince, friable, et offre des stries qui répondent à celles que
nous avons décrites sur le test.

L'individu que je décris n'a pas 3 pouces de haut.

PYRULE RÉTICULÉE.

L'on conserve, dans les collections de conchyologie, un grand nombre de
Pyrules en forme de figue, et parmi lesquelles les amateurs distinguaient plusieurs

espèces sous les noms de Figue blanche, Figue violette ou truitée, etc. Ces espèces ou variétés sont toutes réunies dans Gmelin, sous le nom de Bulla ficus. M. de Lamarck, en établissant son genre des Pyrules, essaya de débrouiller cette confusion, et sépara en trois espèces ces Pyrules ficoïdes. Mais il n'y réussit pas complètement; car sa synonymie n'a pas été faite avec assez de critique, et il n'a pas distingué une quatrième espèce constante parmi ces coquillages voisins les uns des autres.

MM. de Humboldt et Bonpland ont rapporté trois de ces espèces, et parmi elles ne se trouve pas celle à laquelle M. de Lamarck a réservé plus particulièrement le nom de figue (Pyrula ficus). Ils ont, dans leur collection, le Pyrula reticulata, le Pyrula ficoïdes, et cette quatrième espèce que l'on trouve déjà représentée dans Seba ou dans Martini, et dont les figures sont citées parmi les synonymes du P. reticulata ou parmi ceux du P. ficus. Les auteurs, dont la longue série est mentionnée par M. de Lamarck sous Pyrula ficus, sont bien loin de donner d'une manière satisfaisante, soit la Pyrule figue, soit les espèces voisines dont nous aurons à parler dans cet article. L'exposé du travail critique que nous en avons fait éclaircira l'histoire naturelle assez difficile de ces gastéropodes.

Bonani (Recreat. fasc., III, fig. 15), représente d'une manière assez grossière une Pyrule à grosses côtes distantes, et croisées par d'autres longitudinales. Si une figure aussi défectueuse peut être citée comme synonyme d'une espèce, c'est plutôt sous Pyrula reticulata qu'on devra la placer que sous toute autre. Mais il sera mieux de ne plus citer cette planche.

Rumphius (Mus., tab. 27, fig. K), a dessiné une Pyrule à grosses côtes écartées, celle que nous appelons Pyrula ficulnea. Les figures de Gualtieri (Test., tab. 26, fig. I); de D'Argenville (Conch., pl. 17, fig. O); et de son commentateur Favane (Conch., pl. 23, fig. H, 5); celle de Seba (Thes. III, tab. 68, fig. 5), et celle de Lister (Conch., tab. 751, fig. 46, *a*), me paroissent représenter d'une manière vague la Pyrule figue. On en trouve des figures un peu plus précises dans Martini (Conch., III, tab. 66, fig. 734-735); dans l'Encyclopédie, pl. 432, fig. 1. Mais celle de Seba (*Loc. cit.*, fig. 6) me paroît représenter une petite coquille blanche, à surface sillonnée par de petites côtes, qui est plutôt le Pyrula reticulata que le Pyrula ficus. Knorr (Vergn., I, tab. xix, fig. 4), a donné des stries longitudinales très-prononcées à sa coquille qui rappellent davantage les caractères du Pyrula ficoïdes que ceux du Pyrula ficus. Mais les couleurs sont-elles de cette dernière espèce? Cet auteur a représenté, Tom. VI, pl. xxviii, fig. 7, au contraire, une Pyrule jaunâtre traversée par cinq zones blanches tachetées, qui n'a aucune marque de stries verticales. Ainsi les caractères tirés de la forme font rapporter cette figure au Pyrula ficus, et ceux tirés des couleurs au Pyrula ficoïdes.

Cet examen prouve que les matériaux sur lesquels M. de Lamarck a fondé son travail ne sont pas d'un très-grand secours, et nous croyons pouvoir ajouter qu'il ne s'en est pas servi comme on avait lieu de s'y attendre de la part d'un aussi habile naturaliste.

Laissant de côté le Pyrula ficus, que nous ne possédons pas, nous allons donner une description détaillée des deux espèces mentionnées par M. de Lamarck, et qui sera cependant comparative avec le Pyrula ficus; ensuite nous donnerons celle dont nous croyons devoir faire une espèce nouvelle.

La première est le

Pyrula reticulata, *testa ampullacea cancellata; senili, alba; juvenili, fulvo punctulata; striis transversis nunc costulis, nunc lineis æmulantibus; spira brevissima, ad apicem mucronata; apertura alba.*

Gualt., Test., tab. 26, M.

Seba, Thes., III, tab. 68, fig6.

Knorr, Vergn., III, tab. xxiii, fig. 1.

Encycl., pl. 432, fig. 2.

Lam., an. sans vert., VII, p. 141.

Habitat ad littora occidentalia Americæ australis.

Cette jolie coquille, alongée et pyriforme, et dont le dernier tour enveloppe presque tous les précédens, a la surface sillonnée par un grand nombre de petites stries arrondies, peu relevées, entre lesquelles il y en a toujours une plus petite, déliée comme un simple trait. Des stries verticales très-fines et très-serrées croisent les précédentes, sans s'élever par-dessus en petites nodosités, et forment sur le test un réseau composé de mailles très-petites et très-nombreuses.

Ces stries verticales suivent la courbure de la columelle et se coudent pour rentrer dans la coquille. L'ouverture est grande, oblongue, a la lèvre mince, droite, non dentelée : l'intérieur est lisse.

La couleur est un blanc pur, et en-dessous, du côté de la bouche, il y a de petits traits ou points jaunâtres épars et rares sur les côtes les plus fortes.

M. de Lamarck croit que ces taches ne paroissent que sur les jeunes individus, et qu'elles s'effacent avec l'âge. L'individu que nous décrivons pourra offrir la preuve de cette assertion. L'intérieur de la bouche est blanc.

L'individu a près de 3 pouces.

On voit que, dans cette description, je précise davantage les caractères assignés à cette espèce par M. de Lamarck, et que je ne donne pas une synonimie semblable à celle de cet auteur. J'en retranche les figures de Seba (III, 68, fig. 3, 4) et celles de Martini, et j'y porte au contraire celle de Seba qui étoit citée sous Pyrula ficus.

PYRULE FICOÏDE.

Pyrula ficoides, *testa ampullacea, cancellata, fulva, zonis quinque albidis, maculis fuscis ornatis circumcincta, striis longitudinalibus elevatis distinctis majores transversas nodulosas decussantibus; spira brevissima; fauce violaceo.*

Lam., an. sans vert., Tom. VII, p. 142.

Lister, Conch., tab. 751, fig. 46?

Knorr, Vergn., Tom. VI, tab. xxvii, fig. 7?

Habitat cum præcedente ad portum Acapulco.

Cette espèce, un peu moins alongée que la précédente, offre de même des petites côtes transversales écartées, et entre lesquelles on en voit une plus basse. Mais ces côtes sont noueuses, parce qu'elles sont croisées par des stries longitudinales, saillantes, écartées, et qui couvrent la coquille d'un réseau beaucoup plus épais. La spire est aplatie, très-courte.

L'ouverture est oblongue, lisse et d'une belle couleur violette. L'extérieur est plus ou moins roussâtre et traversé par cinq zones blanchâtres assez larges qui portent des taches oblongues, brunes ou noirâtres. Cette distribution de couleur est très-exactement représentée dans la figure de Knorr qui n'exprime à la vérité aucunes stries verticales. La figure de Lister est beaucoup plus confuse.

La hauteur de ce bel exemplaire est moindre que 3 pouces.

Un second individu, plus grand, plus ventru, et qui pourroit être la coquille d'une femelle, a la spire moins aplatie, les stries plus serrées. Les zones y sont moins bien prononcées, et le fond de la couleur est d'une teinte plus bleuâtre.

PYRULE FICULINE.

PYRULA FICULNEA , *testa ampullacea decussata, griseo cærulescente; maculis rufis supra costas punctulata, striis longitudinalibus tenuissimis, costis transversis latis remotis complanatis, apertura ex violaceo cærulescente.*

Seba, Thes., III, tab. 68, fig. 1-3-4.

Rumph., Mus., tab. 27, fig. K.

Martini, Conch., III, tab. 66, fig. 733.

Habitat ad littora occidentalia Americæ australis.

Cette espèce est plus ventrue que les précédentes. La spire est proéminente et obtuse : la coquille est cerclée par des côtes larges, élevées, aplaties en dessus, très-séparées les unes des autres, entre lesquelles il y a de fines stries parallèles à ces côtes. Ces stries verticales sont petites et très-rapprochées. L'ouverture de la bouche est plus large, le canal plus évasé. Sa couleur est violette près de la lèvre et brune dans le fond. Cette teinte est plus colorée que sur les autres coquilles précédemment décrites. L'extérieur est gris ou bleuâtre avec des nuages roussâtres et des rangées de taches rousses, claires le long des côtes et qui persistent toujours sur la coquille, quelque soit l'âge du mollusque qui l'ait formée.

L'individu que je décris a près de 4 pouces.

La figure de Rumphius me paroît bien certainement appartenir à cette espèce, mais elle est mauvaise : celles de Seba sont meilleures, mais elles n'approchent pas, pour l'exactitude, des figures de Martini.

Je ferai ici une observation, applicable à cette espèce et aux précédentes, c'est que l'on a de chacun des individus beaucoup plus grands. J'ai comparé, pour établir ces caractères, non seulement les individus rapportés par M. de Humboldt, mais ceux des mers de l'Inde, déposés en grand nombre et en beaux échantillons dans la Collection du Muséum.

PYRULE A GOUTTIÈRE.

PYRULA SPIRATA, *testa pyriformi, ficoidea, subcaudata, transversim striata, alba, luteo variegata ; suturis canaliculatis labro sulcato.*

Pyrula spirata, Lam., an. sans vert., VII, p. 142.

Encycl., pl. 433, fig. 2, *a. b.*

Habitat ad portum Acapulco.

Cette Pyrule, de la même division que les précédentes, est reconnoissable à la profonde gouttière creusée le long des sutures ; sa surface est fortement striée. Sur le haut du dernier tour, il y a une sorte de carène au-dessus de laquelle les stries sont plus fortes et plus distantes. La lèvre est sillonnée, et le bord gauche est légèrement tordu vers le milieu, ce qui donne naissauce à petit canal creusé obliquement sur la columelle.

Cette coquille blanche offre de grandes marbrures jaunes ou roussâtres sur toute sa surface. L'intérieur de l'ouverture est blanc.

M. de Lamarck ignoroit la patrie de cette Pyrule qui a été trouvée sur la côte d'Acapulco, par M. Bonpland.

RANELLE.

L'animal qui forme ces coquilles est encore inconnu des anatomistes. Mais les Gastéropodes de ce genre caractérisé par de Lamarck, donnent à leur test une forme constante et particulière qui les fait aisément reconnoître. Leurs bourrelets opposés forment une bordure souvent épineuse sur chaque côté de la coquille qui paroît, à cause de cette disposition, comme aplatie.

RANELLE CRUMÉNOIDE.

Je mentionne ici cette Ranelle, qui n'est pas nouvelle, parce qu'elle vient d'Acapulco. Elle n'est cependant pas décrite dans l'Histoire naturelle des animaux sans vertèbres. M. de Blainville l'a nommée, dans la Collection du Muséum,

RANELLA CRUMENOIDES, *testa ovata, ventricosa, muricata, decussata, striis longitudinalibus tenuioribus; alba, fulvo maculata; apertura candida.*

Ranella crumena, Broderip, Zool., journ. suppl., pl. xi, fig. 2.

Habitat ad Acapulco Mexicanorum.

Cette espèce est voisine de celle nommée par Linnée Murex rana. Ses formes sont les mêmes ; mais la blancheur constante de la bouche, observée sur de nombreux individus, a déterminé à séparer cette coquille de celle à laquelle elle ressemble par tous les autres caractères.

RANELLE GRANIFÈRE.

RANELLA GRANIFERA, *testa oblonga, conica, ovata, scabra, granis seriatis acutis inæqualibus onusta ; ex rubro fusca; columella sulcata, labro intus dentato.*

Encycl., pl. 414, fig. 4.
Lam., an. sans vert., Tom. VII, p. 153.
Habitat ad portum Acapulco.

J'ai encore ici l'occasion de faire connoître la patrie d'un mollusque restée douteuse dans l'Histoire naturelle des animaux sans vertèbres.

Cette Ranelle déprimée a une coquille composée de six tours de spire. Le dernier est d'un quart plus haut que les autres mesurés ensemble. Il offre huit à neuf rangées de tubercules d'inégales grosseurs, pointus, qui forment comme des cordelettes noueuses sur le test. Sur les autres tours, il n'y a que quatre rangées de ces tubercules. On ne voit pas, même à la loupe, de stries verticales ou longitudinales. Les bourrelets sont peu épais et rugueux. L'ouverture de la bouche est assez grande, ovale, élargie vers le bas, ayant un large sinus oblique près de l'angle supérieur. Le canal est étroit et court : la columelle porte un gros pli ou carène saillante vers le haut, ensuite des plis ou granulations assez petites qui augmentent sa grosseur près de sa terminaison sur le canal. La lèvre est arrondie, réfléchie en dehors et dentelée à l'intérieur. La couleur est rougeâtre; l'intervalle qui sépare les trois ou quatre cordelettes inférieures est plus blanc.

Cette coquille a 18 lignes de hauteur.

ROCHER.

Ce genre des Rochers (Murex, Lin.) est un des plus nombreux parmi les Gastéropodes. Il ne comprend plus cependant aujourd'hui autant d'espèces que Linneus en réunissoit sous la même dénomination générique, depuis que les travaux de Bruguières et de Lamarck en ont séparé la plupart des genres auxquels nous venons d'ajouter encore quelques espèces.

Nous avons à mentionner dans celui-ci une coquille fort rare, fort recherchée, et qui est connue vulgairement sous le nom de Radis.

M. de Lamarck a vu les individus rapportés par M. Bonpland et a nommé l'espèce

ROCHER HÉRISSON.

Murex radix, *testa solida, globosa, multifariam echinato varicosa ; laciniis inæqualibus tubulosis vel canalicalatis nigris ; cauda umbilicata.*

Favanne, Conch., pl. 37, fig. D.

Murex radix, Gmel.

Lam., an. sans vert., VII, p. 168.

Var ϵ. Varicibus frequentioribus, spira conica obtusiori.

Schubert und Wagner, Chemnitz's Neues Conchylien systematisches cabinet, tab. 230, fig. 4064-4065.

Habitat ad portum Acapulco.

Cette coquille globuleuse se compose de huit tours de spire. Le dernier a un diamètre égal à la hauteur de la coquille. le syphon n'y étant pas compris. La longueur de ce syphon compte pour le tiers dans celle de ce Rocher. La hauteur des sept derniers tours ne fait guère que le cinquième de la hauteur totale. Le dernier tour est hérissé par sept varices découpées en laciniules inégales, prolongées en tubes non fermés et dont les bords sont quelquefois festonnés. Il y a le plus souvent et assez régulièrement deux petites tubulures entre deux plus longues. Chacune laisse, sur l'intervalle qui sépare les varices, des traces de côtes arrondies plus ou moins saillantes. Le test n'a pas de traces de stries verticales. L'ouverture de la bouche est grande, arrondie. La lèvre est tranchante, également découpée et lisse à l'intérieur : la columelle est large, arrondie, lisse, recouverte par un petit bourrelet très-mince. Le bord columellaire se replie en avant, devient étendu et strié, et ferme presque le canal. A sa base, il y a un ombilic assez ouvert. La couleur est blanche; celle des varices, du bord columellaire et du syphon est noire plus ou moins foncée. La base des varices est roussâtre : quelquefois les bourrelets dont elles laissent la trace sur le test ont la même teinte.

L'individu a 4 pouces de haut.

La coquille que j'ai indiquée comme une variété de la précédente, a la même taille, et on lui compte neuf rangées de varices qui paroissent plus grosses, parce que les tubes sont moins fermés et que les bords des tubulures sont plus découpés. Les côtes arrondies, transversales, tracées sur la coquille par le pied des varices, sont plus saillantes. La spire est moins pointue. Le canal est également plus court. Les couleurs n'offrent qu'une légère différence dans la teinte moins foncée des varices.

Je vais donner, dans les deux articles qui suivent, la description de deux Murex inconnus à M. de Lamarck, mais dont j'ai trouvé des figures pour chaque espèce dans les beaux ouvrages publiés en Angleterre par M. Swainson, et dans le supplément au Chemnitz, par MM. Schubert et Wagner de Vienne. Comme ces deux espèces très-différentes ont été décrites sous le même nom, et que l'épithète de Regius données par les conchyologistes que je viens de citer, ne caractérise pas ces belles coquilles; je propose, pour éviter les confusions de synonymies, de nommer la première

ROCHER A TROIS COULEURS.

Murex tricolor, *testa solida, ventricosa, septemfariam echinato varicosa, varicibus geminatis, umbilicata; alba; apertura rosea, columellam versus nigra; canali abbreviato.*

Murex regius, Swainson Exot. Conch. part. 2.
Wood, Cat. of Shells., Supplément, pl. 5, fig. 13.

La coquille se compose de six à sept tours, dont le diamètre a presque autant de largeur que de hauteur. Les autres tours diminuent peu à peu, de sorte que la spire n'est pas très-pointue.

Ce Rocher présente un caractère fort remarquable dans la formation des sept varices, dont les découpures hérissent le dernier tour. Chaque bourrelet est composé de deux lames, dont les dentelures forment une sorte de manchette ou de fraise à deux rangs. L'intervalle entre chaque bourrelet montre des petites stries transversales croisées par des longitudinales plus fines. L'ouverture de la bouche est grande, arrondie, lisse en dedans. La lèvre est épaisse, inégalement dentelée. Près de l'angle supérieur, il y a une gouttière longue et profonde. La columelle est grande, arrondie, dentelée près du bord columellaire par de grosses rides qui n'entrent pas dans l'intérieur de la bouche. Ce bord est relevé et se porte en avant, de manière à creuser un ombilic à la base du canal, et à former une large cloison rugueuse, étendue sur le syphon qui est oblique et court, car il mesure à peine le quart de la hauteur de la coquille. Elle est d'une belle couleur blanche, et couronnée près de la suture spirale par de grosses taches noires qui sont les restes des anciennes gouttières de l'angle de la bouche. Le bord columellaire est d'un beau noir. Cependant la columelle, l'intérieur du syphon et la lèvre brillent d'une belle couleur rose très-vive. Quelques unes des laciniures de la lèvre ont le fond noir, et forment ainsi trois taches le long du bord droit. L'intérieur de la bouche est rose.

Ce beau Rocher a 4 pouces de haut.

La seconde espèce a un caractère fort remarquable dans l'inégalité constante des varices, je la nomme

ROCHER AUX DEUX COULEURS.

MUREX BICOLOR, *testa ovata, globosâ, octofariam frondosa, frondibus foliaceis simplicibus mucronatis canaliculatis, vel per ultimum anfractum integrum decurrentibus, vel dimidiatis; cauda subelevata, apertura rosea.*

Murex regius Schubert and Wagner, Chemnitz's Neues conchylien systematisches Cabinet, tab. 230, fig. 4066 et 4067.

Habitat cum præcedente ad Acapulco.

Cette belle coquille, non moins rare que la précédente, se compose de cinq à six tours. L'anfractuosité qui les sépare est mieux marquée que sur le précédent, ce qui rend la pointe du cône moins régulière. La largeur du dernier tour surpasse d'un tiers sa hauteur qui est à peine plus élevée que les autres tours mesurés ensemble. On compte huit rangées de varices longitudinales, dont quatre s'étendent depuis le haut du ventre du dernier tour jusqu'à sa pointe inférieure, et quatre autres de moitié plus courtes placées sur le milieu de l'intervalle qui sépare les premières. Elles forment un bourrelet sur lequel on voit trois ou quatre tubercules simples. Les grandes varices sont bordées du côté de la bouche d'une lame mince, sinueuse et relevée en fraise sur la coquille. Leurs dentelures sont inégales, creusées en gouttières et sans divisions; la dent supérieure est la plus grosse; l'avant-dernière, celle qui est près du bord du canal, est plus grêle que celle-ci, mais plus élevée que toutes les autres. On ne voit pas de traces de stries soit verticales soit longitudinales. L'ouverture est ronde; la lèvre est relevée et inégalement découpée; l'angle supérieur forme une gouttière assez large, dont on voit des restes sur le haut de chacun des grands bourrelets. La columelle est arrondie, lisse et arquée. Le bord columellaire, après s'être replié sur le ventre du dernier tour jusqu'à la grosse varice, se détache et se tient relevé sur le test, de manière à former une crête mince, verticale, qui cerne l'ouverture et en augmente le cercle. Cette crête se prolonge jusqu'à la base du canal. Celui-ci, dirigé obliquement, est un peu courbé vers le dos de l'animal. Sa longueur est contenue trois fois et demie dans la hauteur de la coquille. Il y a près de la base le vestige d'un ombilic. Ce Rocher est coloré en violet sur la surface externe. La columelle et le bord relevé gauche brillent du plus beau rose vif; la lèvre est un peu moins foncée; l'intérieur de la bouche est rosé.

La coquille que je décris a près de 3 pouces. Nous en trouvons une très-bonne figure dans l'ouvrage de MM. Schubert et Wagner. L'individu qu'ils ont figuré fait partie du Musée impérial de Vienne, et vient des côtes de l'isthme de Panama; il est de la même grandeur que celui décrit dans cet article.

ROCHER ERINACÉOIDE.

Murex erinaceoides, *testa ovato-fusiformi, transversim sulcata, varicosa; rufa; anfractibus subrotundis impressis, ultimo longiori.*

Habitat ad portum Acapulco.

Ce petit Murex d'Acapulco ressemble beaucoup au Murex erinaceus que l'on trouve en grande abondance dans la Méditerranée. Mais quelque grande que soit leur ressemblance, je ne puis pas regarder le Murex de l'Océan Pacifique comme étant de la même espèce que celui des mers d'Europe.

Voici la description comparée que je soumets aux conchyologistes et les différences spécifiques qui me paroissent exister entre ces deux coquilles.

Les tours de spire du Rocher érinacéoide sont plus distincts, la rampe de la spire étant plus enfoncée; le dernier tour est plus haut et plus large. Les bourrelets sont moins saillans; l'ouverture est un peu plus ouverte, le canal est plus droit.

La couleur de ce Murex américain est rousse et brillante; le diaphragme du syphon est blanc ainsi que l'intérieur de la bouche.

La hauteur des individus que j'ai examinés est d'un pouce et quelques lignes.

TRITON.

Ce genre des Tritons, déjà distingué par Denis Montfort, compose un groupe naturel formé de la réunion des Murex de Linnée, dont les bourrelets sont distans entre eux des deux tiers du tour sur lequel on en voit les traces.

J'ai à décrire dans ce genre, comme je viens de le faire pour celui des Murex, une coquille recueillie sur les côtes d'Acapulco, qui ressemble, d'une manière frappante, à un Triton commun dans les mers des Antilles. Mais comme l'identité de cette coquille n'est pas plus parfaite que célle du Murex érinacéoïde avec le Murex erinaceus, j'ai cru, pour ces espèces voisines, devoir signaler, dans des descriptions comparatives, les différences que j'y ai remarquées. Elles sont du nombre de celles dont le naturaliste rencontre fréquemment des exemples dans leur détermination, et qui l'embarrassent souvent dans la valeur qu'il doit attacher aux mots d'*espèce* et de *variété*. Je crois qu'il faut considérer comme espèces, ces variétés constantes observées à des distances considérables, et surtout quand elles vivent sous des latitudes très-différentes. Sans cette rigueur dans les déterminations spécifiques, on ne peut offrir aucune base solide au zoologue qui s'occupe de la question si curieuse et si importante de la distribution géographique des animaux sur notre planète. Ces principes m'ont guidé dans un de mes précédens Mémoires.

La partie boréale de l'Océan Pacifique nourrit, sur les côtes d'Acapulco qui est placé sous les tropiques, par 16° 50′ 19″ de latitude, un très-grand nombre de mollusques analogues à ceux des mers équatoriales de l'Inde, et que nous recevons communément de Java, de Sumatra et d'autres îles voisines.

Au milieu de ces espèces qui out, si l'on peut s'exprimer ainsi, un caractère équatorial, se rencontrent quelques coquillages qui ressemblent, à s'y méprendre, non seulement à ceux de la Méditerranée, mais même à plusieurs qui pullulent sur nos côtes sablonneuses de la Manche et qui s'avancent quelquefois jusque dans la mer du Nord.

C'est ainsi que le Tellina petalum (Val. apud, Humb, Obs. zool., Tom. II, p. 222, pl. xlviii, fig. 2, *a*, *b*) pourroit être regardé comme une simple variété du Tellina solidula. Le Triton que je regarde comme nouveau, ressemble aussi d'une manière frappante, comme j'ai soin de le faire remarquer, au Murex pileare commun dans la mer des Antilles, qui s'avance sur les côtes de l'Amérique du Nord jusqu'à Charles-town de la Caroline du Sud. J'ai aussi comparé plusieurs individus de l'espèce des Antilles avec un Triton de la Méditerranée, déposé dans la Collection du Muséum, et que je ne regarde pas comme identique au Murex pileare, malgré les affinités qui existent entre eux. Les côtes tuberculeuses sur le dernier tour, les dents ou sillons des deux bords, moins nombreux et moins prolongés, et la couleur blanchâtre de la bouche de la coquille de nos côtes me paroissent des caractères suffisans pour ne pas confondre sous une même espèce un mollusque des zones tempérées avec un autre qui vit près de l'équateur. C'est ainsi que précédemment j'ai distingué le Turbo de Cumana, vivant entre les 10° et 11° de latitude boréale, du Turbo rugosus de nos côtes septentrionales, et le Murex d'Acapulco, que je viens de nommer Erinaceoïdes, de notre Murex erinaceus.

Pour rappeler les affinités qu'a le Triton d'Acapulco avec le Triton à bouche sanguine de Lamarck (Murex pileare, Lin.), je l'appelle

TRITON HÉMASTOME.

TRITONIUM HEMASTOMA, *testa fusiformi, transversim sulcata, striis longitudinalibus tenuioribus decussata; violaceo et rufo variegata; cauda subascendente porrecta; apertura rubra, rugis albis exarata.*

Habitat ad portum Acapulco Mexicanorum.

La coquille de ce Triton se compose de sept tours de spire, dont le premier, la queue non comprise, est moins haut que les autres tours. Le diamètre de l'avant-dernier tour ne surpasse que d'un quart celui du dernier, ce qui rend la coquille peu ventrue. Le test est fortement sillonné par de nombreuses carènes aplaties, transversales, et treillissée par des stries longitudinales peu marquées près de la lèvre. Elle est épaisse, mais peu relevée en dehors en un bourrelet qui fait par conséquent une saillie médiocre le long du bord; ce qui rend aussi les côtes tracées sur le tiers de chaque tour peu saillantes. La bouche est ovalaire; la lèvre n'est point réfléchie ni versante près de la base; l'échancrure de l'angle supérieur est petite; le syphon se prolonge en canal très-peu relevé vers le dos de l'animal. Le bord gauche du syphon s'épaissit en une large callosité finement dentelée. Les plis du bord columellaire sont rapprochés et les carènes qui les séparent sont peu grosses : ceux de la lèvre forment de nombreuses dents disposées par paires dans l'intérieur de la bouche.

La couleur est variée de roussâtre et de bandes transversales, bleuâtres ou violettes. L'intérieur de la bouche est rouge brillant; les dents sont blanchâtres.

La hauteur de la coquille est de 3 pouces 2 lignes.

Cette espèce diffère du Tritonium pileare, Lin., parce que celui-ci plus ventru, a des bourrelets plus gros et plus saillans, des stries transversales plus fortes; la lèvre est versante près de la base, ce qui rend sa bouche plus grande : le syphon est plus court, plus redressé; la callosité du bord gauche est plus grosse et a des dents plus fortes et moins nombreuses. Il y a aussi quelque légère férence dans les couleurs : le Tritonium pileare est plus blanc.

TRITON AUX GROSSES DENTS.

TRITONIUM MACRODON, *testa ovata, subdepressa, longitudinaliter striata; rufo et albo fasciata; labro intus dentato.*

Habitat cum præcedente ad Acapulco.

Ce joli Triton constitue une nouvelle espèce voisine de la précédente et du Murex pileare. Le test déprimé, la grosseur des dents de la lèvre et la position des bourrelets distingue cette nouvelle coquille des deux autres.

Elle se compose de sept à huit tours, dont la hauteur du dernier fait la moitié de celle de la coquille, la queue non comprise : cette partie est contenue quatre fois et demie dans la longueur totale. L'ensemble des tours, moins le dernier, forme un cone beaucoup moins haut et à base plus large que celui du Murex pileare.

L'avant-dernier bourrelet est presque diamétralement opposé à celui qui borde la lèvre : c'est ce qui élargit la coquille et lui donne l'apparence comprimée des Ranelles. Le test n'en est pas moins déprimé par sa propre construction, et sans avoir égard au bourrelet, car le diamètre antéro-postérieur du ventre est d'un sixième plus court que le diamètre transversal. Les traces des autres bourrelets sur les tours supérieurs sont à des distances inégales, plus grandes que la moitié du tour, de manière que l'on ne peut considérer cette coquille comme une Ranelle. Elle est sillonnée longitudinalement par des stries verticales relevées, un peu noueuses; celles-ci sont croisées par des stries transversales beaucoup moins fortes sur le haut, mais plus grosses sur le syphon.

L'ouverture est à peu près semblable à celle du Triton hémastome, et la columelle a les mêmes stries, mais en nombre moins considérable à cause de la brièveté de la queue. La lèvre a le bord dentelé par une série de tubercules cannelés : au-dessous de lui est une rangée de sept gros tubercules simples. L'intérieur de la bouche n'est pas sillonné. Un canal sépare la rangée de dents intérieures du bord qui est replié en dedans.

La couleur est distribuée par grandes zones transversales, les unes rougeâtres, plus ou moins foncées, les autres blanches. Le haut de la spire est violet. L'intérieur de la bouche est blanc.

La hauteur est de 2 pouces.

TRITON CROISÉ.

TRITONIUM DECUSSATUM, *testa fusiformi, distorta, gibbosa, sulcis longitu-dinalibus transversos majores decussantibus; nodulis eminentioribus; cauda longa subrecurva.*

Habitat cum præcedente ad Acapulco.

M. de Lamarck a distingué du Triton grimaçant (*Murex anus*, Lam.) une espèce connue sous le nom vulgaire de Grimace gauffrée (*Murex clathratum*, Lam.), et que les nomenclateurs qui ont précédé ce savant conchyologiste, n'avoient pas caractérisée. Nous avons à faire connoître, dans cet article, une nouvelle espèce intermédiaire entre les deux que nous venons de citer.

Cette coquille se compose de neuf tours de spire. Le dernier, renflé latérale-ment, couvre l'avant-dernier plus d'un côté que de l'autre, et comme celui-ci fait la même chose sur l'antépénultième, mais sur une autre portion de la spire, il en résulte que cette coquille s'enroule sur un axe en ligne droite, quoiqu'elle ait une apparence difforme. Les côtes élevées sur le test, creusent des sillons trans-versaux, qui sont séparés par de fines stries verticales en petites mailles carrées, dont les angles sont marqués par des nœuds assez gros. Ces stries verticales ne descendent pas sur le syphon.

L'ouverture est singulièrement rétrécie et déformée par la saillie des dente-lures des bords de la bouche. La lèvre s'élargit en une crète foliacée, irrégu-lièrement dentelée, qui remonte et contourne le ventre de l'avant-dernier tour, et va rejoindre la base de la columelle. Cette crète reste mince, de manière à ne ca-cher en rien la partie gauffrée du tour sur lequel elle est étendue; elle ne paroît que par son aspect lisse et brillant. L'intérieur de la lèvre a des dents inégales, dont la troisième est plus saillante que les autres. A l'angle de la bouche, on voit un gros pli surmonté d'un autre plus court et plus petit. Le haut de la columelle a une rentrée correspondante et opposée à la saillie de la grosse dent de la lèvre.

Ce sinus beaucoup plus étroit que celui du Triton gauffré, est limité et fermé en dessous par un gros repli de la columelle plissée sur le reste de sa longueur jusque dans le canal. Le bord columellaire ne paroît être que la continuation de la crète de la lèvre, et descend jusqu'auprès de l'échancrure du syphon. Les dents ou granulations existantes sur cette partie de la coquille sont plus rares et plus grosses que sur la partie correspondante du Triton gauffré. Le canal alongé, a le bord droit mince, lisse et tranchant; il est un peu relevé sur le dos de l'animal.

Les bourrelets paroissent sur la coquille comme des crêtes plus ou moins effacées ou enfoncées dans l'épaisseur du test.

La couleur est un blanc pur avec quelques taches roussâtres sur la columelle.

La coquille est haute de 2 pouces.

STROMBE.

Les Strombes forment un genre de coquillages fort bien connu, établi par Linnée, et dans lequel M. de Lamarck n'a fait que quelques subdivisions dont les limites ne sont pas très-tranchées, ainsi qu'on peut s'en assurer, en réfléchissant sur les caractères que présente la seconde espèce qui sera décrite dans ces monographies.

C'est sans doute ce qui a déterminé M. de Blainville à ne présenter les divisions génériques établies par M. de Lamarck que comme des coupes du genre que Linnée avait formé.

STROMBE AILE DE ROITELET.

Strombus troglodytes, *testa ovata, turrita, acuta, luteo-rufescente, striis transversis subnullis, anfractibus plicatis, angulatis, spiram versus complanatis, plicato-crenatis; labro crassiusculo, flavescente; columella alba callosa.*

Strombus troglodytes, Lam., an. sans vert., VII, p. 209.

Habitat ad Acapulco.

Ce petit Strombe, déjà caractérisé dans l'Histoire naturelle des animaux sans vertèbres, offre une coquille turriculée, composée de huit à neuf tours, dont le dernier est plus haut que tous les autres mesurés ensemble. Chaque tour s'enroule en s'accroissant peu, et en laissant une rampe spirale aplatie, formée par la carène crénelée qui s'élève sur chacun d'eux. Le dernier tour n'offre plus qu'une foible trace de cette rampe sur l'angle de laquelle on voit deux ou trois tubercules plus ou moins saillans. Les stries transversales sont très-fines et un peu plus marquées près du bord de la lèvre et sur le dos du canal, au-dessous du sinus labial. Du côté de la bouche, la callosité est assez forte, indépendante et éloignée de celle de la columelle. La lèvre est épaisse, échancrée vers le haut, et prolongée sur les tours de spire, de manière à creuser une gouttière étendue jusque sur le tour antépénultième. Le bord gauche de cette gouttière est fermé par la callosité de la columelle qui remonte jusque sur le troisième tour. Le sinus inférieur de la lèvre est très-marqué; le canal échancré est presque dans la direction de l'axe de la coquille. L'aile formée par le bord n'est pas très-grande. La couleur est en dessus un marron vif avec quelques taches blanches disposées en bandelettes transversales sur la carène des tours. Le dessous du dernier tour et la pointe de la spire sont plus pâles. La lèvre et la columelle sont blanches; du jaune soufre colore l'intérieur de la bouche.

L'individu est haut de 15 lignes.

STROMBE TREILLISSÉE. Pl. lvii, fig. 4, *a, b.*

Strombus cancellatus, *testa elongata, turrita, rosea; costis longitudinalibus strias transversas tenuiores decussantibus; labro marginato intus et extus crenulato; columella callosa lævi in carinam fissam superne prolongata.*

Lam., an. sans vert., VII, p. 212.

Encycl., pl. 408, fig. 5, *a, b.*

Habitat ad portum Acapulco.

Ce singulier Strombe est un des exemples les plus frappans qui prouvent combien la plupart de nos coupes en histoire naturelle sont artificielles. Il est impossible de ne pas être frappé de la ressemblance qui existe entre cette coquille vivante et une autre fossile commune dans nos bancs coquilliers de Grignon et de Courtagnon, le Rostellaria fissurella; et cependant ces espèces doivent être même placées dans deux genres différens : car l'une a un sinus à la base de la lèvre, et la coquille fossile n'en a point. M. de Lamarck ne parle pas de cette affinité qui me paroît plus remarquable que les petites varices élevées sur les derniers tours seulement. Elles sont opposées l'une à l'autre, et rappellent plutôt celles des Ranelles que celles des Tritons.

On ne connoissoit pas encore la patrie de cette petite coquille originaire de la mer du Sud, sur les côtes occidentales de l'Amérique, près d'Acapulco.

Sa spire se compose de huit tours, dont le dernier fait plus de la moitié de la hauteur de la coquille. Ils portent tous des côtes nombreuses, serrées, longitudinales, dont l'arête est lisse et aplatie. Il y a entre elles plusieurs stries transversales formant un petit treillis sur toute la surface du test, excepté sur la portion inférieure du ventre du dernier tour qui est luisante et n'offre que deux ou trois rangées de stries près de la columelle. Le reste de l'intervalle des côtes est parfaitement lisse. Les six tours supérieurs ont chacun une petite varice diamétralement opposée, de manière à ce que leur ensemble forme une carène continue de chaque côté sur le haut de la spire.

L'ouverture de la bouche est très-étroite. La lèvre est épaissie en un bourrelet réfléchi et saillant en dehors, dont la carène inférieure est lisse et dont les bords externes et internes sont crénelés par un grand nombre de petites côtes élevées transversalement, soit à l'extérieur du bord, soit à l'intérieur de la lèvre. Le dedans de la bouche est lisse. Un peu au-dessus de l'échancrure du syphon, on voit le petit sinus qui est caractéristique pour le genre dans lequel on range cette coquille.

La columelle est lisse et calleuse, et se prolonge jusque sur le quatrième tour, et fait ainsi un des côtés de la gouttière longitudinale, dont l'autre bord est le produit du prolongement de la lèvre. Cette disposition est exactement semblable à ce que nous offre les Rostellaires, et particulièrement le Rostellaria fissurella fossile sur lequel la gouttière atteint jusqu'à l'extrémité de la spire. La couleur de cette intéressante coquille est rosée.

Sa hauteur est de 10 à 11 lignes.

CASQUE.

Le genre des Casques forme un groupe naturel, séparé par Bruguières des Buccins. Si la coquille offre des différences appréciables, l'animal ressemble, par son organisation, à celui des coquilles auxquelles Linnée les avoit justement réunies.

MM. de Humboldt et Bonpland ont trouvé, à Cumana, le Casque granuleux (Cassis granulosa, Lam.), et ils ont rapporté, des côtes occidentales de l'Amérique, deux espèces voisines de celui-ci, et qui ne me paroissent pas encore décrites. La première est voisine du Cassis sulcosa; je la nomme, à cause des taches carrées qu'elle porte,

CASQUE ÉCHIQUIER.

CASSIS CENTIQUADRATA, *testa ovata, ventricosa; maculis quadratis, vel flammulis rufis in zonas dispositis; cingulis latis complanatis ornata; spira exserta, acuta, anfractibus convexis ad spiram tuberculosis; columella basi granosa; labro marginato crasso, intus sulcato, albo; apertura rufa.*

Habitat ad portum Acapulco.

Cette coquille globuleuse offre une spire dont la pointe est fine et élevée. La hauteur des cinq tours est du quart de celle du dernier. Ils sont convexes, et près du bord de la spire, on voit une rangée de petits tubercules arrondis. Il y en a un second-rang sur le dernier tour.

La coquille est cerclée comme une tonne par de nombreux sillons peu profonds, dont les interstices sont larges et aplatis. Près du bord du dernier tour existent des stries transversales qui deviennent plus serrées sur les autres tours.

L'ouverture est oblongue, rétrécie vers le haut. La lèvre est épaissie en un gros bourrelet, dont l'intérieur est sillonné par de fortes cannelures. La columelle a la base élargie et granuleuse, et le haut fortement ridé.

La couleur est d'un gris violet avec trois ou quatre rangées de taches carrées, roussâtres, disposées par zones. La base de la columelle, la lèvre et son bourrelet extérieur sont d'un beau blanc; l'intérieur de la bouche est roussâtre.

Cette espèce diffère du Cassis sulcosa par sa spire plus courte et par ses cannelures aplaties. Les couleurs sont un peu semblables à celles du Cassis areola; mais celui-ci est entièrement lisse.

L'individu a 2 pouces de hauteur.

Donnons maintenant la description de la seconde espèce recueillie à Acapulco.

CASQUE CERCLÉ.

Cassis doliata, *testa ovata, ventricosa; grisea aut violascente, maculis fulvis obsoletis, cingulis latis subrotundatis, spira depressa, absque tuberculis, anfractibus subcomplanatis; columella superne plicata, ad basin granosa.*

Habitat ad portum Acapulco.

Ce Casque a la spire plus basse et moins pointue; elle n'est que du cinquième du dernier tour ou du septième de la hauteur totale : les sillons sont plus profondément creusés, le haut des tours est un peu aplati, de façon qu'une rampe assez large monte en spirale vers la pointe de la coquille. Il n'y a aucun tubercule ni aucune strie verticale.

L'ouverture de la bouche est un peu plus évasée. La columelle et le bourrelet de la lèvre sont les mêmes que dans la précédente espèce; mais les sillons du bord droit sont plus nombreux et descendent dans l'intérieur de la bouche, de manière à la rendre un peu cannelée. Il y a plus de granulations sur la base de la columelle. Le fond de la couleur est un gris plus violet avec beaucoup moins de taches roussâtres. Le bourrelet est plus coloré extérieurement; le dedans de la bouche est roux.

La hauteur est de 2 pouces et demi.

CASQUE GRANULEUX.

Cassis granulosa, *testa ovata, transversim cingulata et longitudinaliter sulcata, spira exserta, anfractibus convexis, subgranulosis; columella basi granosa; labro marginato dentato.*

Lam., an. sans vert., VII, p. 227, n° 20.

Habitat ad portum Cumanensem.

Ce Casque, plus régulièrement ovoïde, a la spire élevée; la hauteur des cinq tours mesure le quart de la hauteur totale. Les anfractuosités de chacun des tours sont arrondies, et c'est vers le milieu du dernier tour qu'existe sa plus grande épaisseur. Il n'y a point de rampe ni de tubercules autour de la spire. Les cannelures sont fortes et les sillons longitudinaux bien marqués, ce qui rend la coquille couverte d'un treillis granuleux très-sensible.

L'ouverture, la lèvre et la columelle sont comme dans l'espèce précédente.

La couleur est un joli violet cendré, offrant les traces de bandes et de bandelettes oranges, dont on voit la couleur bien marquée dans la gouttière du bord et sur sa partie externe. Le dedans de la lèvre est blanc comme la columelle. L'intérieur de la coquille est de même roussâtre.

Cet individu a près de 2 pouces.

Nous en avons sous les yeux un autre moitié plus petit, dont les couleurs sont plus vives et offrent une teinte jaune sur le dos et violette en-dessous : entre les larges taches du bord, on voit une petite ligne jaune qui se continue sur le ventre du dernier tour.

Je ne doute pas que l'espèce que je viens de décrire ne soit le Casque granuleux de Lamarck. Il lui donne, d'après Davila et avec quelque doute, la Méditerranée pour patrie. J'ai occasion de faire connoître ici la mer qui nourrit ce coquillage.

CASQUE BONNET.

Cassis testiculus, *testa cylindrica, ovata; cingulis longitudinaliter sulcatis circumcincta; fulva vel rubescente, maculis rufis ornata; spira convexa mucronata; apertura angusta, columella callosa; striata; labro dentato, extus nigro punctato.*

Buccinum testiculus, Lin.

Habitat ad portum Acapulco.

Je ne parle ici de ce Casque bien connu que pour indiquer qu'il a été trouvé sur la côte d'Acapulco. Il est enroulé sur lui-même, et plus étroit que la plupart des autres espèces. Son dernier tour est entouré de treize larges bandes presque contiguës, sillonnées chacune par de fortes stries qui ne descendent pas dans l'intervalle des sillons séparant les côtes. La spire est pointue et composée de sept tours, dont les trois derniers s'élèvent en pointe et sont lisses.

La columelle a une forte callosité lisse en dehors et sillonnée le long de l'ouverture qui est étroite. La lèvre est épaisse, arrondie, relevée en dehors et dentelée en dedans.

Cette coquille est d'une belle couleur fauve ou rougeâtre, marquée de taches inégales, plus foncées, et disposées par bandes transversales. La columelle et la lèvre ont du rougeâtre : le bord supérieur de celle-ci est garni d'une suite de gros points noirs.

L'individu que je décris n'a que 2 pouces, mais j'en ai vu de beaucoup plus grands.

Pour terminer ce genre des Casques, il me reste à décrire une espèce fort
curieuse par sa forme, et qui pourra devenir le type d'un genre particulier,
car la lèvre n'a point de bord ou de bourrelet saillant. C'est ce qui change son
aspect et fait différer cette coquille des autres Casques : cependant l'échancrure
étant peu différente de celle des autres espèces de ce genre, j'ai cru devoir
l'y laisser. C'est le

CASQUE SANS BOURRELET.

J'en ai trouvé une petite figure fort exacte dans l'Index testaceologicus *or catalogue of Shells*, publié par M. Wood. Il a vu cette coquille dans la collection
de M. Mawes, mais il ignoroit d'où elle venoit. Ce naturaliste suivant la méthode
de Linnée, en a fait un Buccin auquel il donne l'épithète spécifique que nous
lui conservons,

CASSIS COARCTATA; *testa subcylindracea, ad apicem acuta, transversim
costis nodulosis cincta, longitudinaliter transversimque tenuiter striata,
ex luteo cærulescente maculis fuscis ornata, fauce alba; labro intus dentato,
extus haud marginato.*

Buccinum coarctatum Wood., Cat. of Shells suppl., pl. 4, fig. 5.

Habitat ad littora Americæ australis occidentalia, prope portum Acapulco.

Ce Casque, enroulé sur lui-même, ressemble encore plus à certaines porcelaines (cypræa) que le Casque bonnet (Cassis testiculus) qui tient déjà de
la forme de ces coquilles, ainsi que le remarque M. de Lamarck. Ce savant n'a
pas connu l'espèce que je décris. Elle a l'extrémité inférieure moins étroite que
celle des autres espèces, ce qui lui donne une forme plus cylindrique. L'épaisseur
du dernier tour égale presque sa largeur qui a les trois quarts de sa hauteur.
Celle des six derniers tours est du septième de la hauteur totale. On ne compte
que sept tours à cette coquille. La spire est pointue, saillante, les bords sont
un peu aplatis ainsi que le haut du dernier tour seul chargé de tubercules.
Ils sont élevés sur des côtes arrondies, au nombre de cinq. Les trois
premières ont des nodosités assez grosses : la quatrième n'en a que quelques
petites et elles sont presque effacées sur la côte inférieure. Les stries transversales et longitudinales sont très-petites. L'ouverture est très-étroite, la lèvre
n'a point de bord externe; mais elle en a un interne armé d'une série de

fortes dents. La columelle presque droite n'a pas de plis visibles sur le haut. Il y en a d'un peu plus marqués près du syphon, qui est, à la manière des Casques, recourbé sur le dos de l'animal et terminé par une échancrure coupée verticalement, ou mieux un peu obliquement de droite à gauche sur l'axe de la coquille. La plupart des autres Casques l'ont oblique en sens contraire : le fond de la couleur du côté de la columelle est bleuâtre ; il prend une teinte rousse, rembrunie sur le dos et jaune-clair près de la lèvre. Les zones sont blanches ou bleuâtres, et les tubercules colorés en brun foncé, forment des taches tantôt rondes, tantôt alongées. Entre les côtes il y a deux petits cordons de points roussâtres. Le bord interne de la lèvre, les dents et le fond de l'ouverture sont d'un beau blanc poli comme de l'émail.

Cette coquille a 2 pouces 1/3 de hauteur.

La collection du Museum possède un individu de cette espèce, de même grandeur, qui a été pris sur les côtes du Pérou.

POURPRE.

Les coquilles que M. de Lamarck réunit sous le nom de Pourpres forment un genre naturel, dont les formes passent insensiblement à celles des Buccins avec lesquels Linnée confondoit les espèces à coquilles non épineuses. Celles dont le test est hérissé de pointes étoient rangées parmi les Murex, et il faut avouer que l'applatissement de la columelle n'est pas toujours assez marqué pour que le zoologiste ne soit pas embarrassé quelquefois sur le choix entre les deux genres. Une des espèces de ce genre, la Pourpre antique (Purpura patula, Lam.), offre l'exemple rare d'un animal répandu à la surface du globe, sous des latitudes très-différentes et à des distances considérables. Cette Pourpre est déjà connue pour habiter à la fois la Méditerranée et la mer des Antilles. Je la trouve dans les collections faites par M. de Humboldt, avec cette étiquette de la main de M. Bonpland, *de la mer du Sud ;* mais le point de la côte où elle a été recueillie n'est pas nommé. Les trois coquilles appartenant à cette espèce n'offrent aucune différence avec celles des Antilles déposées dans la collection du Museum.

La Pourpre Hémastome (Purpura Hæmastoma, Lam.), coquille commune dans l'Océan Atlantique, a été trouvée au fond du golfe du Mexique, près du port de la Vera-Cruz.

Je ne parlerai pas de ces deux espèces qui sont généralement fort connues ; mais je donnerai la description d'une troisième qui est incorrectement caractérisée dans l'Histoire naturelle des animaux sans vertèbres, et dont la patrie n'est pas indiquée ; enfin je ferai connoître quelques autres espèces nouvelles.

POURPRE ONDÉE.

PURPURA UNDATA, *testa turrita, conica, seriebus binis tuberculorum horrida, transversim valde striata; vittis albis et fuscis longitudinaliter picta; labro denticulis plicato, apertura intus lævi.*

Purpura undata, Lam., an. sans vert., VII, p. 238.

Habitat ad Acapulco.

Cette Pourpre, déjà mentionnée dans l'ouvrage de M. de Lamarck, a été prise à Acapulco. On en ignoroit jusqu'à présent la patrie.

La coquille se compose de six tours de spire ; le dernier est d'un tiers plus haut que les cinq autres mesurés ensemble. Il est un peu moins large que haut. Deux rangées de tubercules pleins, coniques, hérissent la moitié supérieure de sa surface. Au-dessous, on voit deux cordelettes noueuses, dont l'inférieure est la plus forte. De très-fortes stries transversales sillonnent la coquille ; à la loupe, on en aperçoit de verticales qui sont très-fines. L'ouverture de la bouche est près de deux fois plus haute que large. La columelle est arrondie vers le haut et aplatie vers le bas. La lèvre offre de nombreux petits plis, dont les extrémités entaillent le bord comme de petites dents. La couleur est disposée par bandelettes verticales brunâtres ou noirâtres, alternant avec d'autres blanches et aussi larges que les brunes. L'intérieur de la bouche est jaunâtre.

L'individu que je décris a 2 pouces 8 lignes de hauteur.

Je l'ai comparé avec celui décrit par M. de Lamarck. Je le fais remarquer, parce que M. de Lamarck a écrit probablement par un *lapsus calami* dans le caractère de son Purpura undata *testa tenuiter striata*, tandis que les stries sont très-grosses.

POURPRE ÉLÉGANTE.

Purpura speciosa, *testa ovato - ventricosa, tenuiter striata, mucronata; subalbida, maculis; rufis vel spadiceis quadratis, numerosis picta; spira retusa.*

Habitat prope portum Acapulco.

Cette nouvelle espèce est une des plus jolies du genre des Pourpres : la coquille se compose de quatre ou cinq tours, dont le dernier est grand et très-ventru. La spire est très-basse, et la hauteur des trois tours supérieurs n'est que du tiers ou même du quart de celle du dernier. Sa largeur égale sa hauteur. Il est plié en gouttière vers la partie supérieure, et l'angle qu'elle forme est couronné par huit ou neuf tubercules saillans, coniques et pointus, et très-légèrement sillonnés ou canaliculés du côté de la lèvre de la coquille. Au-dessous de cette rangée il y en a trois autres; les tubercules sont régulièrement espacés et placés les uns au-dessous des autres, de manière à former comme des bourrelets ou des côtes épineuses sur le test. On ne voit que de très-fines stries. L'ouverture est oblongue; la lèvre est mince, tranchante et unie. La columelle est large, un peu aplatie et arrondie sur le bord. Il n'y a point d'ombilic, mais une forte dépression en marque la place.

La couleur de cette Pourpre est agréablement distribuée. Sur un fond blanchâtre, il y a de nombreuses taches roussâtres ou rougeâtres, quelquefois couleur de brique, carrées, rapprochées de manière à laisser entre les taches des lignes parallèles blanches, soit verticales, soit transversales. Les épines sont également colorées. La columelle est jaune; l'intérieur de la bouche est blanc.

L'individu n'a qu'un pouce de haut.

POURPRE A GOUTTIÈRE.

Purpura canaliculata, *testa parvula, sublævigavata, longitudinaliter striata; rufa, anfractibus supernè canaliculatis.*

Habitat ad portum Acapulco.

Cette petite Pourpre offre un caractère facile à la faire reconnoître dans la gouttière creusée sur le milieu des tours supérieurs. La coquille n'a que quatre tours, elle se termine en une pointe fort aiguë. Deux bourrelets très-relevés et légèrement noueux laissent entre eux la gouttière dont j'ai parlé plus haut. Arrivée sur le ventre du dernier tour, cette gouttière s'efface complètement. La hauteur de ce tour est deux fois plus grande que celle des trois autres. On y aperçoit quatre ou cinq carènes ou cordelettes transversales, très-effacées, et de nombreuses stries verticales, un peu écailleuses. L'ouverture de la bouche est grande à cause de l'évasement de la lèvre. La columelle est large, aplatie et blanche. Le reste de la coquille est roussâtre.

Le plus grand des deux individus que j'ai vus n'a que huit lignes de haut. Malgré cette petitesse, la coquille m'a paru bien caractérisée et différente de toutes les autres Pourpres que j'ai examinées.

POURPRE SEMI-IMBRIQUÉE.

Purpura semi-imbricata, *testa conica, acuta, transversim costata; alba, vel rufa; costis transversis squamosis.*

Purpura semi-imbricata, Lam., an. sans vert., VII, p. 246.

Habitat ad portum Acapulco.

M. Bonpland avoit communiqué cette espèce à M. de Lamarck; mais l'individu que ce zoologiste eut à sa disposition n'étoit pas adulte, de sorte que la phrase caractéristique a dû être modifiée. Ma description est faite sur une coquille qui a près du double de celle de M. de Lamarck.

Elle se compose de sept tours, dont la hauteur du dernier égale, à peu de chose près, celle des autres tours. Il est cerclé par sept bourrelets ou côtes arrondies, dont la surface est hérissée par les écailles relevées que laissent les stries verticales. Ces écailles paroissent encore sur l'avant-dernier tour, et même dans quelques individus sur l'anté-pénultième; de sorte que le nom donné par M. de Lamarck ne convient pas rigoureusement à l'espèce. Les écailles sont effacées du côté de la bouche. Les tours, près de la pointe, n'offrent plus que trois ou quatre cordelettes non écailleuses. L'ouverture de la bouche est petite : l'épaisseur de la lèvre, dont le bord est rejeté en dehors, contribue beaucoup à ce rétrécissement. Quelquefois l'intérieur du bord a deux ou trois tubercules odontoïdes comme ceux de la lèvre des Nérites; mais sur d'autres individus dont la lèvre plus mince n'est probablement pas complète, on ne voit aucune trace de ces dents. La columelle est lisse, aplatie, un peu tordue sur elle-même vers la base, sans cependant qu'il y ait un ombilic. La couleur de la coquille paroît varier dans quelques individus ; la plupart sont blancs, d'autres sont roussâtres.

La hauteur est d'un pouce 9 lignes.

POURPRE A LÈVRE ÉPAISSE.

Purpura chassilabrum, *testa, ovata, crassa, ponderosa, ex cærulescente albida, cingulis rufis cincta, ultimo anfractu lævi, superis subcostigeris, apertura candidissima ; labro intus crenulato, basin versus mucrone obtuso armato.*

Monoceros crassilabrum, Lam., an. vert., VII, p. 250.

Encycl., pl. 396, fig. 2, *a, b.*

Habitat ad portum Acapulco.

La coquille très-rare, dont la découverte a été faite par MM. de Humboldt et Bonpland, est du nombre de celles qui ont sur le bas de la lèvre près du canal une épine plus ou moins aiguë, et que M. de Lamarck considéroit comme le caractère générique de plusieurs gastéropodes voisins des Pourpres, réunis sous le nom de Licorne (Monoceros). Montfort avoit déjà fait ce genre sous le même nom françois, qu'il traduisit en latin par le mot assez barbare d'*Unicornus.* Le savant conchyologiste qui fixa les caractères des Monoceros, reconnut leur grande affinité avec les Pourpres, et ne distinguoit de ce genre nombreux en espèces, les quatre ou cinq Licornes américaines que par un caractère qu'il regardoit comme bien secondaire et artificiel. Depuis, de nouvelles observations ont prouvé que cette épine ne peut pas être considérée comme un caractère de genre ; car on en trouve de semblable sur des coquilles à canal prolongé, et que l'on ne doit, sous aucun rapport, éloigner du genre des Fuseaux. Il est plus conforme aux principes d'une méthode naturelle de supprimer le genre des Licornes et de considérer les coquilles que la présence de la dent sur l'extrémité de la lèvre droite y feroit réunir, soit comme des Fuseaux, soit comme des Pourpres, suivant que leurs affinités naturelles les appellent dans ces genres. Cette méthode est suivie aujourd'hui par de savans conchyologistes. Aussi je n'hésite pas à décrire cette belle coquille, nommée par M. de Lamarck, *Licorne à lèvre épaisse* comme une espèce du genre Pourpre.

Elle a le test fort épais et pesant. Cinq tours de spire complètent sa coquille. La hauteur du dernier contient à peu près quatre fois et deux tiers celle des quatre tours supérieurs. Il est un peu moins large qu'il n'est haut. L'épaisseur ne fait que les deux tiers de sa hauteur. La surface n'offre que de nombreuses rides produites par les accroissemens successifs de la coquille. Les tours supérieurs ont trois ou quatre carènes transversales, obtuses et saillantes. L'ouverture est rétrécie par l'épaisseur du test ; sa hauteur est presque double de sa largeur. La columelle est large et aplatie : la lèvre est épaisse, taillée en biseau et un peu rejetée en dehors. Le bord interne est crénelé. A l'extrémité inférieure, il a l'épine saillante, à pointe émoussée, qui la fait placer dans le genre des Licornes, par les sectateurs de la méthode de M. de Lamarck. La coquille est blanchâtre ou bleuâtre, avec des teintes rousses ou marron vers le haut du dernier tour. Sept à huit bandes roussâtres, parallèles, inégales, traversent ce tour. La columelle, la lèvre et l'intérieur de l'ouverture sont d'un beau blanc.

La hauteur de l'individu que je décris est d'un pouce 10 lignes.

C'est certainement l'espèce que je décris dans cet article qui a été donnée à M. de Lamarck par M. Bonpland. Il n'a pas rapporté le Monoceros cingulatum que M. de Lamarck lui attribue. Il faut donc avoir soin de rectifier cette erreur d'étiquette et donner le Mexique pour patrie à notre Pourpre à lèvre épaisse (Monoceros crassilabrum, Lam.).

CONCHOLEPAS.

C'est Bruguières qui a le premier saisi les rapports naturels des Concholepas, en séparant ce mollusque des Patelles auxquelles Gmelin réunissoit l'espèce connue sous le nom de *Patella lepas*. La coquille, en effet, n'a que de légères ressemblances avec les Patelles ; elle en a de plus grandes avec les Cabochons. Le mollusque qui est recouvert par cette coquille est semblable à celui des Buccins ou des Pourpres. Bruguières ne s'éloignoit donc pas des principes de méthode naturelle en faisant du Patella lepas un Buccin. Cependant l'animal en diffère assez pour constituer un genre propre. C'est ce qu'a fait M. Cuvier, en laissant subsister le genre des Concholepas établi par Lamarck. Ce grand anatomiste n'a parlé que très-brièvement des caractères généraux de ce mollusque encore peu connu des zoologistes. Je pourrai, dans cet article, ajouter quelques détails à ce qu'il en a dit, parce que cet illustre savant, qui a bien voulu me servir de maître et qui m'a donné la plus noble des récompenses en m'associant à ses travaux et en inscrivant mon nom à côté du sien sur la grande Ichthyologie que nous faisons paroître, m'a permis d'examiner ce curieux animal dont la coquille a été pendant long-temps fort recherchée à cause de sa rareté.

CONCHOLEPAS IMBRIQUÉ.

Un pied de forme ovale, extrêmement épais, remplit presque toute l'ouverture de la coquille. Les bords sont garnis, dans le mâle, de verrues nombreuses et dont quelques-unes très-grosses donnent à cette partie l'aspect d'un crapaud. Ces verrues n'existent pas dans la femelle ou du moins elles sont fort petites. Le devant du pied est échancré ; la partie postérieure est un peu recourbée sur elle-même et donne attache à un petit opercule par un large faisceau de fibres musculaires, mais qui a peu d'épaisseur. La tête paroît au-dessus de l'échancrure du pied ; elle se montre par une trompe de longueur et de grosseur médiocre , sortant entre les deux tentacules qui sont réunies à leur base. Le syphon s'avance à leur gauche, comme c'est l'ordinaire dans l'ordre des Pectinibranches.

Lorsque la coquille a été enlevée, ce qui frappe le plus est le grand et fort muscle en forme de fer à cheval qui attache l'animal au test. Il entoure les trois quarts postérieurs du corps. Les deux extrémités sont arrondies et plus larges que le milieu. Ce muscle d'attache est encore plus grand que dans aucun Cabochon.

Le bord du manteau de l'animal est peu étendu , légèrement échancré en avant, un peu festonné sur les côtés, et chargé de quelques verrucosités. La cavité branchiale est grande et s'ouvre par une fente médiocre pratiquée au-dessus de la tête : elle ne contient que deux rangées de feuillets branchiaux ; l'une est très-grande et placée au milieu du plafond de la cavité branchiale : la seconde est très-petite et située dans le côté gauche , tout près du bord de la cavité. Toute la portion droite de la voûte est tapissée par les mailles très-larges, mais inégales de l'organe que M. Cuvier regarde comme destiné à la secrétion de la mucosité qui enveloppe les œufs. Cet organe est cependant tout aussi bien formé dans les mâles que dans les femelles, ainsi que M. Cuvier l'a observé chez les Buccins de nos côtes. Le cœur est gros et globuleux, et situé à l'arrière du corps, tout-à-fait à la pointe de la cavité branchiale; une cloison membraneuse l'enferme dans une sorte de péricarde.

La cavité abdominale est placée sur l'arrière du corps et un peu déviée sur le côté gauche, sans avoir aucune trace d'enroulement en spirale. Le foie est très-volumineux : le rectum très-large débouche, comme dans les Pectinibranches, dans le bord droit de la cavité branchiale. Je n'ai pas pu voir l'organe qui sécrète la matière colorante que possède cependant la plupart des mollusques de cet ordre.

Les tentacules obtus, de longueur médiocre, réunis à leur base, portent, sur leur côté externe, les yeux qui paroissent comme un petit point noir monté sur un pédicule très-court.

Quand on ouvre la trompe, on voit qu'elle n'a pas l'intérieur de son tube hérissé de petites dents cornées semblables à celles des Buccins; mais l'appareil qui les remplace est assez singulier : il se compose d'une languette munie de deux petites ailes minces et cartilagineuses. L'extrémité porte une petite roulette cornée, solide, dure et striée en travers. Le mouvement de cette roue dentée doit servir au mollusque pour user les corps dont il veut se nourrir. La verge est grosse à sa base et repliée en arrière pour pénétrer sous le bord du manteau, dans la cavité pulmonaire : elle se termine en un fil assez long et délié. Le pied du mollusque est coloré en brun-verdâtre, mêlé de jaunâtre et marbré de taches violettes. Les verrues sont jaunes.

La coquille recouvre l'animal tout entier, comme une patelle. Son ouverture est énorme; sa spire presque nulle; aussi elle n'a point de columelle proprement dite. Ses proportions changent beaucoup, suivant l'âge. Je vais d'abord parler de la coquille d'un individu adulte, dont le plus long diamètre de l'ovale, formé par l'ouverture et servant de base, est de 4 pouces, et dont la hauteur au-dessus de la base en fait la moitié, c'est-à-dire est de 2 pouces.

Placée sur son échancrure comme les autres coquilles des Pectinibranches, la hauteur jusqu'au sommet de la spire, ne feroit que les quatre cinquièmes du plus grand diamètre de l'ouverture, parce que le bord droit remonte beaucoup au-dessus de la spire et rejoint celui du côté opposé, de façon que le bord supérieur dépasse le sommet recourbé de la coquille.

La surface est creusée antérieurement par deux sillons qui descendent obliquement du sommet du cabochon en arrière et tout près de l'échancrure, et qui se prolongent en deux fortes dents. Le reste de la portion droite du test est renflée et arrondie; sa surface est sillonnée par de nombreuses stries divergentes, dont les intervalles sont relevés en côtes arrondies, croisées par des stries transversales qui sont relevées en lames dont les bords laciniés forment de nombreuses écailles. La portion gauche du test, celle qui est sous le crochet, est aplatie ou légèrement concave; elle n'a que de fortes stries parallèles au bord, et point d'écailles. Le bord droit est festonné ou découpé en une multitude de petites dents résultant de la terminaison de chaque sillon; le bord gauche est lisse. L'intérieur de la coquille porte l'empreinte rugueuse et en fer à cheval du grand muscle d'attache.

La couleur est un gris-roussâtre uniforme en-dessus, et du blanc pur en dedans. Le bord droit est noir; le gauche est roux.

L'opercule est corné, noirâtre dans le milieu, très-petit : il est de forme elliptique; l'empreinte de son attache au pied est étroite, alongée, terminée inférieurement par une ligne légèrement concave, et en dessus par deux lignes convexes, réunies dans le milieu par une ligne très-concave.

Un autre Concholepas, beaucoup plus petit, a de même la surface sillonnée et écailleuse; et le crochet de sa spire ne dépasse pas le bord dilaté formé par l'extension de la lèvre et du bord gauche. Mais la hauteur au-dessus du plan de la base n'est que du tiers de la longueur du plus grand diamètre de l'ouverture.

Nous signalons ici ces légères différences, parce que nous ne sommes pas éloignés de croire qu'il existe une seconde espèce de ce genre dont nous avons vu des échantillons dans la collection de M. le duc de Rivoli; elle a le bord postérieur de l'ouverture moins prolongé en arrière et la spire moins obtuse. Cette différence n'est pas sexuelle; car nous avons vu des mâles et des femelles du Concholepas à spire obtuse et à coquille imbriquée.

Nous croyons pouvoir rapporter à ce Concholpas imbriqué la figure que M. Guérin vient de donner récemment, dans l'Iconographie du règne animal; tandis que nous donnerions, comme synonymes de la seconde espèce, les figures que MM. de Blainville, Sowerby et Wood ont publiées : elles ont toutes la spire saillante, et la surface lisse. On pourroit exprimer ainsi les caractères des deux espèces ou variétés fort distinctes que nous offrent ces gastéropodes.

CONCHOLEPAS IMBRICATUS, *testa scutiformi, convexa, gibba, sulcis longitudinalibus imbricato-squamosis exarata; extus griseo fulva, intus alba, labro nigro; spira obtusa, margine postico dilatato porrecto.*

CONCHOLEPAS LÆVIGATUS, *testa scutiformi, convexa, gibba, sulcis longitudinalibus lævibus instructa, spira acuta porrecta, margine postico an-
gusto.*

HARPES.

Les Harpes étoient encore confondues par Bruguières avec les Buccins, et
ce zoologiste n'en a caractérisé qu'une seule espèce, à l'exemple de Linnée.
Mais on a reconnu depuis que ces auteurs confondoient sous un seul nom plusieurs mollusques distincts. Le caractère remarquable et constant, pris de ces
côtes nombreuses et parallèles élevées sur le dernier tour de la coquille, en-
gagèrent M. de Lamarck à séparer ces différentes espèces et à les réunir en un
genre particulier auquel il appliqua le nom sous lequel on les désigne généralement aujourd'hui. Depuis, l'anatomie de l'animal a pleinement confirmé
cette distinction; car le mollusque qui construit les Harpes est différent de
celui du Buccin. Il manque d'opercule. Son pied est long et pointu, et
MM. Quoy et Gaimard ont fait sur lui une observation singulière répétée par
M. Reynaud. C'est que cette portion du pied se détache d'elle-même et spon-
tanément. Les Harpes vivent dans les mers des climats chauds des deux Indes.
MM. de Humboldt et Bonpland en ont rapporté deux espèces de la côte d'Acapulco. L'une est une variété de l'espèce nommée par M. de Lamarck Harpe
alongée (Harpa minor, Lam., an. sans vert., VII, p. 257). C'est la variété
D. de Bruguières. J'ai comparé notre coquille avec celle de M. de Lamarck; je
lui trouve les côtes un peu plus larges et les traits peints sur ces côtes sont
roux et non pas noirs. La coquille ne diffère pas par d'autres caractères. Je crois
devoir la signaler ici comme une variété.

L'autre est une belle et grande Harpe constituant une espèce nouvelle fort
jolie. Les zigzags roussâtres dont elle est couverte sont disposés de manière à
rappeler des caractères d'écriture; aussi je nommerai cette espèce

HARPE ÉCRITURE.

HARPA SCRIBA, *testa cylindraceo ventricosa, costis angustis remotis ad
apicem mucronatis; maculis raris rufis ornata, lineolis rufescentibus
longitudinaliter undulatis, lineisque angulatis rufis per zonas transversas
dispositis; apertura subglauca.*

Habitat ad portum Acapulco.

Cette Harpe est voisine de la Harpe rose ; mais elle est cependant distincte. La largeur du dernier tour n'est que des deux tiers de la hauteur, laquelle fait à peu de chose près les six septièmes de la hauteur totale. On compte seize côtes longitudinales, dont les cinq ou six dernières sont cachées en partie sous le dépôt calleux qui encroûte la base de la columelle. Vers le cinquième de leur hauteur, ces côtes se plient, et l'angle qu'elles font donne naissance à une série de petites épines beaucoup moins pointues que celles qui sont plus près du bord spiral. Celles-ci forment une sorte de couronne spirale jusque sur le quatrième tour. Les trois derniers sont lisses et terminent le sommet aigu de la coquille. De fines stries verticales croisant d'autres stries transversales aussi petites, dessinent sur le test un petit réseau à mailles carrées qui n'est visible qu'à la loupe. L'ouverture de la bouche est rétrécie vers le haut et évasée à la base. Sa largeur moyenne est contenue à peu près deux fois et demie dans la hauteur.

La lèvre mince et arrondie, a le bord festonné par une suite de treize tubercules odontoïdes grénus qui existent sur sa tranche. La couleur est agréablement variée de taches, de lignes et linéoles rousses plus ou moins foncées sur un fond blanc-bleuâtre. Les petits traits verticaux sont ondulés et moins colorés que les zigzags qui sont réunis par bandes transversales, de manière à former treize bandes distinctes chargées de caractères plus ou moins semblables à des signes d'écriture. De grandes taches brunes, au nombre de six à huit, sont éparses sur le fond. Entre le bord de la lèvre et l'avant-dernière côte, les zones transversales sont blanches, et n'offrent plus de taches ni de traits en zigzag. L'intérieur de la coquille est bleuâtre et poli.

Cette Harpe a près de 3 pouces de haut.

MALÉE (MALEA, NOB.).

M. de Lamarck est le premier auteur systématique qui ait caractérisé le genre des Tonnes. Ce nom avoit été donné collectivement, par d'Argenville, aux coquilles cerclées par de fortes cannelures transversales ; mais Linné et Bruguières lui-même, ne considérant que le caractère de l'échancrure, les classoient parmi les Buccins. Montfort divisa le genre établi par M. de Lamarck, et réserva le nom de Tonne aux coquilles dont la columelle est droite, et donna le nom de Perdrix (*Perdix*) au genre qu'il fit avec l'espèce dont la columelle est tordue sur elle-même, ainsi que le Dolium perdix, Lam. (Buccinum perdix, Lin.) en offre l'exemple. Cette division générique, de Montfort, ne fut pas adoptée, et je crois avec raison. Les Tonnes ont des coquilles globuleuses légères; leur columelle, ombiliquée ou non, a toujours la base plus ou moins tordue. La lèvre est généralement mince, tranchante, et sans bourrelet: telles sont les espèces qui appartiennent aux deux premières divisions, celles des Tonnes perdrix et des Tonnes proprement dites, admises par M. de Blainville. Ce savant propose une troisième subdivision comprenant les Tonnes à columelles épaisses, calleuses, plus ou moins tordues, et dont la lèvre a le bord interne dentelé et l'externe dilaté en une large bordure. Il appelle les Tonnes de cette division les Cassidiformes. En suivant cette méthode, la coquille dont je fais un genre pourroit être considérée comme formant le type d'une quatrième division dans les Tonnes; mais je trouve que la double saillie de la columelle et l'échancrure si profonde qui en résulte sont tellement caractéristiques que je n'ai pas hésité à établir, d'après cette coquille, un nouveau genre auquel je donne le nom de MALÉE, pour rappeler la ressemblance extérieure qu'offre cette espèce avec le Dolium pomum. On peut exprimer ainsi le caractère de ce genre :

MALEA

TESTA VENTRICOSA GLOBOSA PONDEROSA, TRANSVERSIM CINGULATA ; LABRUM CRASSUM DENTATO-SULCATUM : COLUMELLA VALDE EMARGINATA, TUBERCULIS DUOBUS CRASSIS INSTRUCTA : APERTURA LONGITUDINALIS ANGUSTA BASI EMARGINATA.

Les deux coquilles que j'ai sous les yeux me paroissent constituer deux espèces, quoique leurs différences soient peu grandes. Je commence par donner la description de la plus volumineuse, que je nomme

MALÉE A LARGES LÈVRES.

MALEA LATILABRIS, *testa globosa transversim doliata, longitudinaliter striata; alba; labro dilatato reflexo; dentibus sulciformibus remotis; columella glabra superne ventricosa ad incisuram depressa.*

Buccinum ringens, Wood ind. test. suppl. pl. 4, fig. 1.

Habitat ad portum Acapulco.

Cette grande coquille ést presque toute ronde : le dernier tour est si considérable qu'il semble faire à lui seul la coquille entière. Le diamètre transversal n'est que d'un septième plus petit que la hauteur de ce tour qui contient sept fois celle de quatre autres mesurés ensemble. Dix-sept côtes égales, larges, déprimées, mais légèrement arrondies, entourent le test : elles sont distantes entre elles, d'une largeur égale à celle d'une côte, à l'exception des deux premières qui sont plus espacées. Dans chaque gouttière, il y a une petite côte parallèle aux grosses.

Les stries longitudinales se voient aisément; il n'y en a point de parallèles aux côtes. Ce tour, très-ventru, fait, du côté de l'ouverture, une forte saillie au-dessus de l'échancrure de la columelle, qui a sur le milieu de la hauteur deux tubercule. Le supérieur est gros, épais, légèrement sillonné, un peu arrondi; l'inférieur a des sillons plus profonds. Il avance presque horizontalement au-devant de la columelle, de manière à ne pas se rapprocher du tubercule supérieur et à ne point rétrécir l'ouverture de l'échancrure. La base de la columelle, au-dessous du tuber-cule inférieur, est lisse; la lèvre est large, étendue horizontalement en dehors, et bien séparée du ventre du dernier tour par un large sillon. Ses dents, au nombre de seize, se prolongent sur la surface de la lèvre et y forment autant de côtes sé-parées entre elles par une assez grande distance. L'ouverture a la forme d'une portion d'arc de cercle; elle est étroite; l'échancrure, pour le passage du sy-phon de l'animal, s'évase en une assez large gouttière.

La couleur est blanche, un peu salie de jaunâtre. L'intérieur de la coquille est jaune ou roussâtre.

L'individu a 4 pouces 9 lignes de haut.

M. le duc de Rivoli possède un individu plus petit de la même espèce. La lèvre est dilatée, n'est pas plus é paisse et ne fait pas avec le ventre dudernier tour de sillon profond. M. Wood a figuré cette coquille dans son Index testaceo-logicus, et sa figure, quoique petite, est fort reconnoissable.

MALÉE A LÈVRE ÉPAISSE.

L'autre espèce a la lèvre moins dilatée, mais beaucoup plus épaisse; je la nomme

Malea crassilabris., *testa ventricosa*, *minus globosa*, *transversim doliata*, *striis longitudinalibus exiguis; rufa*, *labro crassiori*, *columella inferne granoso-striata, superne parumper globosa; apertura infra coarctata.*

Habitat cum præcedente.

Cette coquille est moins globuleuse que la précédente, attendu que le diamètre antéro-postérieur du dernier tour est plus petit que le transversal. Sa hauteur n'est que quadruple de celle des trois autres tours pris ensemble; ou, ce qui revient au même, elle fait les quatre cinquièmes de la hauteur totale, ce qui prouve que la spire de cette espèce est plus élevée que celle de la précédente. Le nombre des côtes est égal, mais elles sont plus rapprochées : il y a de même une petite côte entre la première et la seconde, et une autre entre celle-ci et la troisième. Les stries longitudinales sont très-fines. La columelle a un bourrelet calleux plus épais, fortement strié. Le tubercule supérieur a des sillons plus profonds et il descend plus obliquement. L'inférieur est placé plus près de la base de la columelle, et il remonte obliquement vers le supérieur, ce qui rétréci l'échancrure qui caractérise ce genre. La callosité inférieure de la columelle est non seulement sillonnée, mais de plus granuleuse. Le ventre du dernier tour au-dessus de l'échancrure ne fait point cette saillie arrondie que l'on observe sur l'autre espèce, disposition qui rend la coquille moins globuleuse en diminuant le diamètre antéro-postérieur. La lèvre est dentelée et sillonnée, mais elle est beaucoup plus épaisse; aussi est-elle séparée du dernier tour par un sillon profond. Comme le tubercule inférieur de la columelle avance davantage, l'ouverture de la bouche est aussi plus étroite. La couleur est un roux-bleuâtre, uniforme; le dehors de la lèvre est fauve; sa face inférieure, les dents et la callosité de la columelle sont d'un beau blanc : l'intérieur de la coquille est bleuâtre.

La hauteur de l'individu que je décris n'est que de 2 pouces. La coquille est complète, terminée : on voit que les différences entre celle-ci et la grosse coquille ne sont pas très-grandes; et cependant elles me paroissent du nombre de celles que le zoologiste peut regarder comme spécifiques. Je n'ai pas vu d'autres individus de cette espèce, et je n'en ai trouvé aucune mention dans les auteurs que j'ai pu consulter.

BUCCINS.

Ce genre est maintenant réduit à ne comprendre que les coquilles turriculées, lisses, à ouverture oblongue, et dont le syphon sort par une simple échancrure. La columelle plus ou moins calleuse, établit des passages insensibles qui ont déterminé M. de Lamarck à ne plus séparer les Nasses ou Buccins à columelle très-épaisse des Buccins proprement dits à columelle lisse.

M. de Humboldt n'en a rapporté qu'un seul pris à Acapulco. C'est une petite coquille brune, très-semblable au Buccinum fasciolatum du golfe de Tarente.

Celui de nos mers a l'intérieur de la lèvre fortement sillonné, on pourroit même dire dentelé. L'espèce de la mer du Sud a le dedans de la lèvre lisse. Je la nomme

BUCCIN A LÈVRE LISSE.

BUCCINUM LEIOCHEILOS, *testa parva, conica, acuta, longitudinaliter subtilissime striata ; rubescente vel fulva sub epidermide nigra, ultimo anfractu albido tæniato; columella subcallosa, labro intus lævigato.*

Habitat ad Acapulco Mexicanorum.

Cette petite coquille se compose de sept tours, dont le dernier a un peu plus que la hauteur des six autres. Les anfractuosités des tours forment une légère cannelure. On ne voit que des stries longitudinales, très-fines, et vers le bas du dernier tour, trois ou quatre stries bien marquées et séparées par de petites côtes aplaties. L'ouverture est oblongue; la lèvre un peu rejetée en dehors et lisse en dedans : la columelle est calleuse. La couleur est roussâtre, et le dernier tour a sur le milieu une petite raie blanche transversale. Quelques points blancs colorent le haut du dernier tour. La columelle et l'intérieur de la bouche sont d'un beau marron brillant.

Il n'a que 7 lignes de haut.

Parmi ces petites coquilles, il y en a une de même couleur avec une bouche tout-à-fait semblable, qui est chargée de côtes longitudinales arrondies. Ce n'est probablement qu'une variété de cette espèce.

COLOMBELLE.

Le genre des Colombelles est un démembrement des Volutes, car leur columelle plissée avoit fait ranger la plupart des espèces parmi ce grand genre. L'épaisseur et les dentelures de leur lèvre les font aisément reconnoître dans la famille des Columellaires. L'échancrure du syphon est si peu marquée que M. de Blainville les a placées dans sa famille des Syphonostomes, tout en reconnoissant leur affinité avec les Volutes. Je crois en effet que c'est près de ce genre que l'on doit laisser les Colombelles.

MM. de Humboldt et Bonpland en ont rapporté quatre espèces : une d'elles est connue déjà depuis long-temps; Linnée la rapportoit à ses Volutes, sous le nom de Voluta rustica. M. de Lamarck lui donne pour patrie l'Océan des Antilles. Je ne puis indiquer le lieu précis où la coquille que j'ai sous les yeux a été prise : je le regrette : il seroit fort utile de faire connoître son origine, car M. de Blainville assure avoir vu dans la collection de M. Bertrand-Geslin cette Colombelle pêchée dans la mer Adriatique. La coquille de M. de Humboldt étoit mêlée avec les autres Colombelles rapportées d'Acapulco. Il ne seroit donc pas impossible qu'elle ait été prise sur cette côte qui nourrit un grand nombre d'espèces extrêmement voisines de celles de nos mers. Je saisis l'occasion que j'ai de parler de cette Colombelle, pour faire observer que l'on ne doit pas s'appuyer du témoignage de M. Sowerby, et croire que le Colombella rustica se trouve sur les côtes de Californie; car l'espèce que le naturaliste anglois a représentée dans ses Genera of shells, 9ᵉ livraison, fig. 3, est différente du C. rustica. Je la crois nouvelle.

J'ai vu un exemplaire de la seconde espèce dans la collection de M. Duclos où elle est nommée Colombella costata.

Enfin, la troisième a été communiquée à M. de Lamarck par M. Bonpland : elle est indiquée dans l'Histoire naturelle des animaux sans vertèbres sous le nom de Colombelle strombiforme; et, depuis, différens auteurs en ont donné d'assez bonnes figures. Mais sous ce même nom de C. strombiformis, ils ont confondu une espèce bien distincte, également découverte à Acapulco par M. de Humboldt; M. de Lamarck ne l'a pas connue, aussi on ne la trouve pas mentionnée dans son ouvrage. Pour éviter toute confusion, je vais d'abord décrire avec quelques détails celle que ce savant conchiologiste a nommée

COLOMBELLE STROMBIFORME.

COLUMBELLA STROMBIFORMIS, *testa ovata, superne lævi, infra transversim sulcata; castanea, strigis albidis longitudinalibus variegata; anfractibus angulatis; labro dilatato, crassiusculo.*

Lam., Hist. nat. an. sans vert., tom. VII, p. 293.

Blainv., Malac., pl. xxix, fig. 3, *a, b.*

Buccinum strombiforme, Wood, ind. test. suppl., pl. 4, fig. 18.

Var β Castanea punctis albidis picta.

Habitat ad Acapulco.

Cette espèce a été comparée avec raison à un Strombe. Sa spire se forme de sept tours. La hauteur des six supérieurs ne fait guère que le tiers de celle de la coquille. Une gouttière spirale monte le long des anfractuosités des tours et les détache nettement les uns des autres. Le dernier est gros, renflé, et enveloppe une grande portion du pénultième. Le haut de la coquille est lisse, mais la moitié inférieure du dernier tour a des sillons transversaux assez bien marqués. Près du bord supérieur, il y a un aplatissement et un angle prononcé qui trace une rampe spirale le long de chaque tour.

L'ouverture est rétrécie et sinueuse; la lèvre est épaisse, dentelée et fait une assez forte saillie dans le milieu. L'angle supérieur saille en une sorte de tubérosité qui contribue à donner à cette Colombelle la figure d'un Strombe. La partie supérieure de la columelle est lisse, un peu saillante, au-dessus est une légère concavité qui répond à la partie convexe de la lèvre. La couleur des premiers tours est jaunâtre, tachetée de blanc; sur le dernier tour, c'est un marron foncé éclairé par des lignes flexueuses et blanches : il y du jaunâtre le long du bord interne de la lèvre. L'intérieur de la coquille est blanc.

J'en trouve une variété roussâtre ou marron clair, tacheté de points blancs. Nos individus ont un pouce de hauteur.

La seconde espèce, confondue avec la précédente, est plus bossue; je l'appelle

COLOMBELLE BOSSUE.

COLOMBELLA GIBBOSA, *testa ovata, gibbosa, supra striis transversis longitudinalibusque subtilissimis instructa, infra sulcata; castanea, albo punctata; anfractibus planiusculis.*

Colombella strombiformis, Sow., Gen. of shells, 9ᵉ livraison, fig. 1.

Habitat cum præcedente.

Cette coquille ressemble beaucoup à la précédente, mais le dernier tour est comprimé et comme relevé en bosse. Il n'y a point d'angle ni de rampe montant en spirale le long de chaque tour. Cependant le test est moins lisse que celui de l'espèce précédente, et l'on voit, sur la Colombelle bossue, des stries longitudinales et transversales; elles sont fines.

La moitié inférieure du dernier tour est sillonnée. La lèvre est moins épaisse; elle offre la même saillie à l'intérieur. Ses dents sont plus fortes. L'angle supérieur de la lèvre n'est pas aussi saillant. Près de cet angle, la columelle a une callosité très-forte qui manque toujours à l'autre espèce. Les plis de la base de la columelle sont plus forts.

La couleur est roussâtre, plus égale, et n'offre de points blancs que sur la moitié inférieure du dernier tour. Le bord externe de la lèvre est jaunâtre; l'interne est blanc comme le dedans de la coquille. On voit des individus qui ont de grosses taches blanches.

La hauteur de ces coquilles n'est aussi que d'un pouce.

Je crois que M. Sowerby a pris cette espèce pour le Colombella strombiformis. Sa figure me paroît représenter le C. gibbosa et non pas celle de M. de Lamarck que j'ai vue dans la collection de M. le duc de Rivoli.

COLOMBELLE A COTES.

COLOMBELLA COSTATA, *testa parva, subfusiformi; nitida, rufa, lineis albis angulosis fulguralibus eleganter picta; longitudinaliter tenuissime striata, superne costata, in ultimo anfractu prope aperturam costis longitudinalibus parallelis quatuor, et prope suturam tuberculis compressis instructa; labro subedentulo.*

Habitat ad portum Acapulco.

La Colombelle dont je donne ici la description est une des plus élégantes du genre. La spire se compose de sept tours. Le dernier est un peu plus haut et plus renflé que les autres, et comme il s'amincit à peu près dans des proportions égales à la grosseur du cône, la coquille est presque fusiforme.

Il y a des stries verticales visibles à la loupe. Les tours supérieurs ont des côtes longitudinales sur leur pourtour, mais le dernier n'en a que quatre du côté de la bouche; le reste de la surface est lisse, et couronné, près du bord spiral, par une série de tubercules élevés et comprimés. L'ouverture de la bouche est très-étroite; la lèvre, foiblement arrondie, a une saillie sur le milieu de la longueur. Les dents du bord interne sont très-petites. La surface du test est brillante et polie. Le fond roux vif est variépar de nombreuses lignes flexueuses et anguleuses en zigzag comme la trace de l'éclair. L'intérieur de la bouche est blanc.

La hauteur est de 8 lignes.

MITRES.

Les Mitres ont été séparées du genre des Volutes par M. de Lamarck : elles comprennent tous les columellaires turriculés, dont les plis diminuent d'épaisseur à mesure qu'ils sont plus près de la base. Ils sont pour l'ordinaire au nombre de quatre.

Je n'ai qu'une espèce à ajouter au nombreux catalogue que M. de Lamarck nous a laissé. Je propose de la nommer

MITRE TOUR DE BABEL.

Elle présente, en effet, par la ligne noire qui monte le long de la rampe spirale, la figure que l'on donne le plus souvent à ce qu'on nomme la Tour de Babel. Elle est une des plus élégantes du genre, et elle appartient à la division des Mitres turriculées et à côtes, voisine du M. tæniata, M. lyrata, M. vulpecula. Son caractère peut être ainsi exprimé :

Mitra babea, *testa conico-turrita, acuta, costata; albida, nigro et rufo circumcincta; striis longitudinalibus exiguis, sulcis transversis parvis.*

Habitat ad Acapulco.

On compte onze tours de spire à cette coquille. Le dernier n'a guère plus de hauteur que tous les autres pris ensemble. Son épaisseur a près du quart de la hauteur totale. De fines stries longitudinales s'aperçoivent à la loupe; les sillons transversaux, quoique très-petits, sont visibles à l'œil sans le secours d'aucun instrument. Ils sont assez nombreux sur le dernier tour; on n'en voit que quatre sur le pénultième, et sur les autres il n'y en a plus que trois. Ce qui donne un aspect élégant à la forme élancée de cette coquille, ce sont les nombreuses côtes longitudinales parallèles et rapprochées qui sont élevées sur chaque tour, de manière à se correspondre parfaitement et à former de nombreuses cannelures sur le haut de la coquille. Ces côtes paroissent encore sur le ventre du dernier tour, près de la bouche; mais sur le dos, il y en a plus. Cette disposition distingue éminemment cette Mitre des espèces voisines qui sont entièrement cannelées. La bouche est étroite; le premier pli paroît sur le milieu de la hauteur de la columelle. Le bord de la lèvre est arrondi sans être épaissi; à l'intérieur, il y a quelques stries irrégulières. L'angle de la bouche est relevé, et a, dans son sommet, un pli calleux très-prononcé. Le fond de la couleur est blanc-grisâtre et brillant. La pointe de la spire est rousse. Un trait roux-jaunâtre descend en spirale sur le haut des premiers tours; il devient plus large à mesure qu'il avance sur les inférieurs, et finit par être une bande noirâtre qui tranche fortement sur le blanc de la coquille. Trois autres bandes de la même couleur traversent le dernier tour; l'une naît de l'angle de la bouche et semble la continuation du trait spiral, elle s'étend par une nuance très-fondue et grise jusqu'au bord supérieur de la seconde bande qui est grise foncée et nettement tranchée; la troisième, plus roussâtre, est plus étroite. L'extrémité de la coquille est grise. Une bande et des petits traits déliés et jaunâtres descendent aussi en spirale sur le milieu des tours et s'effacent sur le dernier entre les deux bandes noires supérieures. Le bord de la lèvre a quatre taches noirâtres, une dans l'angle, une à la base et les deux autres dans le milieu. La gouttière du syphon est noirâtre, la columelle offre quelques teintes roussâtres; l'intérieur de la coquille est blanc-bleuâtre.

L'individu que je décris est haut de 2 pouces.

PORCELAINE.

Le genre des Porcelaines (Cypræa) se compose d'espèces nombreuses et qui ont entre elles tant d'affinités qu'elles forment une division naturelle à laquelle les successeurs de Linneus n'ont presque pas fait de changement.

MM. de Humboldt et Bonpland ont découvert trois espèces nouvelles de ce genre, deux d'entre elles paroissent abondantes sur les côtes d'Acapulco; ces savans en avoient rapporté plusieurs individus. Ils ont été communiqués à M. de Lamarck qui en a publié la description détaillée dans les Annales du Muséum, Vol. XVI, p. 100 et 102, sous les noms de Cypræa arabicula et Cypræa radians. Les détails donnés par cet auteur me dispensent de revenir sur ces espèces et d'en donner ici de nouvelles descriptions. La troisième doit être plus rare, car les collections de M. de Humboldt n'en renferment qu'un seul individu. Les naturalistes anglois ont pu cependant se le procurer, et l'espèce a été dédiée par M. Duclos à M. de Lamarck. Ainsi elle porte le nom de

PORCELAINE DE LAMARCK.

Cypræa Lamarkii, *testa ovata oblonga, supra livido-lutescente ; punctis albidis sparsis, infra alba.*

Cette Porcelaine est voisine de la Caurique, et elle n'en diffère même que par l'absence des points noirs que celle-ci porte sur les côtés. Le bord du bourrelet est légèrement dentelé. Du reste, la coquille offre le poli et le brillant des autres espèces. Sur un fond gris-bleuâtre, mélangé de jaunâtre, le dos est couvert de nombreux points blancs. Le dessous de la coquille et les dents qui bordent l'ouverture sont d'un beau blanc pur.

L'individu est long de 18 lignes; mais celui que M. Duclos possède dans sa collection est plus grand.

OLIVE.

Le genre des Olives que l'on doit à Bruguières se compose d'espèces rapprochées, suivant leurs rapports naturels : elles faisoient parties des Volutes de Linnée.

M. de Humboldt en a rapporté trois belles recueillies à Acapulco. Elles ont été toutes les trois décrites par M. de Lamarck, et avec son exactitude ordinaire, dans les excellentes monographies insérées dans les Annales du Muséum, Vol. XVI. Il leur a donné les noms. d'*Oliva testacea*, *Oliva volutella* et *Oliva zonalis*. M. Duclos, auteur d'un très-beau travail sur ce genre de coquille, pense que l'on doit réunir dans une même espèce l'Oliva testacea et l'Oliva hiatula qui ne diffèrent l'une de l'autre que par une spire un peu plus pointue, ce qui dépend de la jeunesse de l'animal. La seconde espèce, l'Oliva volutella, a été fort joliment figurée dans l'*Index testaceologicus or Catalogue of Shells, published by W. Wood*, sous le nom de Voluta cærulea, Suppl., pl. 4, fig. 36. Les descriptions de M. de Lamarck étant bien suffisantes, je crois inutile d'ajouter des observations minutieuses à celles publiées par le savant que je viens de citer.

CONES.

Les Cônes ont une forme encore plus constante et plus caractérisée que les Porcelaines; aussi ce genre de coquilles est resté tel que Linné l'avoit formé. Bruguières et M. de Lamarck en ont publié d'excellentes monographies, et ont ajouté un grand nombre d'espèces à celles que Linné put connoître. Ces coquilles sont très-recherchées à cause de la vivacité des couleurs dont plusieurs sont peintes. Leur forme, régulière et conique, ne présente pas toutefois ces singularités de quelques autres mollusques qui excitent la curiosité des conchyologistes. Plusieurs Cônes sont cependant si recherchés, et leur rareté est telle qu'ils s'élèvent souvent à un très-grand prix. M. de Humboldt a rapporté une de ces espèces précieuses, le Cône royal (*Conus regius*, Brug.) et plusieurs autres que je ne trouve pas décrites dans le catalogue des cent quatre-vingt-une espèces caractérisées dans l'Histoire naturelle des animaux sans vertèbres. Elles n'existent pas non plus dans les magnifiques collections rassemblées par M. le duc de Rivoli, et qu'il ouvre aux savans avec une bienveillance digne de toute leur gratitude; de sorte que je puis les regarder avec raison comme nouvelles pour la science. Une est très-curieuse en ce qu'elle est si voisine du cône fossile nommé *Conus deperditus*, Lam., que l'on pourroit la regarder comme son analogue. Parlons d'abord du

CONE ROYAL.

CONUS REGIUS, *testa oblongo-turbinata, coronata, tenuiter striata; nitida, rosea, lineis purpureo fuscis, sinuosis, subramosis, longitudinaliter picta; spira subconvexa.*

Conus princeps, Lin.
Conus regius, Brug. et Lam.
Encycl., pl. 318, fig. 3.
Habitat ad portum Acapulco.

Les naturalistes connoissent ce Cône fort rare par la bonne figure que l'on en trouve dans l'Encyclopédie et par les descriptions détaillées qu'en ont laissé Bruguières et Lamarck. Nous avons à ajouter quelques mots sur l'épiderme. Notre coquille, prise fraîche, a un épiderme roussâtre assez épais, strié longitudinalement, et portant en outre quatre cordelettes formées par des séries parallèles et transversales de nodosités ou de petits tubercules qui ne laissent aucune impression sur le test.

L'individu n'est pas très-grand, il n'a que 14 lignes de haut.

CONE MILLE RAIES.

CONUS LINEOLATUS, *testa turbinata, coronata, lævi; lutea, lineolis creberrimis, rubeculis longitudinaliter signata; spira depressa.*

Habitat ad Acapulco.

Ce Cône a les formes semblables à celles du Cône royal. Il est comme lui de la division des espèces à coquille couronnée : il n'a pas le test luisant, strié, soit longitudinalement, soit transversalement; là pointe du cône de la base est peu élevée, et la spire n'est pas convexe. On lui compte sept tours de spire. La coquille est jaune et rayée par de nombreux traits rougeâtres, fins, parallèles et verticaux.

Il est haut de 15 lignes.

CONE A CEINTURE.

Conus cinctus, _testa conica oblonga, longitudinaliter striata; nitida, albida, flammulis vel vittis longitudinalibus, angulosis, fulvis picta, et zonis obscurioribus sex punctorum fulvorum seriebus transversis circum-cincta, apice acuto._

Habitat cum præcedente ad Acapulco.

La coquille se compose de neuf tours de spire : la base du cône est étroite, et le cône, formé par la saillie de la spire, égale à peu près le quart de la hauteur totale. Le test brillant offre de nombreuses stries verticales. Sur un fond blanchâtre, la couleur est disposée par bandelettes ondulées en zigzag, orangées, pâles ou fauves, plus ou moins réunies entre elles. Sur le milieu du dernier tour, il y a une bande ou une ceinture roussâtre plus ou moins effacée; les deux bords de cette ceinture sont arrêtés par une cordelette de points rougeâtres, et on en voit d'autres moins marqués au-dessus et au-dessous.

. La hauteur de la coquille que j'ai décrite est de 15 lignes.

Cette nouvelle espèce est voisine du Conus hyæna; mais celui-ci a la base plus large, et de nombreuses stries transversales qui manquent à celui qui a fait le sujet de cet article.

L'espèce qui suit est certainement une des plus intéressantes coquilles que j'aie décrites dans ces monographies. Sans la rigueur que l'on doit mettre, à l'exemple de M. Deshayes, à rapprocher les espèces vivantes des espèces fossiles, avant de les regarder comme identiques, on seroit tenté de prendre ce nouveau Cône comme l'analogue du Cône perdu (_Conus deperditus_, Lam.). Décrivons d'abord l'espèce vivante. Je la nomme

CONE A SPIRALE.

Conus scalaris, *testa oblonga, fusiformi, subtiliter costigera, albida, rufo longitudinaliter variegata, anfractibus ad basim angulatis et in spiram scalarim decurrentibus, spira conica acuta.*

Habitat ad portum Acapulco.

Cette jolie coquille se compose de neuf tours, distincts, séparés et moins enroulés sur eux-mêmes que ceux des autres Cônes. Près de la base de chaque tour, il y a une carène aiguë qui trace le long de la spire une rampe spirale aplatie. La hauteur du cône de la base fait presque la moitié de celle de la coquille. Les stries verticales sont peu distinctes; mais les transversales sont écartées et relevées par des points très-marqués. Les plis de la base, près de l'échancrure, sont peu visibles.

La coquille offre, sur un fond blanc, de grandes taches plus ou moins régulières, jaunes. Quelques-unes forment des raies qui ne sont pas nettement dessinées. Sur la rampe, les taches sont plus rousses et généralement plus régulières.

La coquille n'a que 11 lignes de hauteur.

Si l'on compare cette espèce au Cône perdu, fossile commun dans les bancs coquilliers de Grignon de Courtagnon et de Bordeaux, on voit qu'il n'en diffère que par moins de hauteur du cône de la base, par l'absence de côtes transversales, par des plis nombreux, obliques, très-marqués au-dessus de l'échancrure, et par une rampe spirale plus oblique et moins large.

Ces différences sont suffisantes pour établir des caractères spécifiques entre ces deux Cônes; mais l'affinité des deux espèces n'en est pas moins très-frappante.

J'ai terminé, dans ces monographies successives, la description des belles et intéressantes coquilles rapportées des côtes occidentales de l'Amérique équinoxiale par les deux célèbres voyageurs dont les travaux ont fait faire tant de progrès aux sciences physiques.

L'examen de cette branche de la zoologie sur cette portion de la côte de l'Amérique du Sud ne sera pas sans intérêt pour le naturaliste, quand il remarquera, ainsi que j'ai toujours eu soin de le noter, les ressemblances qui existent entre les mollusques de cette partie du globe et les espèces semblables qui vivent à de grandes distances, soit dans des régions équatoriales, comme sur les rivages de Java, de Sumatra, ou qui, sortant des tropiques, se retrouvent dans la Méditerranée, et avancent même jusque sur les côtes arides et peu nombreuses en animaux de nos mers plus septentrionales, et enfin entre plusieurs coquilles vivantes, et les espèces fossiles qui abondent dans les couches de nos terrains tertiaires.

J'ai pu donner, dans cet ouvrage, avec beaucoup de précision, la description détaillée de chaque espèce. Les naturalistes ne peuvent trop étendre les descriptions des êtres, s'ils veulent arriver à les connoître assez bien pour en déduire des rapprochemens utiles à la solution des grandes questions de géographie physique qui restent encore à résoudre dans l'étude des espèces zoologiques.

Puissent mes travaux être de quelque utilité aux sciences naturelles et à ceux qui les cultivent, et n'être pas indignes du nom du physicien qui a bien voulu me permettre d'écrire dans ses ouvrages!

Paris, au Jardin des Plantes, ce 30 novembre 1831.

NOTE SUPPLÉMENTAIRE

LE DOUROUCOULI (SIMIA TRIVIRGATA),

(Humboldt, Obs. zool., Tom. I, p. 3o6, pl. xxviii).

———

Je n'ai aucune raison de douter de l'identité d'espèce du singe de nuit que j'ai décrit et de celui que j'ai vu vivant à Paris. Il paroît seulement que l'individu examiné pendant mon voyage avoit l'oreille externe, organe si variable, moins développée. Je n'ai pas d'ailleurs nié son existence. J'ai dit que le pavillon de l'oreille consiste dans un petit rebord membraneux qui est à peine sensible. (*Obs. zool.*, Vol. I, p. 3o7.) Dans le tableau général des singes d'Amérique, je donne pour caractère du genre (*Ibid.*, Vol. I, p. 358) « oreilles extérieures très-petites. »

On a sans doute eu raison de supprimer le nom d'Aotus d'Illiger, quoiqu'on ait par exemple un Ateles pentadactylus (le Chameck) dont la main n'est pas très-parfaite.

M. Spix a retrouvé, sur les bords de l'Amazone, le Douroucouli dont il a publié une assez bonne figure dans son Histoire des singes d'Amérique, sous le nom de *Nyctipithecus vociferans*, Spix, pl. 19.

Le même voyageur fait connoître une seconde espèce du même genre, mais dont les habitudes paroissent assez différentes, sous le nom de *Nyctipithecus felinus*, Spix, pl. 18.

On trouve, dans le même ouvrage de cet infortuné voyageur, une espèce nocturne de singe, nommée *Brachyurus Ouakary*, Spix, pl. 8. En comparant cette espèce avec celle que j'ai publiée sous le nom de *Simia melanocephala*, *Obs. zool.*, Vol. I, p. 317, xxix, je pense que le Cacajao doit être rapproché des singes de nuit. (*Humboldt.*)

NOUVELLES OBSERVATIONS

SUR

LE CAPITAN DE BOGOTA,

EREMOPHILUS MUTISII,

(HUMBOLDT, OBS. ZOOL., VOL. I, P. 17, PL. VI;)

PAR A. VALENCIENNES.

~~~~~~~~~~~

LE singulier poisson qui fait le sujet de ce nouveau mémoire est un de ces êtres que la nature nous montre comme des types particuliers et isolés au milieu de ces grands groupes d'animaux qu'elle semble avoir faits sur un modèle unique, dont elle s'est plu à varier à l'infini les formes extérieures ou intérieures.

Ces types isolés se rattachent cependant, par l'ensemble de leur organisation, aux espèces réunies dans les grandes classes; mais si le naturaliste examine avec détail leur structure, il rencontre des anomalies toujours difficiles à rapporter aux règles établies, tant ces règles sont faibles et petites par rapport à la puissance productive de la nature.

Cependant ces espèces anomales sont précieuses à étudier ; elles servent à établir de plus en plus la supériorité des méthodes naturelles; et quand ces animaux, si étranges au premier aspect, peuvent être ramenés aux règles qui ont servi de base à la méthode, ils prouvent que le naturaliste a réussi, peut-être même au-delà de ses espérances, dans la précision de sa classification.

La classe des poissons est composée d'animaux conformés pour vivre dans l'eau, et pour y respirer l'air interposé entre les molécules de ce milieu. Tous ont donc des branchies ; mais il n'y a pas de classe d'animaux qui présente plus de variations dans les formes extérieures ou intérieures des organes qui ne
~~~~~~~~~~~

servent pas à l'acte même de la respiration. Les branchies elles-mêmes ont souvent des appendices plus ou moins compliqués, qui n'altèrent pas cependant leur forme principale et leur premier usage. L'organe intérieur qui présente le plus de changemens dans sa forme ou même dans son existence est la vessie aérienne, organe dont l'usage est encore un problème pour l'ichthyologiste.

Je ne parlerai pas ici des variations de formes de la tête ou du corps dans des espèces souvent rapprochées dans une même famille, mais des variations des membres. On voit non seulement tel système de nageoires manquer dans une série d'espèces qui composent un ordre entier, tel est celui des Anguilliformes; mais dans ce même ordre, on observe des poissons qui ont des pectorales et d'autres qui en sont dépourvus; d'autres espèces, d'ailleurs assez voisines, manquent tout-à-fait de nageoires, des verticales comme des nageoires paires : ces variations n'altèrent plus la méthode naturelle quand les caractères ne sont pas tirés d'organes aussi sujets à manquer. C'est un des grands pas que M. Cuvier a fait faire à l'Ichthyologie que d'avoir prouvé le peu de valeur tiré de la présence, de l'absence, ou de la position des nageoires.

Prenant pour base des caractères plus fixes tirés de la nature même des rayons des nageoires, des dents, et de la conformation générale des espèces, cet illustre naturaliste a composé des familles où se trouvent réunis des poissons thoraciques et des poissons jugulaires ou abdominaux, sans blesser pour cela les rapports naturels; tels sont nos Percoïdes [1]. La famille des Scombéroïdes se compose non seulement de poissons thoraciques, mais nous avons dû y réunir les Trichiures [2], qui étoient avant nous placés parmi les Apodes ou réunis aux Gymnètres dans une famille particulière. Ils ne peuvent être associés à ces poissons eux-mêmes assez hétérogènes, et nous avons prouvé qu'ils sont beaucoup plus voisins des Thons et de leurs congénères, quoiqu'ils manquent non seulement de ventrale, mais encore d'anale et de caudale. Dans cette même grande famille, la tribu des Espadons offre l'exemple de poissons thoraciques, jugulaires et apodes [3].

Le Capitan de Santa-Fé de Bogota est un nouvel exemple du peu de valeur du caractère tiré des nageoires. M. de Humboldt, qui l'a fait connoître il y a maintenant plus de vingt-cinq ans, n'ayant d'autre guide que les classifications de Linneus, en fit un nouveau genre de l'ordre des Apodes. Cet ordre de Linnée se compose de poissons fort différens les uns des autres, et qui ont

[1] Cuv., Val., Hist. nat. des poiss., Tom. II, p. 1.
[2] *Loc. cit.*, Tom. VIII, p. 235.
[3] *Loc. cit.*, Tom. VIII, p. 254.

entre eux des rapports éloignés : les uns, comme les Trichiures, les Stromatées, les Xyphias, appartiennent à la famille des Scombres; les autres, comme l'Anarrhique (Anarrhicas lupus), avoisinent les Blennies; les Sternoptyx sont voisins des Saumons. Le nouveau genre réuni à cet ordre n'a d'autres rapports avec les nombreuses espèces dont Linnée composoit ses Apodes que de manquer de ventrales; mais on pouvoit juger par sa physionomie singulière que ce n'étoit pas la véritable place de ce poisson dans une méthode naturelle. La figure fort exacte, dessinée par le célèbre voyageur qui l'a fait connoître, laissoit soupçonner quelques affinités avec les Cobitis; mais la description un peu courte, et faite dans l'esprit Linnéen, ne pouvoit suppléer à ce qui n'étoit pas indiqué pour établir les caractères du genre.

M. de Humboldt, toujours animé du désir d'être utile à quelque branche que ce soit de l'histoire naturelle, usa des facilités que lui fournissoit son savant ami, M. Boussingault, établi à Santa-Fé, pour mieux faire connoître ce nouveau genre. Une de ses recommandations fut de nous procurer le Capitan de Bogota. Le voyageur n'oublia pas les sollicitations de M. de Humboldt, et il lui envoya un individu entier et un squelette, long chacun d'un pied. Ces poissons nous furent aussitôt remis au Jardin des Plantes. C'est sur eux que nous avons fait la description que l'on va lire, rectifié quelques erreurs échappées à M. de Humboldt, et reconnu les rapports qui lient ce poisson à ceux qui sont déjà bien connus.

Les intermaxillaires suspendus à l'éthmoïde, les maxillaires petits et servant de pédicules aux barbillons maxillaires, l'absence de sous-opercules, la grandeur même des huméraux montrent que c'est dans la famille des Siluroïdes que le Capitan ou l'Eremophilus, ainsi que l'a nommé M. de Humboldt, doit être placé : l'absence de rayons épineux à la pectorale est un caractère qui lui est commun avec le Silure électrique du Nil (Malapterus electricus, Geoffr.), qui a d'ailleurs, comme l'Erémophile, la peau nue et sans écailles, la bouche petite, fendue horizontalement et dont les mâchoires sont garnies de dents en velours; le nombre même de leurs rayons branchiostèges est assez voisin, car le poisson du Nil en a sept et celui de la petite rivière de Bogota en a huit. Enfin, nous démontrerons à la fin de cet article que les eaux douces de l'Amérique nourrissent un genre particulier d'abdominaux, pourvu de ventrales, qui ressemble d'une manière frappante à l'Erémophile, et qui tient en même temps du Malaptérure. Prouvons maintenant par la description que les rapports indiqués ci-dessus sont fondés.

Le corps de l'Erémophile est alongé, déprimé en coin vers la partie antérieure, arrondi dans le milieu et comprimé dans toute la région caudale. La ligne du profil supérieur monte insensiblement en ligne droite de l'angle du museau vers l'occiput; elle devient légèrement concave au-delà de la nuque, se relève d'une manière sensible bientôt après, et offre la plus grande convexité au milieu de la longueur du corps. Elle s'abaisse de nouveau en arrière de la dorsale pour se relever encore sur l'origine de la caudale. La courbure du ventre fait moins de sinuosités : elle est régulièrement concave depuis le bout du museau jusqu'à l'anale; elle oppose une convexité à la concavité supérieure de la queue; mais elle s'abaisse et redevient concave près de l'origine de la nageoire caudale, disposition qui élargit beaucoup l'agent de progression du poisson et doit ainsi en faire un bon nageur.

C'est donc vers le milieu qu'on mesure la plus grande hauteur du corps du poisson, laquelle n'est guère que du sixième de la longueur totale. L'épaisseur prise au même endroit fait les trois quarts de la hauteur. La longueur de la tête, mesurée depuis le bout du museau jusqu'à l'angle de l'opercule, est contenue six fois dans celle du corps, la caudale non comprise, et six fois et deux tiers dans la longueur totale. La largeur de la tête, prise à la nuque, égale à très-peu de choses près sa longueur, et la hauteur, au même endroit, en surpasse un peu le tiers. La largeur de l'extrémité du museau égale la moitié de celle mesurée d'un opercule à l'autre.

Le dessus de la tête est aplati, et les côtés sont légèrement arrondis; les yeux, excessivement petits, ne paroissent que comme un point noir sur la tête, à égale distance du bout du museau et de l'angle de l'opercule. L'intervalle qui les sépare n'est pas tout-à-fait de la moitié de la longueur de la tête.

L'ouverture postérieure de la narine est grande, triangulaire et située au milieu de l'espace qui sépare l'œil du bord antérieur de la bouche. Une longueur égale à cet espace la sépare de celle du côté opposé. L'ouverture antérieure, plus petite, est percée au milieu de la distance du bout du museau à la narine postérieure. Les trois quarts de sa circonférence, du côté externe et postérieur, sont entourés d'une membrane qui s'élève en cornet au-dessus de la narine, et se prolonge en un fil délié formant un barbillon grêle dont la longueur fait plus que le tiers, mais moins que la moitié de celle de la tête. La longueur de ces barbillons peut être sujette à quelques variations, car ils paroissent plus longs sur la figure publiée par M. de Humboldt.

La bouche est fendue horizontalement à l'extrémité du museau. La mâchoire supérieure dépasse un peu l'inférieure. Toutes deux sont garnies d'une bande étroite de dents en soie et serrées. Ces bandes n'atteignent pas l'angle de la bouche. La lèvre supérieure se prolonge, près de la commissure, en deux barbillons égaux en longueur, et dépassent un peu l'œil; tous deux sont portés sur le pédicule osseux analogue du maxillaire supérieur des silures. Il n'y en a point à la mâchoire inférieure, dont la lèvre se réunit à la supérieure sous le barbillon. Le palais et la langue sont lisses et sans aucunes dents. Les pharyngiennes, en velours très-fin, sont groupées sur une petite plaque des pharyngiens antérieurs. La peau épaisse qui couvre le crâne passe sur les yeux, s'étend aussi sur toutes les pièces operculaires et les cache de manière qu'elles ne paroissent au dehors que par deux points. L'un est l'angle postérieur de l'opercule et l'autre le bord de l'interopercule. Ils forment deux petites plaques hérissées d'épines nombreuses et d'inégale grosseur.

L'ouverture des ouïes est médiocre. La membrane branchiostège embrasse l'isthme; elle est couverte par la peau épaisse de la tête; disposition qui permet peu de mouvement. Elle nécessite aussi l'emploi du scalpel pour compter exactement le nombre de ses rayons qui sont au nombre de huit. On n'aperçoit pas non plus un seul des os très-remarquables dont l'épaule est composée. La pectorale est petite, insérée assez bas. Elle a neuf rayons articulés; le premier seul est simple, les huit autres sont branchus. Les ventrales manquent entièrement.

La dorsale commence au milieu de l'espace compris entre l'ouïe et la fin de la caudale. Son étendue sur le dos ne fait pas le sixième de la longueur totale du poisson. Sa hauteur est moindre d'un quart que sa longueur. Le bord libre est arrondi vers la portion antérieure. Elle est composée de quinze rayons, dont les quatre premiers, simples et tranchans, restent cachés sous la partie épaissie de la base de la nageoire. On ne peut les voir que par la dissection et en soulevant la peau des onze autres qui suivent; les deux premiers sont simples, mais articulés; les autres sont rameux. L'anale commence sous le sixième ou le septième des rayons postérieurs de la dorsale. Sa composition est semblable à celle de cette nageoire. Elle a douze rayons, dont trois antérieurs, petits et cachés sous la peau; les neuf autres peuvent se compter à l'extérieur, et l'on voit que le premier est simple et articulé. L'anus est percé un peu en avant de la nageoire. La hauteur de la portion de queue qui suit immédiatement les deux nageoires verticales égale les deux tiers de la hauteur du corps prise en avant de la dorsale. La caudale est coupée carrément; mais les angles postérieurs et inférieurs sont arrondis. La base de cette nageoire est élargie, parce que les premiers rayons supérieurs ou inférieurs sont cachés sous une peau épaissie, relevée comme nous l'avons déjà dit, en parlant de la queue vue de profil. Le nombre des rayons visibles à l'extérieur est de treize, et il y en a onze au bord supérieur et douze à l'inférieur cachés sous la peau.

B. 8. D 4—11 A 3—9 C 11—13—12. P. 9. V. o.

La peau épaisse est entièrement nue : elle offre çà et là quelques ouvertures de pores muqueux. Ils sont moins nombreux sur la tête et sur les flancs que sur le ventre, et, on remarque le long de la ligne médiane de l'abdomen une série de pores plus gros et très-distincts, percés le plus souvent au centre d'une petite tache brunâtre. Je n'ai aperçu aucune trace de ligne latérale.

Le fond de la couleur du poisson conservé dans l'eau-de-vie est un jaune-verdâtre pâle, couvert par un réseau composé de traits noirâtres, sinueux, entrelacés, un peu effacés sous le ventre, où on ne voit plus que des points peu marqués sur le fond devenu grisâtre.

Je n'ai pu faire une splanchnologie très-complète de ce curieux poisson. J'ai trouvé un canal intestinal simple, long, replié quatre fois sur lui-même et faisant encore de nombreuses sinuosités entre chaque plis. L'ésophage et l'estomac forment un long tube qui occupe plus des trois quarts de la longueur de la cavité abdominale. L'intestin grêle a un diamètre moitié plus petit que celui de l'ésophage. Non loin de l'anus, on voit une petite dilatation terminée par la valvule placée comme à l'ordinaire à l'entrée du rectum. Il est court et très-étroit. La veloutée de l'intestin est fine, et les papilles sont serrées en fin velours.

Le foie ne doit pas être très-considérable, mais je ne puis en décrire la forme, parce qu'il n'étoit pas bien conservé. L'individu disséqué étoit une femelle dont les ovaires étoient remplis d'une très-grande quantité d'œufs de la grosseur de la graine de pavots. Les sacs formoient deux rubans étroits et pointus en avant, aussi longs que la cavité abdominale elle-même, et sont réunis en arrière, non loin du cloaque.

Ce poisson manque de vessie aérienne, ainsi que M. de Humboldt l'avoit déjà remarqué.

L'ostéologie de ce poisson présente des particularités non moins curieuses que la description de ses parties extérieures. Le crâne est aplati, et recouvert en dessus par un frontal assez petit, profondément entaillé par une échancrure ou fissure longitudinale. Il porte sur l'arrière deux petites crêtes divergentes. Le frontal antérieur est petit; le postérieur est au contraire assez grand et donne en arrière un angle étendu sur les côtés, et qui contribue à l'élargissement du crâne. Le mastoïdien est fort petit, et le surscapulaire est réduit à un petit stylet placé en travers sous le crâne. L'élargissement et la forme singulière de la première vertèbre est vraiment remarquable : elle donne de chaque côté un prolongement tubuleux, creux, qui semble être en communication avec l'intérieur du crâne et pourroit bien être une addition à l'appareil auditif.

L'huméral est très-grand, creusé et excavé en une large cuiller; sa partie supérieure est surmontée d'une petite apophyse articulée au-devant du tubercule de la première vertèbre, dont la face inférieure donne encore attache sur une impression rugueuse au corps de l'huméral. Le radial et le branchial sont très-petits; le premier os du carpe est élargi et aplati.

Je n'ai pu voir de sous-orbitaire, quelque soin que j'aie pris à le chercher sous la peau du poisson. Le préopercule est un arc osseux un peu caverneux, dont on ne voit rien au dehors. L'opercule est irrégulièrement triangulaire et prolongé en arrière en une apophyse ronde et grosse, terminée par les pointes qui saillent au-dessus de la peau. Il n'y a point de sous-opercule. L'interopercule a la forme d'un demi-arc aplati, dont le bord externe est également hérissé de pointes. Nous en avons parlé en décrivant l'extérieur du poisson.

La première vertèbre est suivie de quarante-une autres, et cet ensemble compose une colonne vertébrale divisée en deux portions à peu près égales vers l'anus. Les dix-neuf vertèbres antérieures sont abdominales, et présente aussi une forme remarquable. Les pophyses épineuses sont médiocres, les transversales sont au nombre de deux de chaque côté : l'antérieure a la forme d'une petite palette placée obliquement sur le côté du corps de la vertèbre; la postérieure n'est qu'un simple stylet osseux. Les premières côtes sont convexes et aplaties, et un peu élargies vers l'extrémité libre. Les autres sont grêles.

Telle est la description aussi complète que j'ai pu la faire de l'Erémophile. Ce poisson doit se nourrir de petits crustacés d'eau douce, car j'en ai trouvé des débris dans son estomac.

On ne doit pas attribuer l'hétérogénéité de ce poisson à l'élévation à laquelle il vit dans les Cordillères ; car, à une hauteur plus considérable, M. de Humboldt a retrouvé le *Pimelodus cyclopum* dont les formes sont tout-à-fait celles des autres Siluroïdes vivant sur le littoral de la mer.

L'Amérique nourrit un autre poisson, dont on trouvera la description détaillée dans notre grande Ichtyologie, que l'on pourroit appeler un Erémophile à nageoires ventrales.

Il a le corps arrondi en avant de la dorsale, comprimé vers la queue; la peau nue et sans écailles; la tête est petite, le museau déprimé, les yeux très-petits sur le dessus du crâne; les narines antérieures munies d'un barbillon; deux à l'angle de la mâchoire; des dents en velours ras; des petits groupes de pointes aux angles de l'opercule et de l'interopercule; tous caractères qui lui sont communs avec l'Erémophile; mais il n'a que six rayons branchiostèges, et, ce qui le distingue éminemment du Capitan de Bogota, ce sont des ventrales attachées au milieu de la longueur du corps. La dorsale est plus reculée que les ventrales, la caudale est coupée carrément, les pectorales sont insérées assez bas, très-près de la tête. Les nombres des rayons des nageoires sont ainsi comptés :

B. 6. D 4—7 A 3—7 C 7—13—8. P. 9. V. 5.

C'est un petit poisson noirâtre, long de 5 pouces, qui vit dans les eaux douces des environs de Rio-Janeiro.

Nous prenons pour le nouveau genre le nom de Trichomycterus, imaginé par M. de Humboldt, et l'espèce s'appellera *Trichomycterus nigricans*.

M. de Humboldt a fait connoître, dans le même mémoire, un autre poisson également *sui generis*, et qu'il a nommé Astroblepus. Nous n'avons pas été aussi heureux pour ce *Pescado negro* de la rivière de Palacé que pour l'Erémophile. Il ne nous en est pas encore parvenu, de sorte que nous sommes réduits à conjecturer, d'après ses formes et ses affinités avec l'Erémophile, que l'Astroblepus doit être aussi un Siluroïde sans ventrales et sans armure à la pectorale.

FIN DU SECOND VOLUME.

TABLE DES MATIÈRES

CONTENUES

DANS LE SECOND VOLUME.

1.

2.

3.

4.

5.

6.

7.

8.

9.

10.

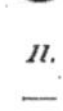

11.

12.

13.

1.

2.

3.

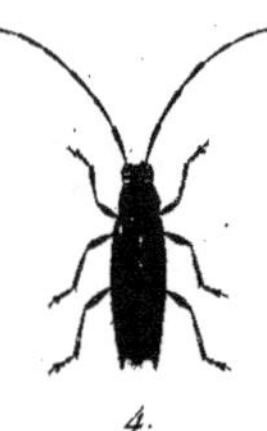

4.

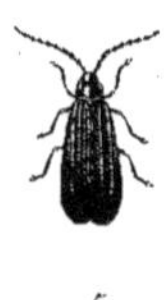

5.

6.

7.

8.

9.

10.

11.

12.

1.

2.

3.

4.

5.

6.

7.

8.

9.

10.

11.

12.

1.

2.

3.

4.

5.

6.

7.

8.

9.

10.

11.

12.

Gravé par Bouquet.

1. Orcus.

2.

3. Epaphus.

4.

5. Nessus.

6.

7. Nemesis.

8.

1. *Thamyris.*

2.

3. *Cyane.*

4.

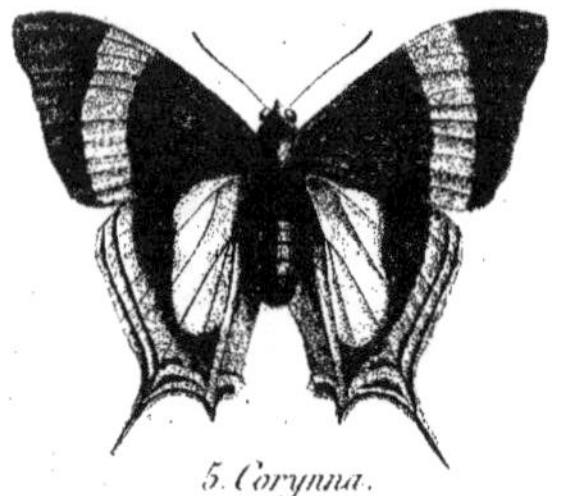

5. *Corynna.*

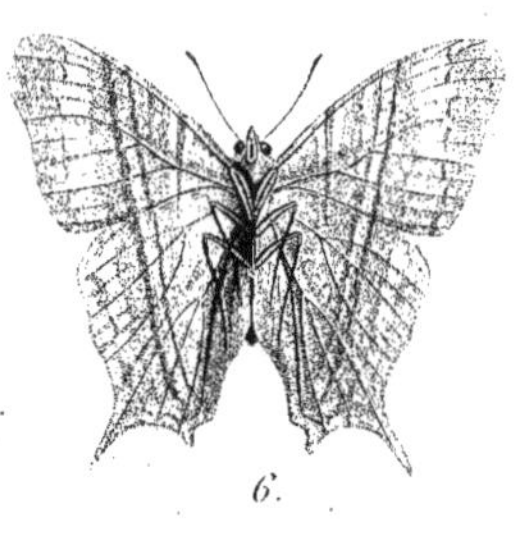

6.

7. *Neleus.*

8.

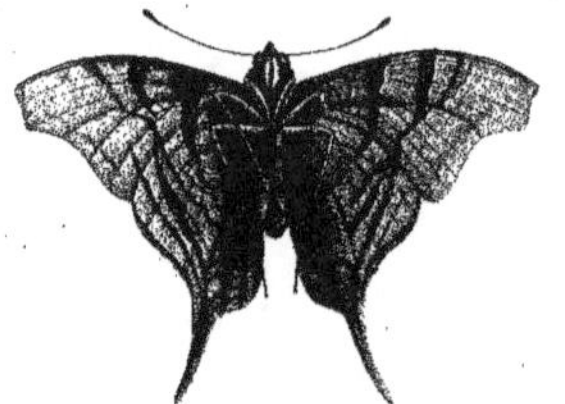

1. Dione.

2.

4.

3. Ops.

5. Pitheas.

6.

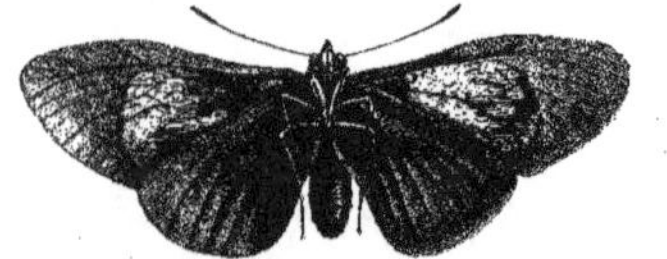

7. Stratonice.

8.

1.

Xylocope chrysoptère. fem.

3.

Poliste erythrocéphale. fem.

2.

Xylocope mi-partie. fem.

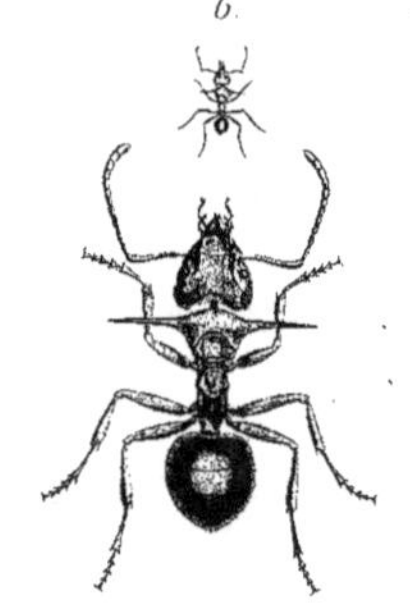

6.

7.

N.os 6 et 7. Fourmi belliqueuse. mulet.

5.

Ichneumon rubigineux. fem.

4.

Poliste rufipenne. fem.

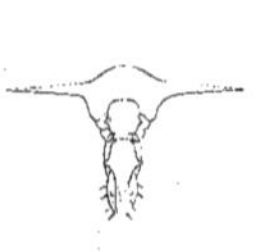

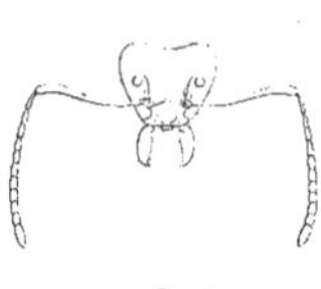

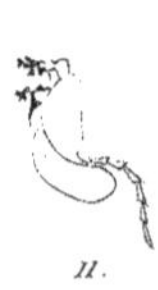

12.   9.   8.   11.   10.

Diverses parties du Corps de la F. belliqueuse grossies

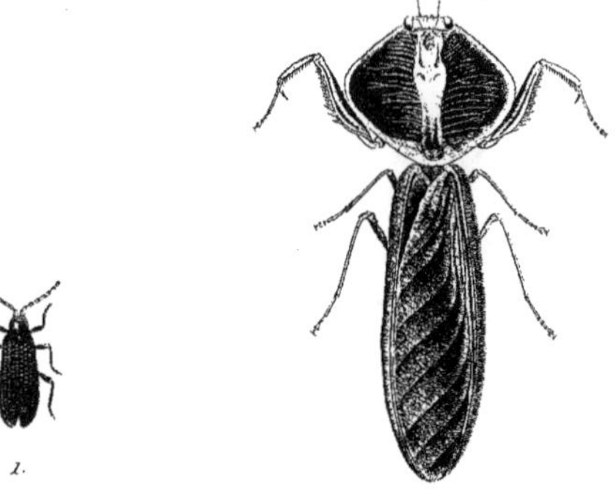

1.

2.

4.

5.

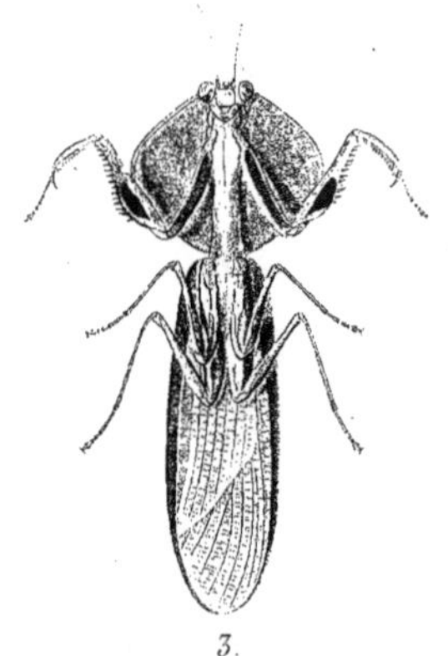

3.

6.

7.

8.

1. 2. 3. 5. 6. 7. 4. 9. 8. 10. 11.

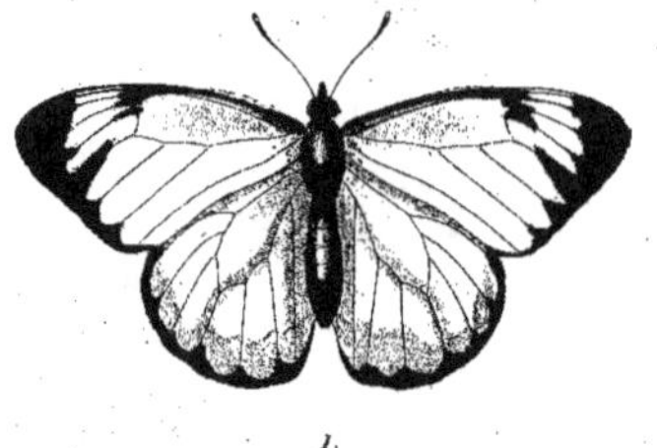

1.

2.

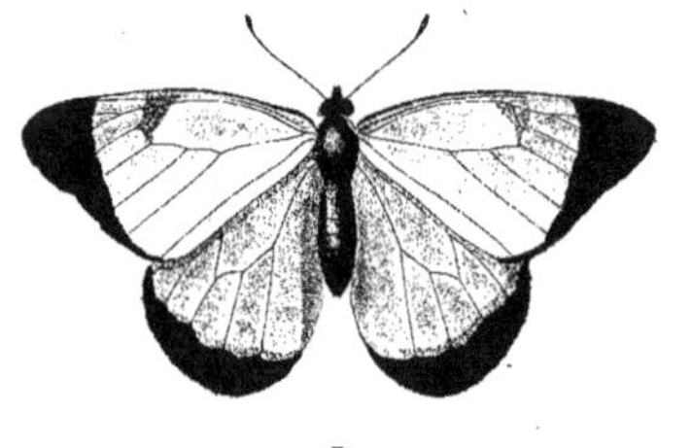

3.

4.

5.

6.

7.

8.

5.

6.

3.

4.

7.

8.

1.

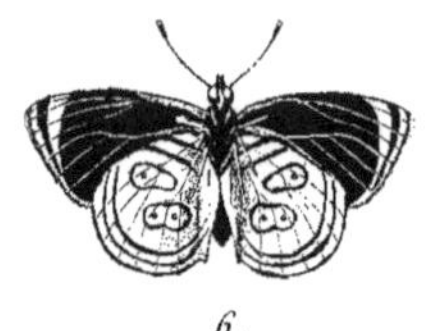

2.

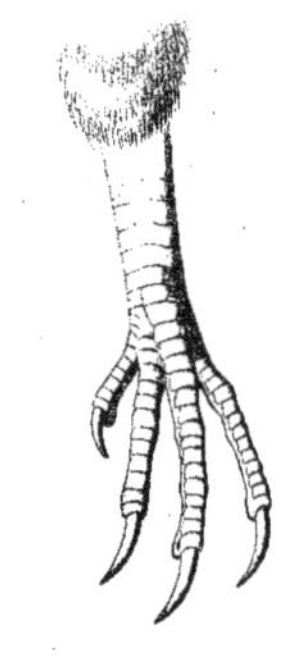

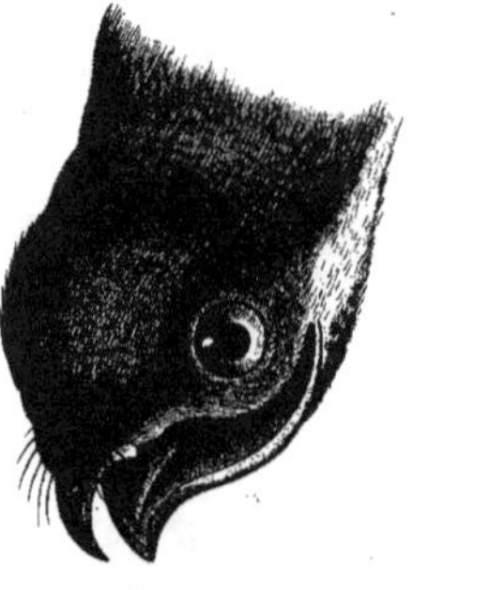

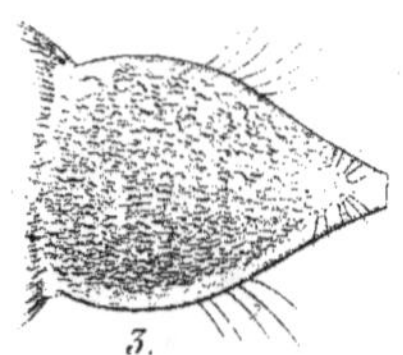

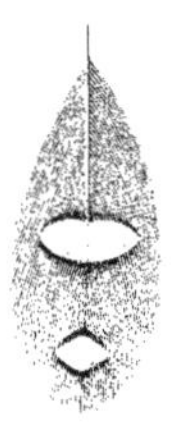

STEATORNIS CARIPENSIS.

1. Tête. 2. Pied. 3. Machoire infer. vue de dessous. 4. Plume. 5. Caprimulgus grandis. 6. Caprim. europæus.

Huet, d'après un dessin de M.r J. Humboldt.

Gravé par Coutant 1817.

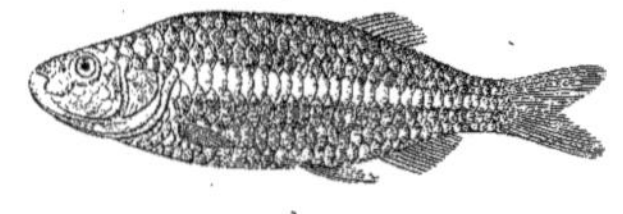

1.

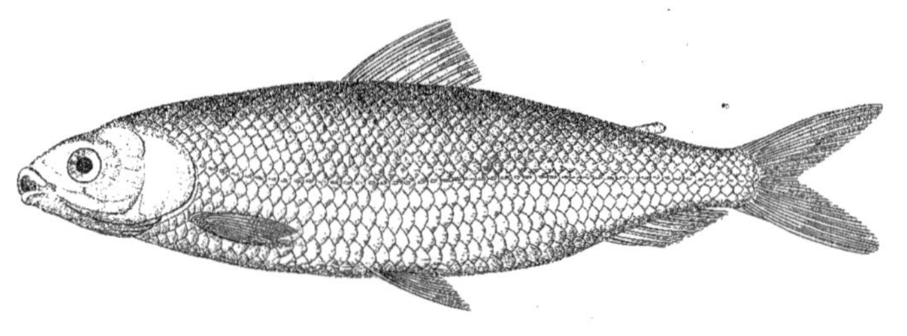

2.

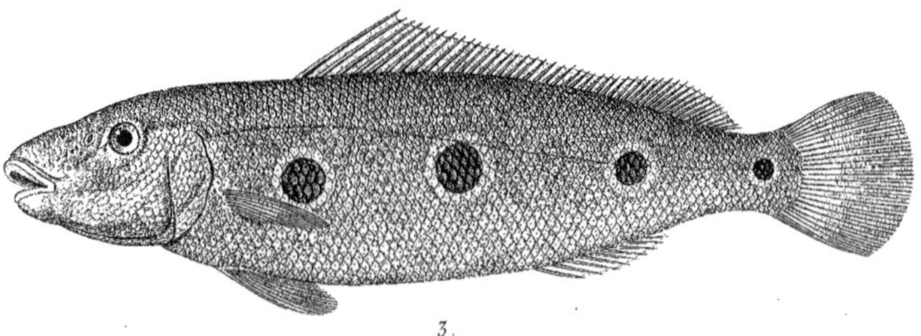

3.

Dessiné par Bret, d'après des esquisses de Mr. de Humboldt.

Gravé par l'enfant

De l'Imprimerie de Langlois.

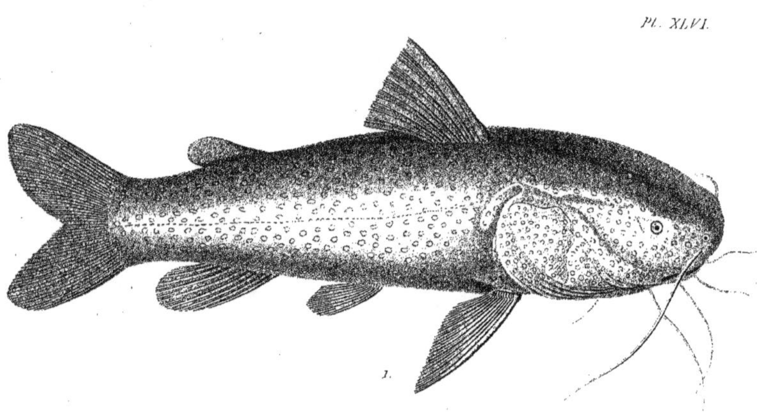

1.

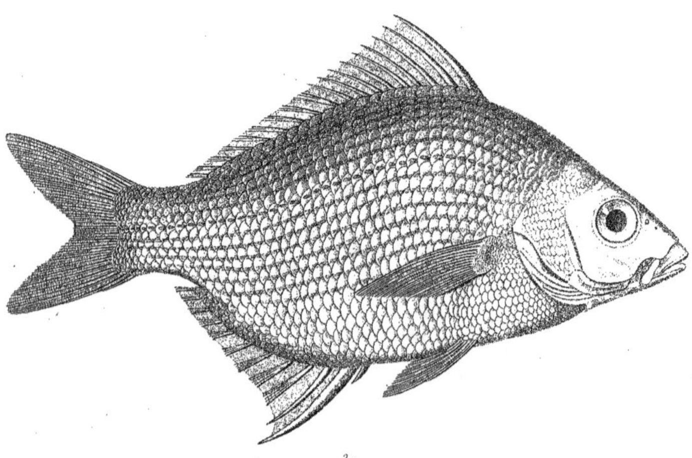

2.

Dessiné par Huet, d'après des esquisses de Mr. de Humboldt.

Gravé par Coutant.

De l'Imprimerie de Langlois.

Pl. XLVII.

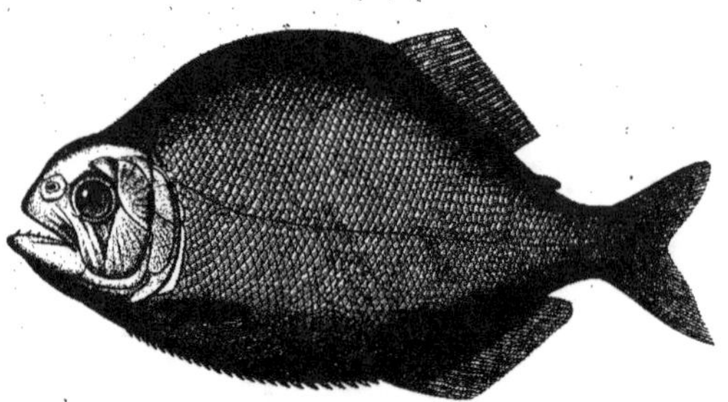

1.

2.

Dessiné par Huet, d'après des croquis de Mr. de Humboldt.

Gravé par Coutant.

De l'Imprimerie de Langlois.

1.

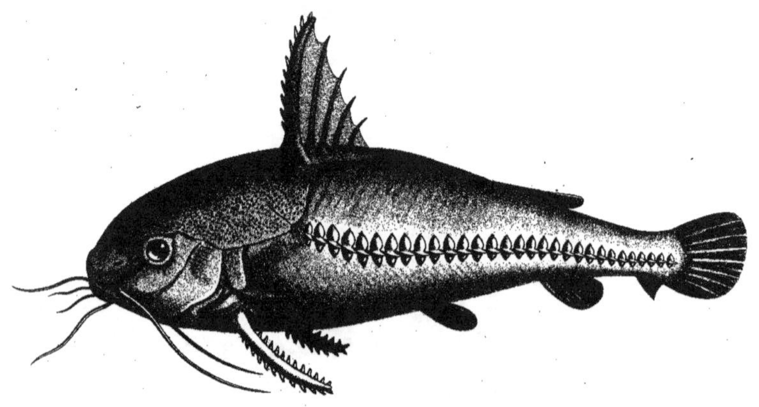

2.

1. a.

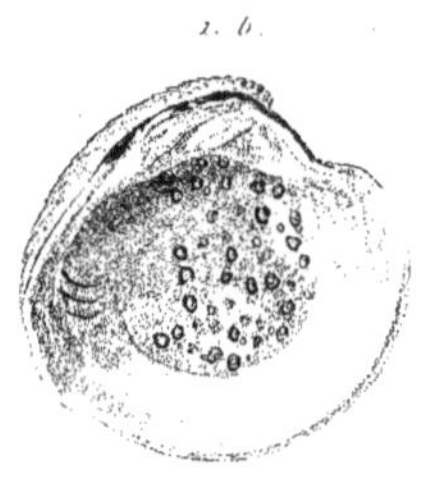

1. b.

3. a.

2. a.

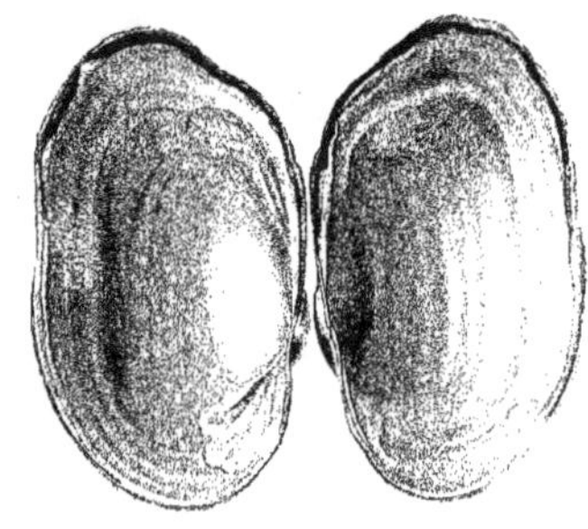

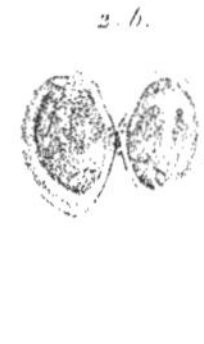

2. b.

1. c.

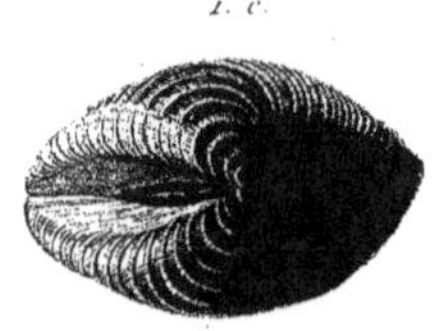

3. b.

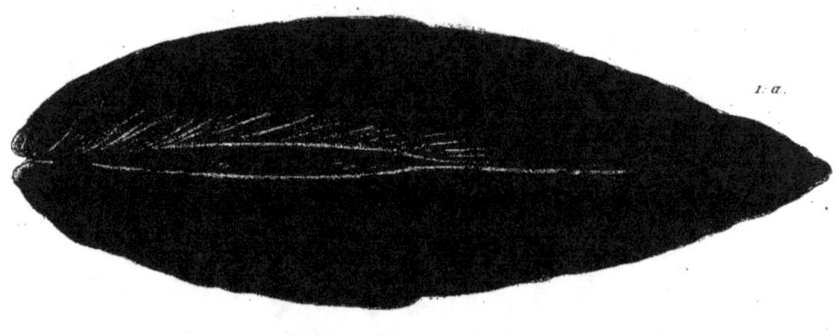

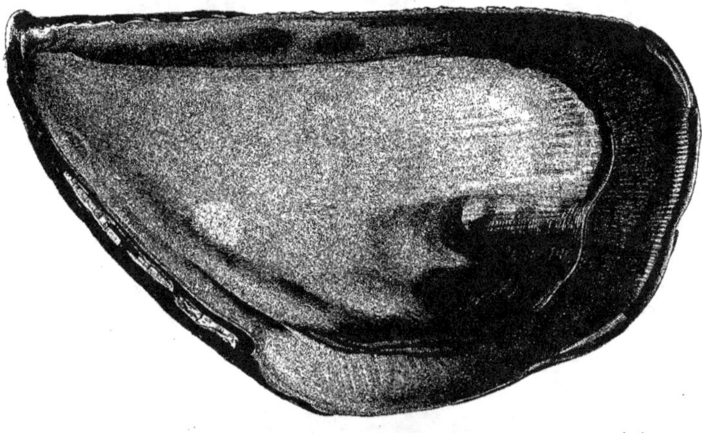

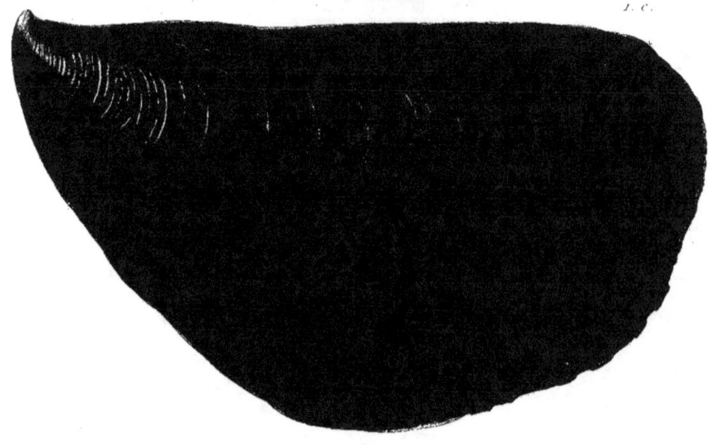

tiré par l'enfant.

Pl. I.

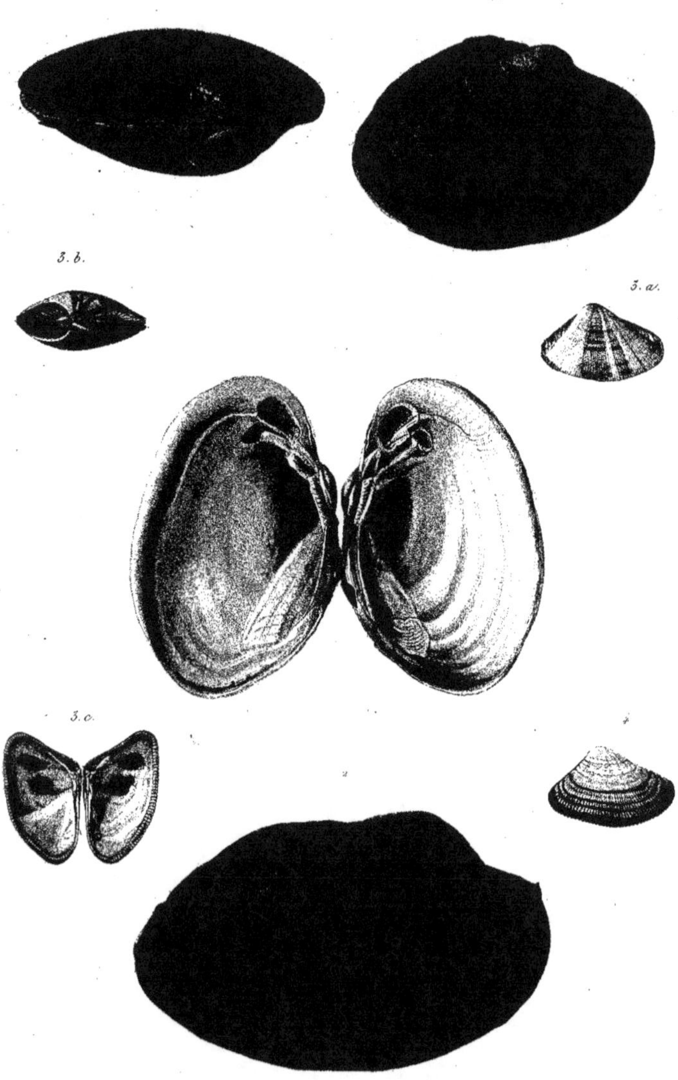

Huet del.t

Coutant sculp.t

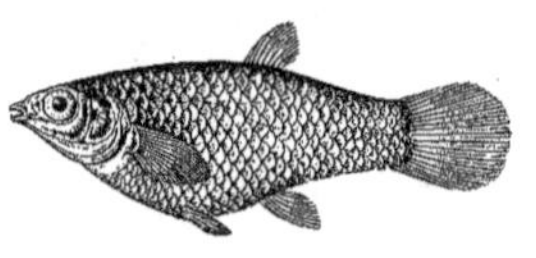

1.

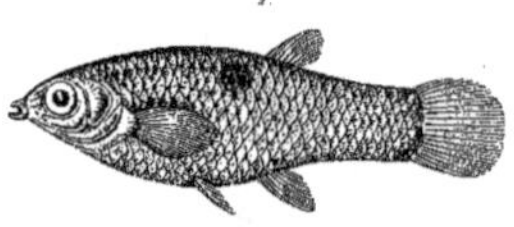

2.

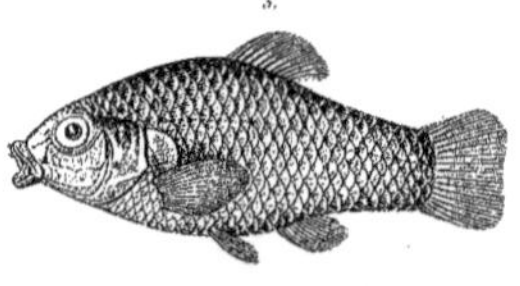

3.

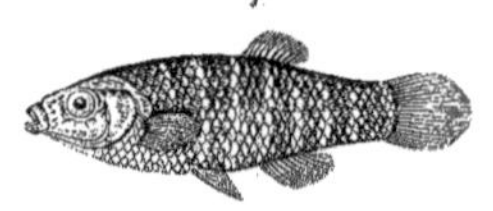

4.

5.   6.   7.

H. J. Redouté del.t

Coutant sculp.t

De l'Imprimerie de Lang.

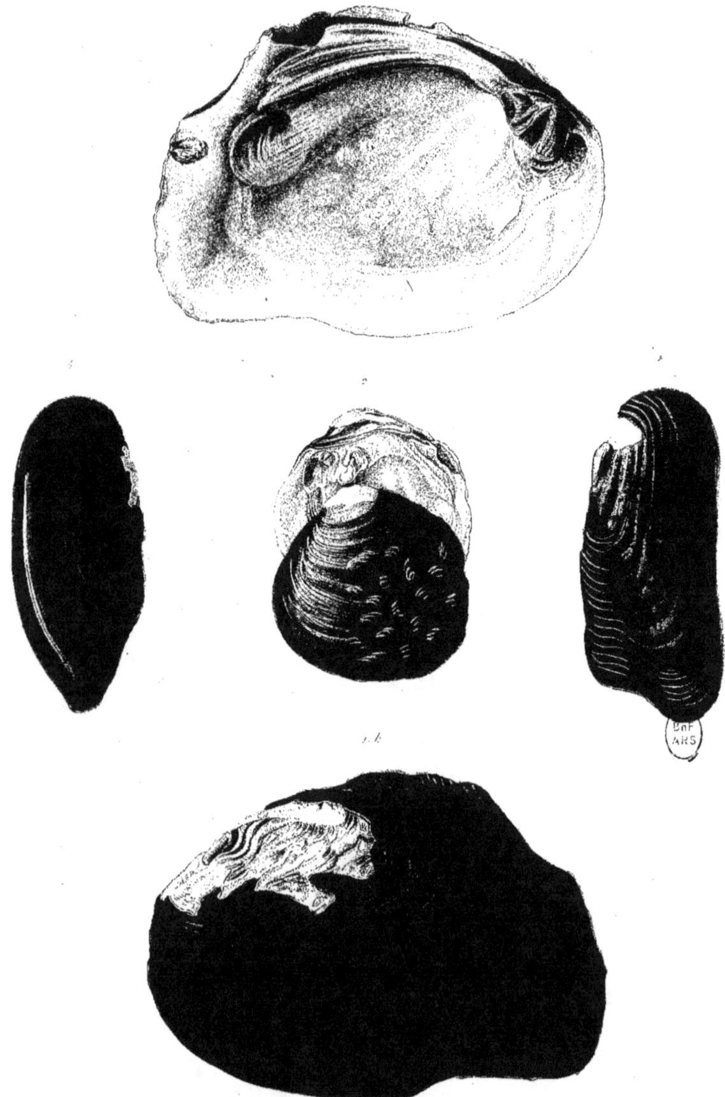

Pl. LIV.

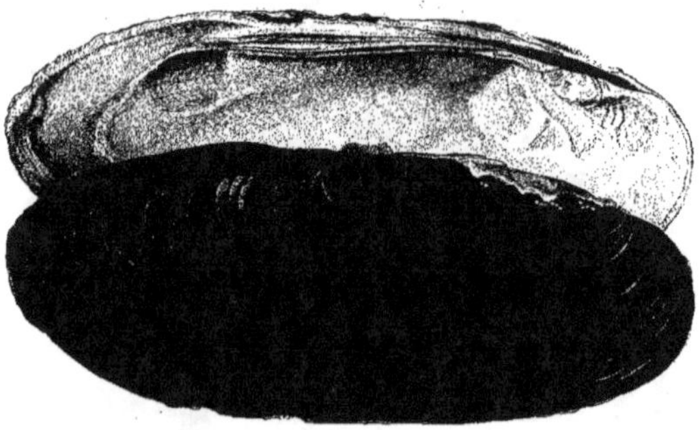

2. a.

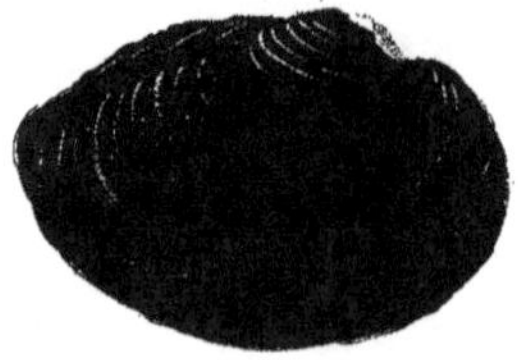

2. b.

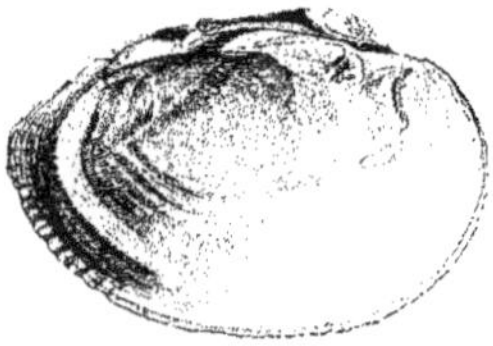

3. a.

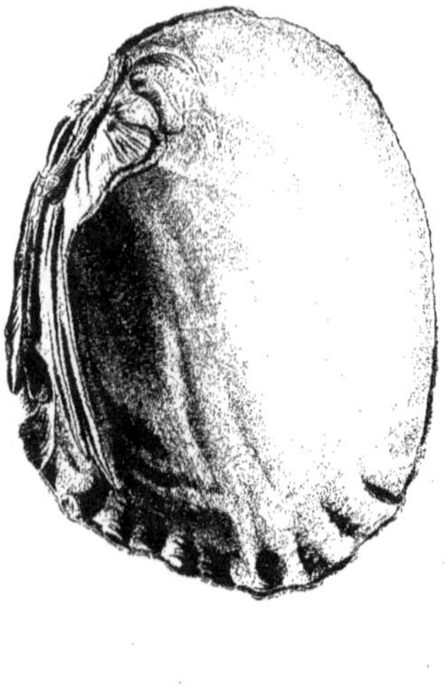

3. b.

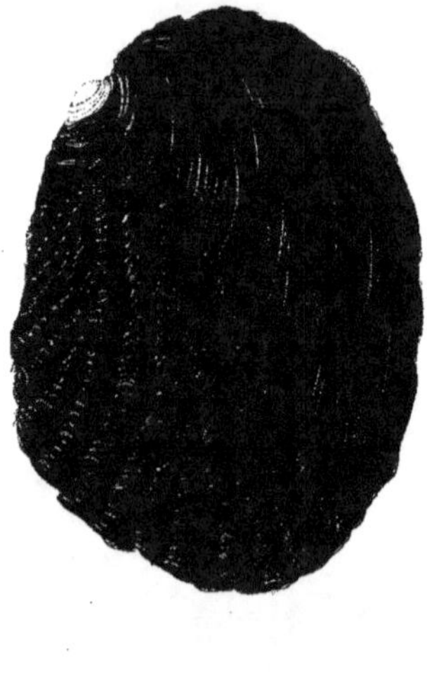

Hüot del.t

Contant sculp.t

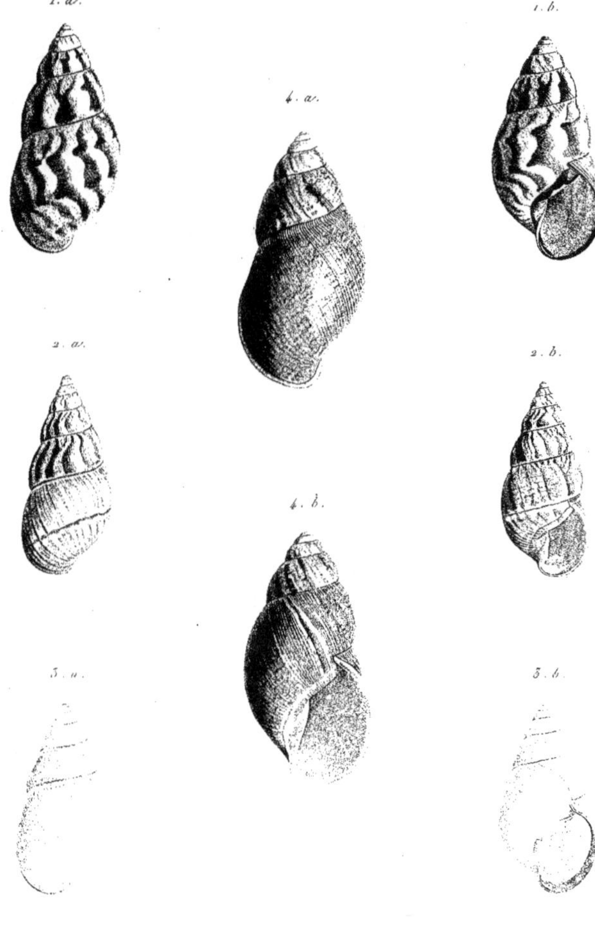

1. a.
1. b.
4. a.
2. a.
2. b.
4. b.
3. a.
3. b.

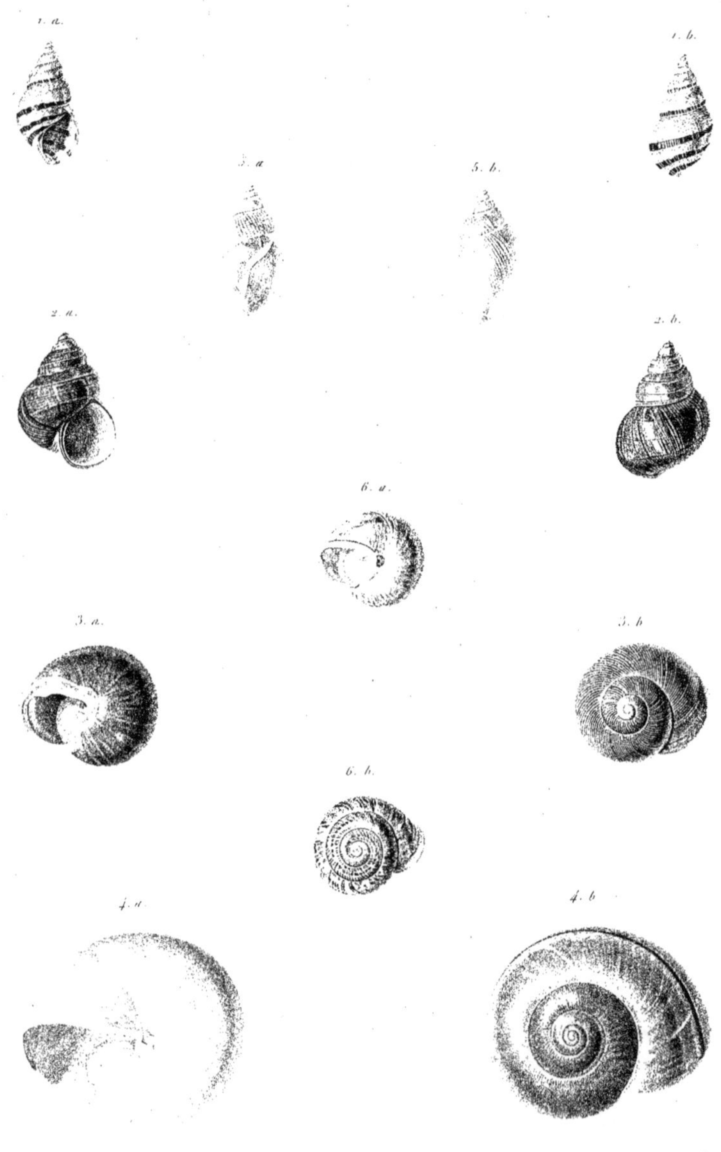

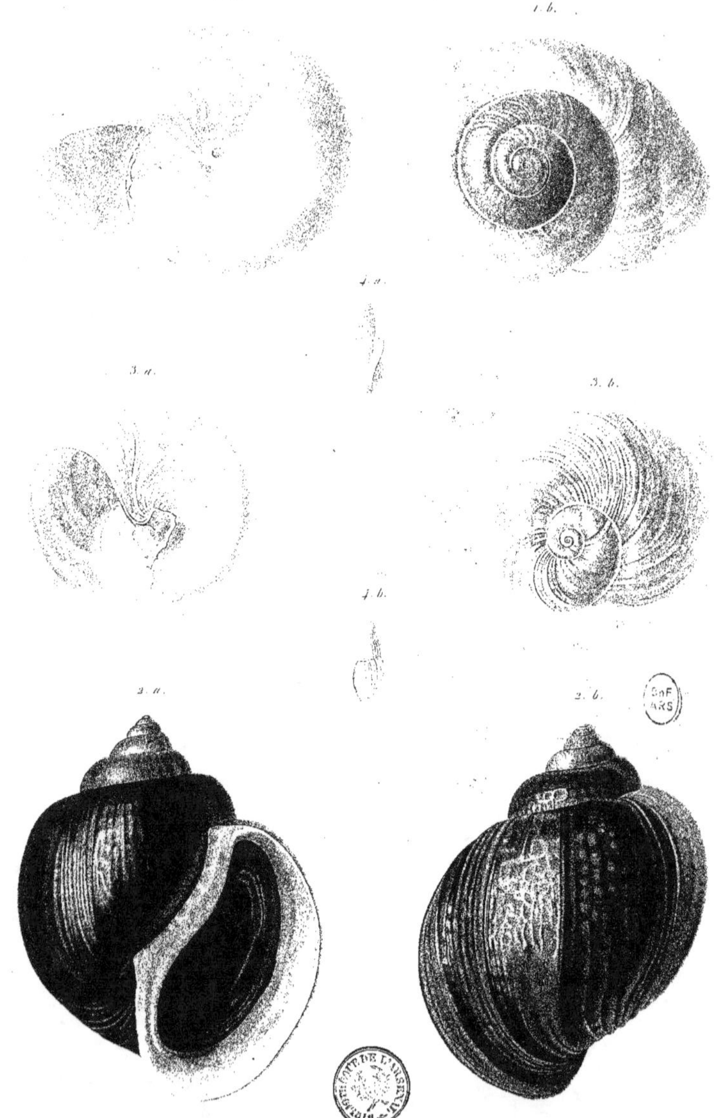

1. a.
1. b.
3. a.
3. b.
2. a.
2. b.